现代机械设计理论与方法研究

陈　涛　著

JC吉林科学技术出版社

图书在版编目（CIP）数据

现代机械设计理论与方法研究 / 陈涛著. -- 长春 : 吉林科学技术出版社, 2023.6

ISBN 978-7-5744-0681-0

Ⅰ. ①现… Ⅱ. ①陈… Ⅲ. ①机械设计—研究 Ⅳ. ①TH122

中国国家版本馆CIP数据核字(2023)第136477号

现代机械设计理论与方法研究

著　　陈　涛
出 版 人　宛　霞
责任编辑　孔彩虹
封面设计　树人教育
制　　版　树人教育
幅面尺寸　185mm×260mm
开　　本　16
字　　数　320千字
印　　张　14.5
印　　数　1-1500册
版　　次　2023年6月第1版
印　　次　2024年2月第1次印刷

出　　版　吉林科学技术出版社
发　　行　吉林科学技术出版社
地　　址　长春市福祉大路5788号
邮　　编　130118
发行部电话/传真　0431-81629529 81629530 81629531
81629532 81629533 81629534
储运部电话　0431-86059116
编辑部电话　0431-81629518
印　　刷　三河市嵩川印刷有限公司

书　　号　ISBN 978-7-5744-0681-0
定　　价　90.00元

前　言

随着生产力的进步，机械产品的更新速度和质量也有了越来越高的要求。现代机械设计方法是一门以产品优化设计为目的的课程，涉及的内容非常广泛。它可用来解决生产过程中方案设计、方案优选及决策、缩短设计时间、提高可靠度、降低成本、具体结构优化等问题。其中的思想对设计者的思维开拓也有指导意义。

创新是一个民族进步的灵魂，是一个国家兴旺发达的不竭动力。一个国家的创新能力，决定了它在国际竞争和世界总格局中的地位，所以实施创新驱动发展战略，提高创新设计能力势在必行，迫在眉睫。

创新设计是指充分发挥设计者的创造力，利用人类已有的相关科技成果进行创新构思，设计出具有科学性、创造性、新颖性及实用成果性的一种实践活动。创新理念与设计实践相结合，发挥创造性的思维，才能设计出新颖、富有创造性和实用性的新产品。

由于编者水平有限，教材中的错误和不妥之处在所难免，恳请广大读者指正。

目录

第一章　总　论

第一节　机械的组成

机械是机器和机构的总称。

在工农业生产、交通运输、国防、科研，以及人们的日常生活中应用着各式各样的机器。机器的种类很多，但就用途而言，不外乎两类：一类是提供或转换机械能的机器，如电动机、内燃机等动力机器；另一类则是利用机械能来实现预期工作的机器，如起重运输机、机床、插秧机、纺织机等各种工作机器。这些机器，它们的形式、构造都不相同，各具特点；但一切工作机器的组成通常都有其共同之处。下面以两个简单的机械为例，阐述机器的基本组成。

图 1-1(a)、(b) 分别为一矿石球磨机的外形图和机动示意图。电动机的转速通过一级圆柱齿轮减速器和一对开式齿轮传动减速，驱动由一对滑动轴承支承的球磨滚筒旋转，矿石在简体内被一定数量的钢（铁）球粉碎。图 1-2(a)、(b) 分别为一加热炉运送机的前视图和机动示意图。电动机 1 高速回转，其轴用联轴器 2 和蜗杆减速器的蜗杆 3 相连，经由蜗杆 3 和蜗轮 4 减速后再经开式齿轮 5 和大齿轮 6 减速，使大齿轮轴以较低的转速回转。通过销接在大齿轮 6 和摇杆 8 上的连杆 7，使摇杆 8 绕轴 D 做往复摆动。再通过销接在摇杆 8 和推块 10 上的连杆 9，使推块 10 在机架 11 的滚道上往复移动，向右输送工件时，速度较慢，力量较大，运动平稳；而在向左做空载返回时，则速度较快，节省时间。

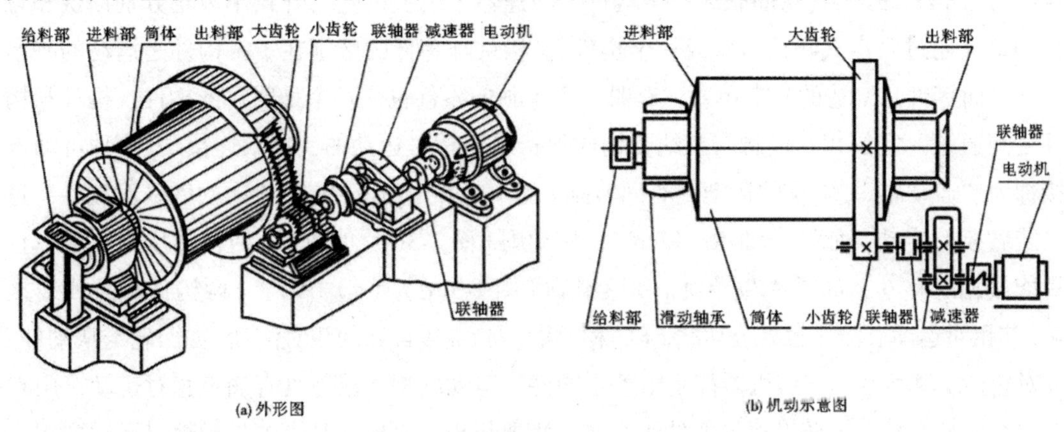

图 1-1　矿石球磨机示意图

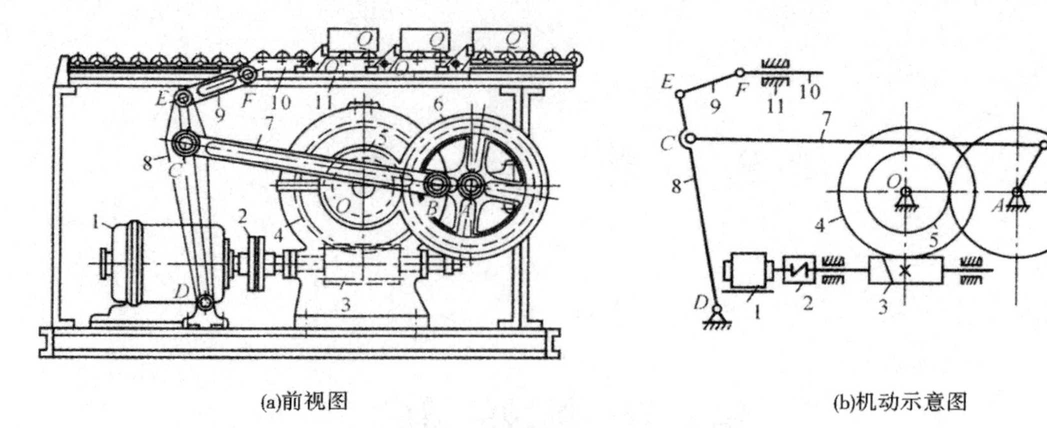

(a)前视图　　(b)机动示意图

图 1–2　加热炉运送机示意图

通过以上两例，可以归纳成以下几点认识。

（1）在上述两例机器中，前者的球磨滚筒以其所需速度在滑动轴承座上旋转，使矿石粉碎；后者的推块以一定的规律在机架滚道上往复移动运送物料，都是机器直接从事生产工作的部分，称为工作部分或执行部分。电动机是机器工作的运动和动力来源，称为原动机。而齿轮传动、蜗杆传动、连杆传动等是将原动机的运动和动力传递和变换到工作部分的中间环节，称为传动装置。由于原动机大多是交流电动机，它提供的定速回转运动通常均不能符合各种工作部分不同的运动要求，因而常不直接从原动机把运动和动力传给工作部分，而是需要通过不同的传动装置转换后才符合工作部分的运动要求。传动装置在机器中的作用是：①改变速度（可以是减速、增速或调速）；②改变运动形式；③在传递运动的同时传递动力。一台完整的工作机器通常都包含工作部分、原动机和传动装置三个基本职能部分。为使上述三个基本职能部分彼此协调运行，并准确、安全、可靠地完成整机功能，通常机器还具有操纵和控制部分（图中未曾表达）。现代机器的控制部分常常带有高科技机电一体化特点，计算机和传感器在现代机器中发挥着协调控制的核心作用。

（2）任何机器都是由许多零件组合而成的。根据机器功能、结构要求，某些零件需固联成没有相对运动的刚性组合，成为机器中运动的一个基本单元体，通常称为构件（如图 1-1 中滚筒与开式大齿轮固联成一个构件，减速器中的大齿轮与开式小齿轮分别用键和各自的轴再通过固定式联轴器联成一个构件）。构件与零件的区别在于：构件是运动的基本单元，而零件是制造的基本单元；有时一个单独的零件也是一个最简单的构件。构件与构件之间通过一定的相互接触与制约，构成保持确定相对运动的“可动连接”，这种可动连接称为“运动副”。常见的运动副有回转副 [图 1-3（a）、（b）中 1、2 两构件呈面接触，且只能做相对转动，如轴与轴承，铰链]、移动副 [图 1-3（c）中 1、2 两构件呈面接触，且只能做相对移动，如滑块与导轨] 和滚滑副 [图 1-3（d）、（e）中 1、2 两构件呈点或线接触，其相对运动有沿接触处公切线 t-t 的相对滑动和绕接触处的相对滚动，如凸轮与从动件，一对轮齿] 等类型。一切机器都是由若干构件以运动副相连接并具有确定相对运动，用来完成有用的机械功或转换机械能的组合体。需要指出，机构也是由若干构件以运动副相连接并具有确定相对运动的组合体；但机器用来完成有用的机械功或转换机械能，而机构在习惯上主要是指传递运动的机械（如仪表等）以及从运动的观点加以研究而言的。机器中必包含一个或一个以上机构。

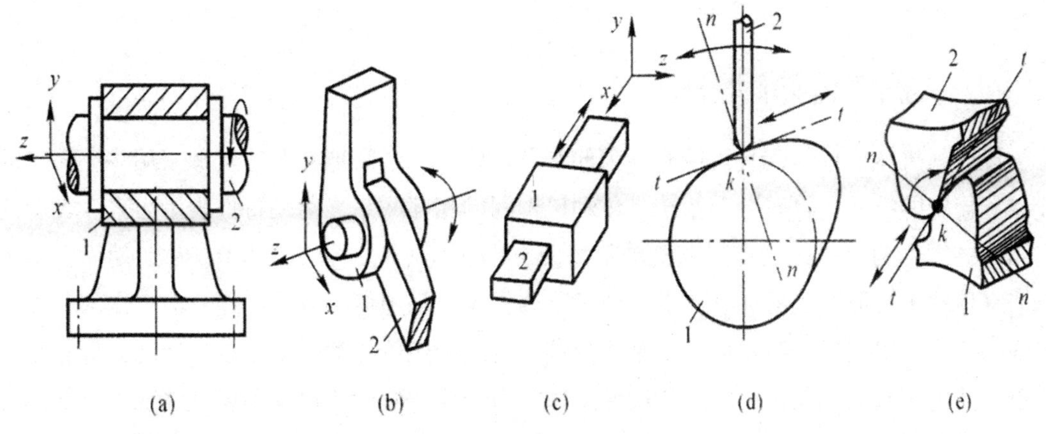

图 1–3 常见的运动副

（3）机器的工作部分随各机器的不同用途而异，但在不同的机器组成中常包含有齿轮、蜗杆、带、链、连杆、凸轮、螺旋、棘轮等传动机构，以及螺钉、键、销、弹簧、轴、轴承、联轴器等零部件，它们在各自不同的机器中所起的作用和工作原理却是基本相同的。对这些在各种机器中常见的机构和零部件，一般称为常用机构和通用零部件。常用机构和通用零部件在某种意义上可以说是各种机器共同的、重要的组成基础。

第二节 本课程研究的内容和目的

研究机械可以从许多方面进行，“机械设计基础”课程研讨的主要内容是：机械组成的一些基本原理和规律、发展与创新；组成机械的一些常用机构、机械传动、通用零部件的工作原理、特点和应用、结构及其基本的设计计算方法；机械设计的一般原则和步骤等共同性问题。它是工科院校中一门重要的技术基础课。通过本课程的学习和课程设计实践，达到以下目标：①了解使用、维护和管理机械设备的一些基础知识；②掌握机械中常用的机构、通用零部件的工作原理、特点、应用及其设计计算方法；③具有设计传动装置和简单机械的能力；④为后继有关机械设备课程的学习、专业设备设计，以及进行机械的分析改进和创新设计打下必要的基础。

设计新机器和用好并改进原有的机械设备，对减轻劳动强度、提高生产率和工艺质量有重要意义。对工程专业的学生来说，其所学习和从事的工程对象均不能脱离机械及其装置，本课程将在机械设计的基本知识、基本理论和基本技能方面为之打下宽广和重要的基础，在我国加快建设创新型国家的伟大征程中更好地贡献自己的力量。

第三节　机械运动简图及平面机构自由度

一、机械运动简图

设计新机械或革新现有机械时，为便于分析研究，常需把复杂的机械采用一些简单的线条和规定的符号，将其传动系统、传动机构间的相互联系、运动特性表示出来，表示这些内容的图称为机械运动简图或机动示意图 [见图 1-1(b)、图 1-2(b)]。从运动简图中可以清晰地看出，原动机的运动和动力通过哪些机构、采用何种方式，使机器工作部分实现怎样的运动；根据运动简图再配上某些参数便可进行机器传动方案比较、运动分析和受力分析，并为机械系统设计、主要传动件工作能力计算、机件（构件和零件之统称）结构具体化和绘制装配图提供条件。

机械的运动特性与构件的数目、运动副的类型和数目，以及运动副之间的相对位置（如回转副中心、移动副某点移动方位线等）有关。机构、构件和运动副是组成机器并直接影响机器运动特性的要素。这些要素必须在运动简图中确切而清楚地表示出来，而那些与运动特性无关的因素（如组成构件的零件数目、实际截面的形状和尺寸、运动副的具体构造）则应略去，无须在运动简图中表达。绘制运动简图实际就是用一些运动副、构件及常用机构简单地代表符号按传动系统的布局顺序绘制出来，这样便能清晰地反映与原机械相同的运动特性和传递关系。根据实际机械绘制其运动简图时，首先应进行仔细观察和分析，分清各种机构，判别固定构件（通常是机架）与运动构件（运动构件中由外力直接驱动，其运动规律由外界确定的构件称为主动构件，其余的运动构件称为从动构件），数出运动构件的数目，并根据构件间相对运动性质确定其运动副的类型。其次，测量各个构件上与运动有关的尺寸——运动尺寸（如确定运动副相对位置和滚滑副接触面形状的尺寸）。然后根据这些运动尺寸选择适当的长度比例尺（μ1＝实际长度 / 图示长度，单位为 m/mm 或 mm/mm）和视图平面（通常为构件的运动平面），用规定的或惯用的机构、构件和运动副的代表符号绘制简图。一般先画固定构件及其上的运动副，接着画出与固定构件相连的主动构件（位置可任意选定），以后再按运动和力的传递关系顺序画出所有从动构件及相连的运动副以完成机械运动简图。最后，还应仔细检查运动构件的数目、运动副的类型和数目及其相对位置与连接关系等有无错误，否则将不能正确反映实际机械的真实运动。

以一定的比例尺绘制运动简图，便于用图解法在图上对机构进行运动和力的分析。工程上还广泛应用不按严格的比例绘制的运动简图，通常称为机动示意图。在机动示意图上只是定性地表达出机械中各构件之间的运动和力的传递关系，但绘制较方便。

下面通过几个例子，对绘制运动简图再做些具体说明。

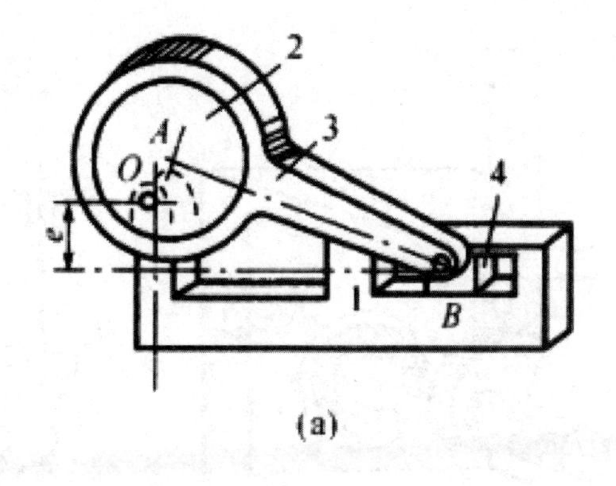

(a)

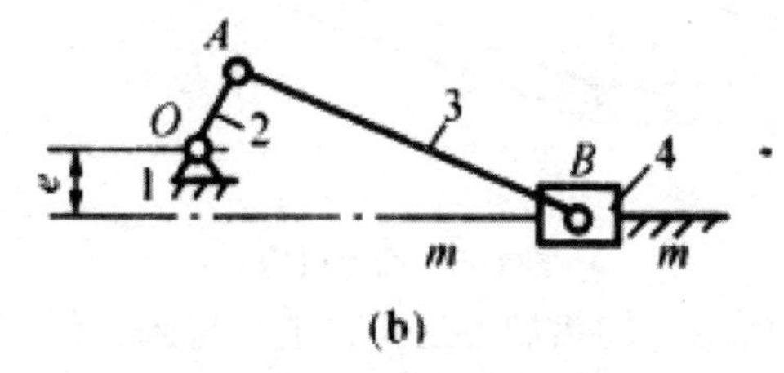

(b)

图 1–4 偏心轮滑块机构

例 1-1 图 1-4(a) 所示为一偏心轮滑块机构，图 1-4(b) 为其运动简图，作图步骤如下。

(1) 认清机架及运动构件数目并标上编号，确定主动构件。

1—机架，2—偏心轮，3—连杆，4—滑块，确定偏心轮 2 为主动构件。

(2) 根据相连两构件相对运动的性质，确定运动副的类型。

图 1-4(a) 中，1-2 属回转副；2-3 连接部分的实际结构是连杆 3 的一端圆环的内圆柱面套在偏心轮 2 的外圆柱面上，连杆 3 对偏心轮 2 之间的相对运动为绕圆心 A 的转动，所以也是回转副（运动副的实际构造可有各式各样，应抓住两构件可能的相对运动性质来正确判断运动副的类别）；同理，3-4 也属回转副；而 4-1 则为移动副。

(3) 确定回转副的转动中心所在位置和移动副某点移动方位线，选择构件的运动平面，并用代表符号和线条按比例画出运动简图。

1-2 回转副中心在 O 点；2-3 回转副中心在 A 点；3-4 回转副中心在 B 点；4-1 移动副上 B 点移动方位线 m-m 方向水平，该线偏离固定中心 O 的距离为 e。画图时先画机架 1 及其上的回转副中心 O(固定点)，按偏距 e 作水平线即为机架 1 上移动副 B 点移动方位线 m-m(固定线)，按主动构件 2 上两回转副中心 O、A 距离及其某一瞬时位置定出 A 点，联 O、A 得构件 2；以 A 为圆心，构件 3 两回转副中心 A、B 距离为半径作弧与线 m-m 之交点即为 B 点，联 A、B 得构件 3；最后以代表符号画出构件 4 及与机架 1 的移动副，即得图 1-4(b) 所示运动简图。

例 1-2 图 1-5(a) 所示为一凸轮机构，主动构件凸轮 2 与机架 1 组成回转副 A，从动杆 3 分别与凸轮 2、机架 1 组成滚滑副 B 与移动副 C。对照例 1-1 作图步骤绘制出图 1-5(b) 所示运动简图。需要指出的是，对滚滑副应按比例做出组成滚滑副的接触部分形状；画机动示意图时，只要大致画出廓线形状就可以了。

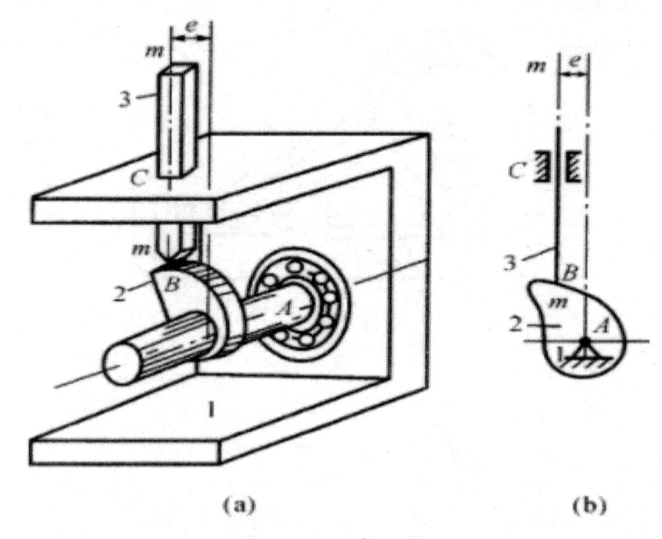

图 1–5　凸轮机构

例 1-3　如图 1-2（a）所示一加热炉运送机，电动机到工作部分整个传动系统采用的机构及其运动传递情况，在第一节中已阐述，其机架、各运动机件，以及运动副的数目、类型、位置都不难分析，对照上述步骤，可做出如图 1-2（b）所示之运动简图（机动示意图）。需要指出的是，蜗杆和蜗轮及一对齿轮都是构成滚滑副，但它们都已有惯用的代表符号，绘制运动简图时无须表示出其齿廓形状。

二、平面机构的自由度

所有运动构件都在同一平面或在相互平行的平面内运动，这种机构称为平面机构，否则称为空间机构。目前工程中常见的机构大多为平面机构。

如前所述，机构是由若干构件用运动副相连接并具有确定相对运动的组合体。我们把若干构件用运动副连成的系统称为运动链，其中有一个构件为固定构件（机架），只有当给定运动链中一个（或若干个）构件作为主动构件以独立运动，其余构件随之做确定的相对运动，这种具有确定相对运动的运动链才称为机构。讨论运动链在什么条件下才能具有确定的相对运动，对于设计新机构或分析现有机构都是非常重要的。

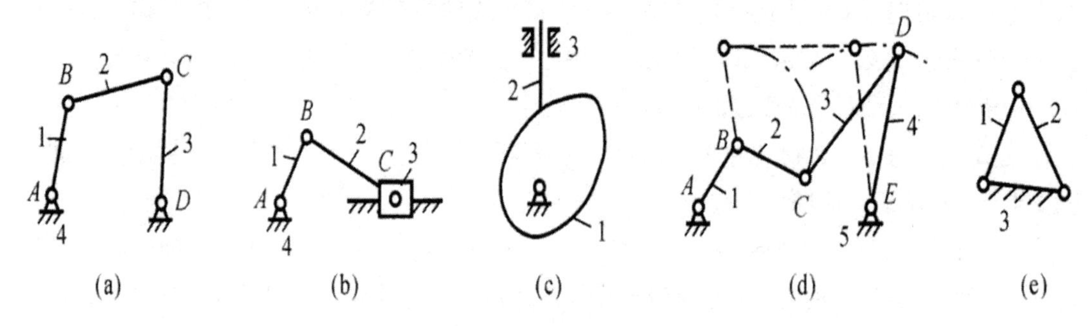

图 1–6　平面运动的自由构件

1. 平面机构自由度的计算公式及其意义

一个做平面运动的自由构件（未与其他构件用运动副相连）有三个独立的运动，如图1-6所示，在xoy坐标系中，构件M可以作沿x轴线移动、沿y轴线移动以及绕任何垂直于xoy平面的轴线A转动。运动构件的这三种可能出现的独立的自由运动称为构件的自由度，所以做平面运动的自由构件具有三个自由度。

当构件之间用运动副连接以后，在其连接处，它们之间的某些相对运动将不能实现，这种对于相对运动的限制称为运动副的约束，自由度数将随引入约束而相应地减少。不同类型的运动副，引入的约束不同，保留的自由度也不同。如图1-3(a)、(b)所示回转副约束了运动构件沿x、y轴线移动的两个自由度，只保留绕z轴转动的一个自由度；如图1-3(c)所示移动副约束了构件沿一轴线y移动和在xoy平面内转动的两个自由度，只保留了沿另一轴线z移动的一个自由度；如图1-3(d)、(e)所示滚滑副只约束了沿接触处k公法线n-n方向移动的一个自由度，保留绕接触处转动和沿接触处公切线t-t方向移动的两个自由度。所以，在平面运动链中，每个低副（两个构件之间以面接触组成的回转副和移动副）引入两个约束，使构件丧失两个自由度；每个高副（两构件之间以点或线接触组成的滚滑副）引入一个约束，使构件丧失一个自由度。

如果一个平面运动链中包括固定构件在内共有N个构件，则除去固定构件后，运动链中的运动构件数应为$n = N - 1$。在未用运动副连接之前，这n个运动构件相对机架的自由度总数应为3n，当用运动副将构件连接起来后，由于引入了约束，运动链中各构件具有的自由度就减少了。若运动链中低副数目为P_L个，高副数目为P_H个，则运动链中全部运动副所引入的约束总数为$2P_L + P_H$。将运动构件的自由度总数减去运动副引入的约束总数，即为运动链相对机架所具有的独立运动的个数，称为运动链相对机架的自由度（简称运动链自由度），以F表示，即

$$F=3n-2P_L-P_H$$

这就是平面运动链自由度的计算公式。我们通过以下各例进一步分析平面运动链在什么条件下才能成为具有确定性相对运动的平面机构。

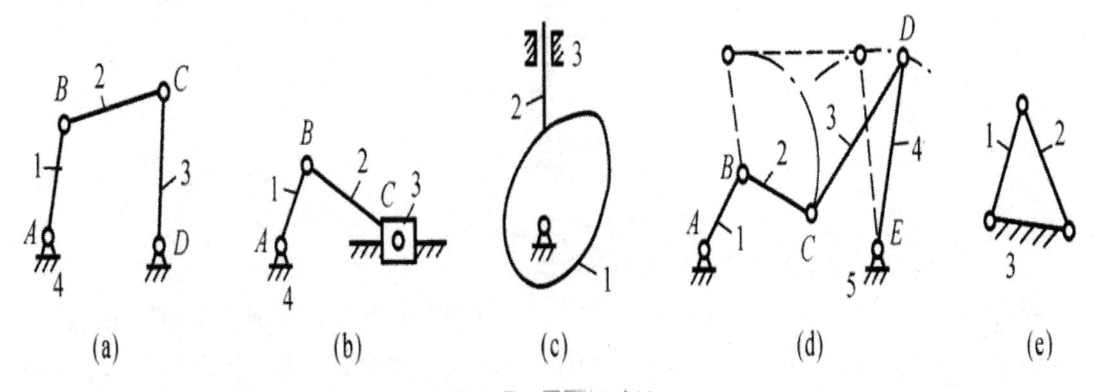

图1-7 平面运动链

如图1-7(a)、(b)所示平面运动链的自由度$F = 3n - 2P_L - P_H = 3\times3 - 2\times4 - 0 = 1$，

若以构件 1 为主动构件，则其余运动构件将随之做确定运动。如图 1-7(c）所示平面运动链的自由度 $F = 3n - 2P_L - P_H = 3\times2 - 2\times2 - 1 = 1$，若以凸轮 1 为主动构件，则从动杆 2 亦做确定的往复移动。如图 1-7(d）所示平面运动链的自由度 $F = 3n - 2P_L - P_H = 3\times4 - 2\times5 - 0 = 2$，若以 1、4 两个构件为主动构件，则其他从动构件 2、3 随之做确定运动。可见，给定运动链的主动构件数等于其自由度数时，即成为具有确定相对运动的机构。但若主动构件数小于运动链的自由度，如图 1-7(d）中，仅构件 1 为主动构件，则其余从动构件 2、3、4 不具确定的运动；若主动构件数大于运动链的自由度，如图 1-7(a)、(b）中，使构件 1、3 都为主动构件并从外界给定独立运动，势必将构件折断。再分析图 1-7(e)，运动链的自由度 $F = 3n - 2P_L - P_H = 3\times2 - 2\times3 - 0 = 0$，各构件的全部自由度将失去，不能再有从外界给定独立运动的主动构件，从而形成各构件间不会有相对运动的刚性构架。综上所述，运动链成为具有确定相对运动的机构的必要条件为：

（1）运动链的自由度必须大于零；

（2）主动构件数等于运动链的自由度。

通常把整个运动链相对机架的自由度称为机构自由度，所以式（1-1）也称为平面机构自由度的计算公式。

2. 计算平面机构自由度时应注意的问题

（1）复合铰链

三个或三个以上构件在同一轴线上用回转副相连接构成复合铰链，图 1-8 为三个构件在同一轴线上构成两个回转副的复合铰链。可以类推，若有 m 个构件构成同轴复合铰链，则应具有 m － 1 个回转副。在计算机构自由度时应注意识别复合铰链，以免漏算运动副的数目。

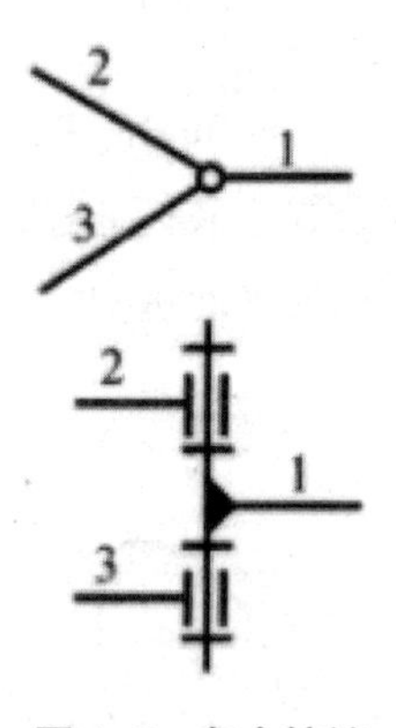

图 1-8　复合铰链

例 1-4　计算如图 1-9 所示摇筛机构自由度。

解：粗看似乎是 5 个运动构件和 A、B、C、D、E、F 等铰链组成六个回转副，由式（1-1）得 $F = 3n - 2P_L - P_H = 3\times5 - 2\times6 - 0 = 3$，如果真如此，则必须有三个主动构件才能使机构有确定的运动。但这与实际情况显然不符。事实上，整个机构只要一个构件即构件 1 作为主动构件即能使运动完全确定下来，这种计算错误是因为忽略了构件 2、3、4 在铰链 C 处构成复合铰链，组成两个同轴回转副而不是一个回转副之故，故总的回转副数 $P_L = 7$，而不是 $P_L = 6$，据此按式（1-1）计算得 $F = 3\times5 - 2\times7 - 0 = 1$，这便与实际情况相符了。

（2）局部自由度

不影响机构中输出与输入关系的个别构件的独立运动称为局部自由度（或多余自由度），在计算机构自由度时应予排除。

例 1-5　计算图 1-10(a) 滚子从动件凸轮机构的自由度。

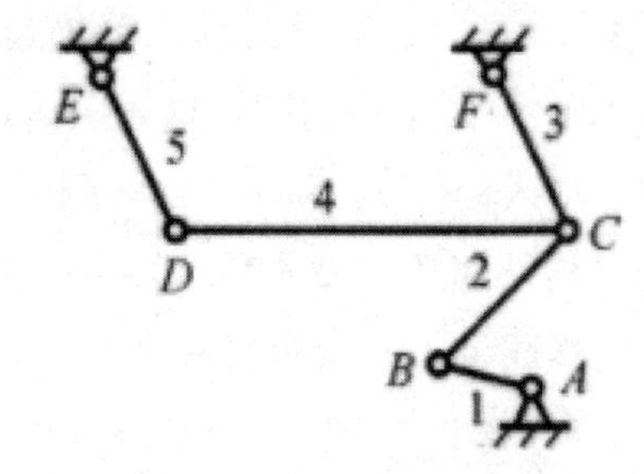

图 1–9　摇筛机构自由度

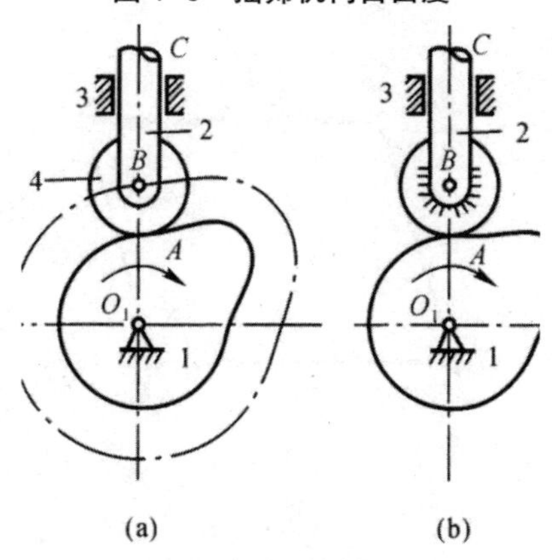

图 1–10　滚子从动件凸轮机构

解：图示凸轮 1、从动杆 2、滚子 4 三个活动构件，组成两个回转副、一个移动副和一个高副，按式（1-1）得 $F = 3n - 2P_L - P_H = 3\times3 - 2\times3 - 1 = 2$，表明该机构有两个自由度，这又与实际情况不符，因为实际上只有凸轮 1 一个主动构件，从动杆 2 即可按一定规律做确定的运动。进一步分析可知，滚子 4 绕其轴线 B 的自由转动不论正转或反转甚至不转都不影响从动杆 2 的运动规律，因此回转副 B 应看作局部自由度，即多余自由度，在正确计算自由度时应予除去不计。这时可如图 1-10(b) 所示，将滚子与从动杆固联作为一个构件看待，即按 $n = 2$、$P_L = 2$、$P_H = 1$ 来考虑，则由式（1-1）得 $F = 3n - 2P_L - P_H = 3\times2 - 2\times2 - 1 = 1$，这便与实际情况相符了。

局部自由度虽然不影响机构输入与输出运动关系，但上例中的滚子可使高副接触处的滑动摩擦 [见图 1-7(c)] 变成滚动摩擦，从而提高效率、减少磨损。在实际机械中常有这类局部自由度出现。

（3）虚约束

在运动副引入的约束中，有些约束对机构自由度的影响与其他约束重复，这些重复的约束称为虚约束（或消极约束），在计算机构自由度时也应除去不计。

例 1-6　如图 1-11(a)，各构件的长度为 lAB $= l_{CD} = l_{EF}$，$l_{BC} = l_{AD}$，$l_{CE} = l_{DF}$，试计算其自由度。

解：$n = 4$，$P_L = 6$，$P_H = 0$，由式（1-1）得 $F = 3n - 2P_L - P_H = 3 \times 4 - 2 \times 6 - 0 = 0$。显然这又与实际情况不符。若将构件 EF 除去，回转副 E、F 也就不复存在，则成为图 1-11(b) 所示的平行四边形机构；此时，$n = 3$，$P_L = 4$，$P_H = 0$，由式（1-1）得 $F = 3n - 2P_L - P_H = 3 \times 3 - 2 \times 4 - 0 = 1$，而其运动情况仍与图 1-11(a) 所示一样，E 点的轨迹为以 F 点为圆心、以 l_{CD}(l_{EF}) 为半径的圆。这表明构件 EF 与回转副 E、F 存在与否对整个机构的运动并无影响，加入构件 EF 和两个回转副引入了三个自由度和四个约束，增加的这个约束是虚约束，它是构件间几何尺寸满足某些特殊条件而产生的，计算机构自由度时，应将产生虚约束的构件连同带入的运动副一起除去不计，化为图 1-11(b) 的形式计算。但若如图 1-11(c) 所示，$l_{CE} \neq l_{DF}$，则构件 EF 并非虚约束，该运动链自由度为零，不能运动。

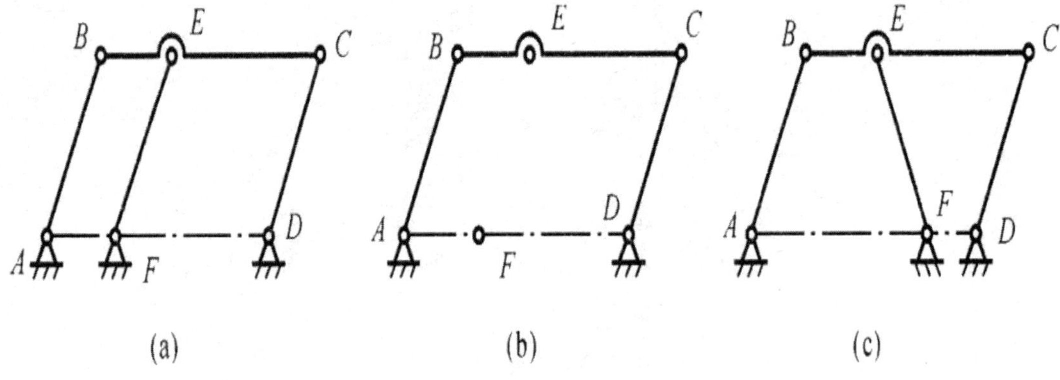

图 1-11　机构

机构中经常会有消极约束存在，如两个构件之间组成多个导路平行的移动副 [图 1-12(a)]，只有一个移动副起约束作用，其余都是虚约束；又如两个构件之间组成多个轴线重合的回转副 [图 11-12(b)]，只有一个回转副起约束作用，其余都是虚约束；再如图 1-12(c) 所示，行星架 H 上同时安装三个对称布置的行星轮 2、2′、2″，从运动学观点来看，它与采用一个行星轮的运动效果完全一样，即另外两个行星轮是对运动无影响的虚约束。机械中常设计带有虚约束，对运动情况虽无影响，但往往能使受力情况得到改善，如图 1-12(b) 所示用两个轴承改善轴的支承及受力、图 1-12(c) 中采用三个行星轮运转时受力的均衡等即是明显例子。

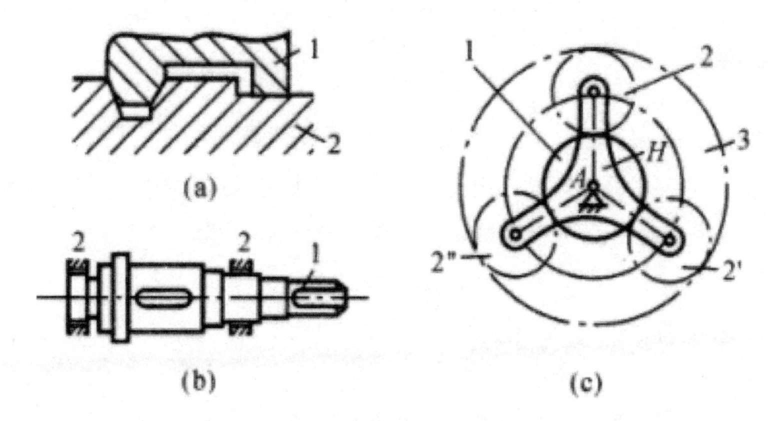

图 1–12 多个导路平行的移动副

第四节 机件的载荷、失效及其工作能力准则

机器在传递动力进行工作过程中，机件要承受作用力、力矩等载荷，一方面这些载荷欲使机件产生不同的损伤与失效；另一方面机件又依靠自身一定的结构尺寸和材料性能来反抗损伤与失效。这是机件在设计和工作过程中存在的一对矛盾，解决这个矛盾的办法通常是合理地选用机件材料和热处理方法，进行机件工作能力的计算，以确定其必要的结构尺寸并按规范运行和维护。

机件的载荷，其大小、方向不随时间变化（或变化极缓慢）的称为静载荷，其大小或方向随时间变化的称为变载荷。循环变化的载荷称为循环变载荷，其中若每个工作循环内的载荷不变，各循环的载荷又是相同的称为稳定循环载荷；而每一个工作循环内的载荷是变动的，称为不稳定循环载荷。突然作用且作用时间很短的载荷或因构件变速运动而产生不可忽略的惯性载荷均称为动载荷。有些机器（如汽车、飞机、农业机械）由于受工作阻力、动载荷、剧烈振动等偶然因素的影响，载荷随机变化的称为随机变载荷。工作载荷与时间的坐标图称为载荷谱，可用分析法或实测法获得，载荷谱是精确计算分析研究机件受力的重要依据。

机件主要的损伤及失效形式有：机件产生整体的或工作表面的破裂或塑性变形；弹性变形超过允许的限度；工作表面磨损、胶合和其他损坏；靠摩擦力工作的机件产生打滑和松动；超过允许限度的强烈振动；等等。

机件的工作能力是指完成一定功能在预定使用期限内不发生失效的安全工作限度。衡量机件工作能力的指标称为机件的工作能力准则。主要准则有强度、刚度、耐磨性、振动稳定性和耐热性。它们是计算机件基本尺寸的主要依据，对某一个具体机件，常根据一个或几个可能发生的主要失效形式运用相应的准则进行计算求得其承载能力，而以其中最小值作为工作能力的极限。本章就总体情况做些简要介绍。

一、强度

强度是机件抵抗断裂、过大的塑性变形或表面疲劳破坏的能力。如果机件强度不足，工作中就会出现上述的某种失效而不能正常工作。强度准则可表述为最大工作应力不超过许用应力，它是机件设计计算最基本的准则，其一般表达式为

$$\sigma \leqslant [\sigma] \text{或} \tau \leqslant [\tau]$$

式中：σ、τ 分别为机件在工作状况下受载后产生的正应力和切应力；[σ]、[τ] 分别为机件的许用正应力和许用切应力。

机件的工作应力一般取决于广义载荷（如作用于其上的纵向力、横向力、弯矩或转矩等）与广义几何尺寸（如截面面积、抗弯或抗扭截面模量等），因而校核计算和设计计算时强度条件通常分别表示为

σ= 广义载荷 / 广义几何尺寸≤ [σ] 或 τ= 广义载荷 / 广义几何尺寸≤ [τ]

和

广义几何尺寸≥广义载荷 /[σ] 或广义几何尺寸≥广义载荷 /[τ]

一般来说，许用应力 [σ]、[τ] 在较大程度上取决于材料的性能，因此在机件的载荷已经明确，按强度设计通常就是合理选择机件材料，给定足够的几何尺寸。

由式（1-3）、式（1-4）可见，许用应力直接影响机件的强度和尺寸、重量；正确选择许用应力是获得轻巧紧凑、经济，同时又是可靠、耐久的机件结构的重要因素。确定许用应力通常有以下两种方法。

（1）查表法。对用一定材料制造并在一定条件下工作的某些机件，根据试验、实际使用实践和理论分析，将它们所能安全工作的最大应力（许用应力）制成专门的表格以供查阅。这种方法简单、具体，便于应用；且当具体条件与表列条件吻合时许用应力数值较为可靠。但随着机件结构不断发展，材料品种日渐增多，制造工艺不断革新，实际上没有可能将所有机件、所有材料和各种工作条件下的许用应力都制成表格，因此这种方法的适用范围受到一定限制。

（2）计算法。计算法确定许用应力的基本公式一般为

$$[\sigma]=\sigma_{lim}/S\sigma \text{或} [\tau]=\tau_{lim}/S_{\tau}$$

式中：σl^{im}、τ^{lim} 分别为正应力和切应力的极限应力，当机件工作应力达到相应的极限应力值时，机件开始发生损坏；S_{σ}、S_{τ} 相应为使机件具有一定强度裕度而设定的大于 1 的数值，称为安全系数。

材料的极限应力与材料性质以及应力种类有关。一般在静应力情况下，机件因强度不足而损坏，主要是产生静强度断裂或塑性变形，对塑性材料取其屈服极限 σS 和 τS 为极限应力，对脆性材料则取其强度极限 σ_B 或 τ_B 为极限应力。在变应力情况下，机件的损坏主要是疲劳断裂，应取材料的疲劳极限为极限应力。变应力循环特性不同，疲劳极限应

力亦不同，在脉动循环应力、对称循环应力作用下分别取材料的脉动循环疲劳极限 σ_0 或 τ_0 和对称循环疲劳极限 σ_{-1} 或 τ_{-1} 材料的 σ_S、τ_S、σ_B、τ_B、σ_0、τ_0、σ_{-1}、τ_{-1} 可查阅有关的机械设计手册。

确定安全系数的总原则是保证机件具有足够的强度，同时又要尽可能减少材料的消耗。准确地确定安全系数是一件细致复杂的工作，因为影响机件强度的因素很多。一般来说，安全系数要考虑计算载荷及应力的准确性、零件工作的重要性以及材料的可靠性。此外，还要考虑应力集中、表面质量状况和绝对尺寸大小等因素对机件强度的影响。部分系数法就是利用一系列系数的乘积来确定安全系数，每个部分系数反映着影响机件强度的一个因素。安全系数 S 通常用下列几个系数的乘积表示：

$$S=S_1 \cdot S_2 \cdot S_3$$

式中：S_1 为考虑计算载荷及应力准确性的系数，取 $S_1 = 1 \sim 1.6$，准确性较高时取小值；S_2 为考虑机件重要程度的系数，取 $S_2 = 1 \sim 1.5$ 或更大，按其损坏是否引起机器停车、机器损坏，是否发生重大事故以及机件价格高低进行选择，重要程度大时取高值；S_3 为考虑机件材料性质和制造工艺的系数，在概略计算时常将应力集中对强度的影响也计入这个系数中，并可按相适应数值选用。精确计算时，S_3 以及应力集中、表面质量、绝对尺寸大小对强度影响的计算可参阅其他有关资料。

部分系数法理论上已经影响机件强度的各个因素，有可能可靠地给出足够小的安全系数或采用相当高的许用应力，从而使材料的利用率达到经济合理。但是在使用时应根据具体情况，分清主次，周密研究和分析。对所确定的安全系数和许用应力还应注意通过实践检验和校正。部分系数法多用于一些尚无实验数据，且又缺少设计和使用经验的非通用零件，以及无许用应力表可查的情况。

在一些部门中通过长期实践，直接给出本部门某类机器某些零件的特定的安全系数或许用应力表（如在起重运输机中，对钢丝绳的强度计算），设计时则应以此为据。虽然适用范围较窄，但具有简单、可靠等优点。本书中主要采用查表法选取安全系数和许用应力。

二、刚度

刚度是机件受载时抵抗弹性变形的能力，常用产生单位变形所需的外力或外力矩来表示。机件的刚度不足，将改变其正常的几何位置及形状，从而改变受力状态及影响正常工作。刚度准则可表述为弹性变形量不超过许用变形量，其一般表达式为

$$y \leq [y]、\phi \leq [\phi]$$

式中：y、ϕ 分别为机件工作时线变形量（伸长与挠度）和角变形量（偏转角与扭转角）；[y]、[ϕ] 分别为其相应的许用线变形量和角变形量。

提高刚度的有效措施是改进机件的结构，增加辅助支撑或肋板以及减小支点的距离；适当增大断面尺寸也能起一定作用。

为了适应工作需要，也有一些机件，如弹簧不容许有过大的刚度，而相反要求具有一定的柔度，甚至以一定的载荷下产生一定的变形为计算前提。

三、耐磨性

机件由于其运动表面的摩擦导致表面材料逐渐消失或转移而产生磨损。磨损量超过允许值后，因其结构形状和尺寸较大的改变，使精度降低，强度减弱以致失效。耐磨性是指磨损过程中抵抗材料脱落的能力，很多机件的使用寿命取决于耐磨性。因此，要采取措施提高机件的耐磨性、减少磨损。

机件的磨损与接触面间的作用压力、滑动速度、摩擦副材质与摩擦系数、表面状态及润滑状态以及维护等综合因素有关。采取合理的润滑措施、实现良好的润滑可减轻甚至几乎避免磨损。

关于磨损，目前尚无可靠的定量的计算方法，通常多采用各种条件性计算，如限制运动副摩擦表面间的压强 p(单位接触面所受压力）不超过许用值 [p]，以防止压力过大导致工作表面油膜破坏而过快磨损；限制滑动速度 v 与压强 p 的乘积 pv 不超过许用值 [pv]，以防止由于单位面积上摩擦功耗过大造成摩擦表面温升过高而引起接触表面胶合等。

四、振动稳定性

高速机器容易发生振动。振动产生噪声，降低工作质量，引起附加动载荷，甚至使机件失效。当机械或机件的自振频率与周期性干扰力的频率相同或相近时还会发生共振。这时，机件的振幅急剧增大，可能导致机件甚至整个系统迅速破坏。振动稳定性是指机器在工作时不能发生超过容许的振动。为避免共振，对高速机器要进行振动计算使自振频率远离干扰频率;同时，还需相应采取动平衡、增加弹性元件和阻尼系统等各种防振、减振措施。

五、耐热性

高温环境或由于摩擦生热形成高温条件均不利于机件的正常工作。钢制机件在 300℃ ~ 400℃以上，一般轻合金和塑料机件在 100℃ ~ 150℃以上，强度极限和疲劳极限都有所下降，金属还可能出现蠕变（蠕变是指金属构件的应力数值不变，但却发生缓慢而连续的塑性变形的一种物理现象）；高温会引起热变形、附加热应力，破坏正常的润滑条件，改变连接件间的松紧程度，降低机器精度。在高温下工作的机件有的需要进行蠕变计算，对摩擦生热形成的高温还要根据热平衡条件检验其工作温度是否会超过许用值。如超过，则必须采取措施降温或改进设计。

第五节 机件的常用材料及其选用

一、机械制造中常用材料

机械制造中最常用的材料是钢和铸铁，其次是有色金属合金以及一些非金属材料。这些材料的牌号、性能大多有国家标准或部颁标准，可在机械设计手册中查阅。

1. 钢

钢是含碳量低于 2% 的铁碳合金。钢的强度较高，塑性较好，制造机件时可以轧制、锻造、冲压、焊接和铸造，并且可以用热处理方法（见表 1-1）获得较高的机械性能或改善切削性能，因此钢是机械制造中应用最广和极为重要的材料。

表 1-1 钢的常用热处理方法及其应用

名称	说明	应用
退火（焖火）	退火是将钢件（或钢坯）加热到临界温度以上 30℃ ~50℃保温一段时间，然后再缓慢地冷却下来（一般用炉冷）	用来消除铸、锻、焊零件的内应力，降低硬度使之易于切削加工，并可细化金属晶粒，改善组织，增加韧性
正火（正常化）	正火也是将钢件加热到临界温度以上，保温一段时间，然后用空气冷却，冷却速度比退火快	用来处理低碳和中碳结构钢件及渗碳零件，使其组织细化增加强度与韧性，减少内应力，改善切削性能
淬火	淬火是将钢件加热到临界温度以上，保温一段时间，然后在水、盐水或油中（个别材料在空气中）急冷下来	用来提高钢件的硬度和强度极限。但淬火时会引起内应力使钢变脆，所以淬火后必须回火
回火	回火是将淬硬的钢件加热到临界点以下的温度，保温一段时间，然后在空气中或油中冷却下来	用来消除淬火后的脆性和内应力，提高钢件的塑性和冲击韧性
调质	淬火后高温回火，称为调质	用来使钢获得高的韧性和足够的强度。很多重要零件是经过调质处理的
表面淬火	使零件表层有高的硬度和耐磨性，而芯部保持原有的强度和韧性的热处理方法	表面淬火常用来处理齿轮、花键等表面须耐磨的零件
渗碳	将低碳钢或低合金钢零件，置于渗碳剂中，加热到 900℃ ~950℃保温，使碳原子渗入钢件的表面层，然后再淬火和回火	增加钢件的表面硬度和耐磨性，而其芯部仍保持较好的塑性和冲击韧性。多用于重载冲击、耐磨零件

钢的种类很多，按化学成分可分为碳素钢和合金钢；按含碳量多少可分为低碳钢（含碳量低于 0.25%）、中碳钢（含碳量为 0.25% ~ 0.5%）和高碳钢（含碳量大于 0.5%）；按质量可分为普通钢和优质钢。

碳素钢在机械设计中最为常用，优质碳素钢如 35、45 钢等能同时保证机械性能和化学成分，一般用来制造需经热处理的较重要的机件，普通碳素钢如 Q235 等一般只保证机械强度而不保证化学成分，不适宜作热处理，故一般只用于不太重要的或不需热处理的机件和工程结构件。碳素钢的性能主要决定于其含碳量。低碳钢可淬性较差，一般用于退火状态下强度不高的机件，如螺钉、螺母、小轴，也用于锻件和焊接件，还可经渗碳处理用于制造表面硬、耐磨并承受冲击负荷的机件。中碳钢可淬性以及综合机械性能均较好，可进行淬火、调质或正火处理，用于制造受力较大的螺栓、键、轴、齿轮等机件。高碳钢可淬性更好，经热处理后有较高的硬度和强度，主要用于制造弹簧、钢丝绳等高强度机件。一般而言，碳钢的含碳量低于 0.4% 的可焊性好，含碳量高于 0.5% 的可焊性变差。而且，随着含碳量的增加，其可焊性越来越差。

合金钢是由碳钢在其中加入某些合金元素冶炼而成。每一种合金元素含量低于 2% 或合金元素总含量低于 5% 的称低合金钢，每一种合金元素含量为 2% ~ 5% 或合金元素总含量为 5% ~ 10% 的称中合金钢，每一种合金元素含量高于 5% 或合金元素总含量高于 10% 的称高合金钢。合金元素不同时，钢的机械性能有较大的变动并具有各种特殊性质。例如，铬能提高钢的硬度，并能在高温时防锈耐酸；镍使钢具有很高的强度、塑性与韧性；钼能提高钢的硬度和强度，特别能使钢具有较高的耐热性；锰使钢具有良好的淬透性、耐磨性；少量的钒能使钢提高弹性极限。同时含有几种合金元素的合金钢（如铬锰钢、铬钒钢、铬镍钢），其性能的改变更为显著。但合金钢较碳素钢价格贵，对应力集中亦较敏感，一般在碳素钢难以胜任工作时才考虑采用。还需指出，合金钢如不经热处理，其机械性能并不明显优于碳素钢，为充分发挥合金钢的作用，合金钢机件一般都需经过热处理。

无论是碳素钢还是合金钢，用浇铸法所得的铸件毛坯均称为铸钢。铸钢通常用于形状复杂、体积较大、承受重载的机件。但铸钢存在易于产生缩孔等缺陷，非必要时不采用。

钢材供应除钢锭外，往往轧制成各种型材，如板材（包括厚、薄钢板）、圆钢、方钢、六角钢棒料，角钢、槽钢、工字钢、钢轨及无缝钢管等。各种型钢的具体规格可查阅机械设计手册。

2. 铸铁

含碳量大于 2% 的铁碳合金称为铸铁。最常用的是灰铸铁，属脆性材料，不能碾压和锻造，不易焊接；但具有适当的易熔性和良好的液态流动性，因此可以铸造出形状复杂的铸件。此外，铸铁的抗拉强度差，但抗压性、耐磨性、减振性均较好，对应力集中敏感性小，其机械性能虽不如钢，但价格便宜，通常广泛用作机架或壳座。另外，还有一种球墨铸铁，它是使铸铁中所含石墨（碳）经特殊处理后使之呈球状。球墨铸铁强度较灰铸铁高且具有一定的塑性，目前已部分用来代替铸钢和锻钢制造机件。

3. 有色金属合金

有色金属合金具有某些特殊性能，如良好的减摩性、跑合性、抗腐蚀性、抗磁性、导电性等，在机械制造中主要应用的是铜合金、轴承合金和轻合金，因其产量较少，价格较贵，使用时要尽量节约。

铜合金可分为黄铜和青铜两类。黄铜为铜和锌的合金，不生锈，不腐蚀，具有良好的塑性及流动性，能碾压和铸造成各种型材和机件。青铜有锡青铜和无锡青铜。锡青铜为铜和锡的合金，它与黄铜相比有较高的耐磨性和减磨性，而且铸造性能和切削加工性能良好，常用铸造方法制造耐磨机件。无锡青铜是铜和铝、铁、锰等元素的合金，其强度较高，耐热性等也很好，在一定条件下可用来代替高价的锡青铜。轴承合金为铜、锡、铅、锑的合金，其减摩性、导热性、抗胶合性都很好，但强度低且较贵，通常把它浇注在强度较高的基体金属的表面形成减摩表层使用。

轻合金一般是指比重小于 2.9 的合金，生产中最常用的是铝合金，它具有足够的强度、塑性和良好的耐腐蚀能力，且大部分铝合金可用热处理方法使之强化，主要用于航空、汽车制造中要求重量轻而强度高的机件。

4. 非金属材料

机械制造中应用的非金属材料种类很多，有塑料、橡胶、木料、毛毡、皮革、压纸板等。

塑料是非金属材料中发展最快、前途最广的材料。其种类很多，工业上常用的有：热塑性塑料（加热时变软或熔融，可以多次重塑），如聚氯乙烯、尼龙、聚甲醛等；热固性塑料（加热时逐渐变硬，只能塑制一次），如酚醛、环氧树脂、玻璃钢等。塑料重量轻、绝缘、耐磨、耐蚀、消声、抗震，易于加工成形，加入填充剂后可以获得较高的机械强度。目前某些齿轮、蜗轮、滚动轴承的保持架和滑动轴承的轴承衬均有用塑料制造的，但一般工程塑料耐热性差，且因逐步老化而使性能逐渐变差。

橡胶富有弹性，有较好的缓冲、减振、耐磨、绝缘等性能，常用作弹性联轴器和缓冲器中的弹性元件、橡胶带、轴承衬、密封装置及绝缘材料等。

还需指出，随着高科技的发展，出现了将两种或两种以上不同性质的材料通过不同的工艺方法人工合成多相的复合材料，它既可保持组成材料各自最佳特性，又可具有组合后的新特性。这样就可根据机件对材料性能的要求进行材料设计，从而最合理地利用材料。此外，材料科学的研究重心，也由结构材料转向功能材料和智能材料。例如，记忆合金、能够自我修复的防弹材料等，本身具有自我诊断、自我调节、自我修复的功能。有人预言，21 世纪将是复合材料、功能材料和智能材料迅速发展的时代。由于篇幅所限，此处不一一介绍了。

二、机件材料选用的一般原则

选择机件合适的材料是一个较复杂的技术经济问题，通常应周密考虑下述三个方面问题。

1. 使用要求

一般包括以下几点。

（1）机件所受载荷大小、性质及其应力状况。如承受拉伸为主的机件宜选钢材，受压机件宜选铸铁，承受冲击载荷的机件应选韧性好的材料。

（2）机件的工作条件。如高温下工作的应选耐热材料，在腐蚀介质中工作的应选耐蚀材料，表面处于摩擦状态下工作的应选耐磨性较好的材料。

（3）机件尺寸和重量的限制。如受力大的机件，因尺寸取决于强度，一般而言，尺寸也相应增大，但如果在机件尺寸和重量又有限制的情况下，就应选用高强度的材料；载荷一般但要求重量很轻的机件，设计时可采用轻合金或塑料。

（4）机件的重要程度。

（5）绿色、环保、可再生循环及个性化、智能化等需求。

2. 工艺要求

所选材料应与机件结构复杂程度、尺寸大小及毛坯的制造方法相适应。如外形复杂、尺寸较大的机件，若考虑用铸造毛坯，则应选用适合铸造的材料；若考虑用焊接毛坯，则应选用焊接性能较好的材料；尺寸小、外形简单、批量大的机件，适于冲压或模锻，所选材料就应具有较好的塑性。

3. 经济要求

选择材料不仅要考虑材料本身的相对价格，还要考虑材料加工成机件的费用。例如，铸铁虽比钢材价廉，但对一些单件生产的机座，采用钢板型材焊接往往比用铸铁铸造快而成本低。在满足使用要求的前提下，采取以球墨铸铁代钢，以廉价材料代替贵重材料，以焊接代替铸、锻及合理选择热处理方法，提高材料性能等，这些都是发挥材料潜力的有效措施。在很多情况下，机件在其不同部位对材料有不同要求，则可分别选择材料进行局部镶嵌，如轴承衬嵌轴承合金、蜗轮在铸铁轮芯上套上青铜齿圈，也可采用局部热处理、表面涂镀、表面强化（喷丸、滚压）等办法，来提高机件局部品质。

第六节　机械中的摩擦、磨损、润滑与密封

机械中有许多机件，工作时直接接触并在压力作用下相互摩擦，其结果引起发热、温度升高、能量损耗、效率降低，同时导致表面磨损。过度磨损会使机械丧失应有的精度，产生振动和噪声，缩短使用寿命，甚至丧失工作能力。据统计，在一般机械中，因磨损而报废的机件约占全部失效机件的 80%。适当地将润滑剂施于做相对运动的接触表面进行润滑，是减小摩擦、降低磨损和能量消耗的最常用，也是最经济而有效的方法。为防止润滑剂泄漏而损坏润滑性能，则要采用适当的密封装置进行密封。人们将有关研究摩擦、磨损与润滑等的科学技术统称为摩擦学（Tribology）。本节只介绍机械设计所需的摩擦学方面的一些基础知识。

一、摩擦

根据两摩擦表面间的接触情况和其间存在的润滑剂情况，滑动摩擦可分为干摩擦、边界摩擦、流体摩擦和混合摩擦四大类，其分类如图 1-13 所示。

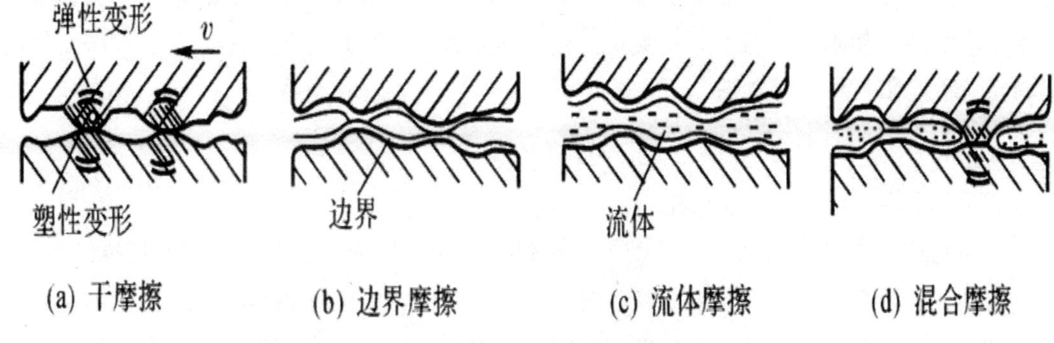

图 1–13　滑动摩擦分类

干摩擦是指两摩擦表面间无任何润滑剂而直接接触的纯净表面间的摩擦状态 [图 1-13（a）]。干摩擦的性质取决于摩擦副配对材料的性质，金属材料间的干摩擦系数一般为 0.3 ~ 1.5，有大量的摩擦功耗和严重的磨损，应尽可能避免。

边界摩擦是摩擦副表面各吸附一层极薄的边界膜，边界油膜厚度通常在 0.1μm 以下，尚不足以将微观不平的两接触表面分隔开，两表面仍有凸峰接触 [图 1-13（b）]。边界摩擦的性质取决于边界膜和表面吸附性能。金属表层覆盖一层边界油膜后，摩擦系数比干摩擦状态时小得多，一般为 0.15 ~ 0.3，可起到减小摩擦、减轻磨损的作用。但摩擦副的工作温度、速度和载荷大小等因素都会对边界膜产生影响，甚至造成边界膜破裂。因此，在边界摩擦状态下，保持边界膜不破裂十分重要。在工程中，常通过合理地设计摩擦副的形状，选择合适的摩擦副材料与润滑剂，降低表面粗糙度值，在润滑剂中加入适当的油性润滑剂和极压添加剂等来提高边界膜的强度。

流体摩擦是两摩擦表面完全被流体层（液体或气体）分隔开，表面凸峰不直接接触的摩擦状态 [图 1-13（c）]。流体摩擦的性质取决于流体内部分子间的黏性阻力，其摩擦系数极小，液体摩擦系数为 0.001 ~ 0.01，摩擦阻力最小，理论上可认为摩擦副表面没有磨损。形成流体摩擦的方式有两种：一是通过液（气）压系统向摩擦面之间供给压力油（气），强制形成压力油（气）膜，隔开摩擦表面，称为流体静压摩擦，如液体静压轴承、液体静压导轨；二是利用摩擦面间的间隙形状和相对运动，在满足一定条件下而产生的压力油（气）膜，隔开摩擦表面，称为流体动压摩擦，如液体动压轴承、气体动压轴承。

混合摩擦是干摩擦、边界摩擦、流体摩擦处于混合共存状态下的摩擦状态 [图 1-13（d）]。在一般机械中，摩擦表面多处于混合摩擦（或称为非流体摩擦）状态，混合摩擦时，表面间的微凸部分仍有直接接触，磨损仍然存在。但由于混合摩擦时的流体膜厚度要比边界摩擦时的厚，减小了微凸部分的接触数量，同时增加了流体膜承载的比例，所以混合摩擦状态时的摩擦系数要比边界摩擦时小得多。

需要指出，机械设备中在摩擦状态下工作的机件，主要有两类：一类要求摩擦阻力小，功耗少，如滑动轴承、导轨等动连接和啮合传动；另一类则要求摩擦阻力大，利用摩擦传递动力（如带传动、摩擦轮传动、摩擦离合器）、制动（如摩擦制动器）或吸收能量起缓冲阻尼作用（如环形弹簧、多板弹簧）。前一类机件要求用低摩擦系数的材料（又称减摩材料）来制造，如轴承材料；后一类机件则要求用具有高且稳定的摩擦系数、耐磨耐热的材料（又称摩阻材料）来制造。

二、磨损

磨损是相互接触物体在相对运动中表层材料不断发生损耗的过程。按磨损机理不同，磨损主要有磨粒磨损、黏着磨损、接触疲劳磨损和腐蚀磨损四种基本形式。

（1）磨粒磨损。外部进入摩擦副表面间的硬质颗粒或摩擦表面上的硬质突出物在摩擦过程中引起材料脱落的现象称为磨粒磨损。加强防护与密封，做好润滑油的过滤，提高摩擦面的硬度，可以有效减轻磨粒磨损。

（2）黏着磨损。机件摩擦面间压力大，使润滑油膜破坏，形成金属直接接触、相对滑动时产生局部高温从而使金属发生“焊合”。于是在相对滑动中导致材料由一表面撕脱下转移黏附到另一表面，严重的黏着磨损会造成运动副“咬死”（胶合）。

（3）接触疲劳磨损。金属接触表面产生的交变接触应力足够大且重复多次时可能使表面小块金属剥落而磨损，这种接触疲劳磨损会不断扩展形成麻点或凹坑，导致机件失效。

（4）腐蚀磨损。摩擦副表面与周围介质发生的化学或电化学反应引起腐蚀造成磨损。

实际工作中机件表面的磨损大都是几种磨损共同作用的结果。在规定使用年限内，只要磨损量不超过允许值，就认为是正常磨损。

正常磨损的过程可以分为磨合磨损、稳定磨损和剧烈磨损三个阶段，如图 1-14 所示。磨合阶段初期，因机加工零件的摩擦表面上存在高低不等的凸峰，摩擦副实际接触面积较小，压强较大，磨损速度快。随着磨合进行，峰尖高度降低，表面粗糙度减小，实际接触面积增加，磨损速度逐渐减缓。稳定磨损阶段磨损曲线的斜率近似为一常数，斜率越小，磨损率越小。稳定磨损阶段，机件的工作时间即为机件的使用寿命。剧烈磨损阶段即为机件的失效阶段，此时在机件工作若干时间后，精度下降，间隙增大，润滑状态恶化，磨损急剧增大，从而产生振动、冲击和噪声，迫使机件迅速破坏而报废。

正常情况下，机件经过磨合期后即进入稳定磨损阶段，但若初始压强过大、速度过高、润滑不良时，则磨合期很短并立即转入剧烈磨损阶段，如图 1-14 中虚线所示，这种情况必须予以避免。

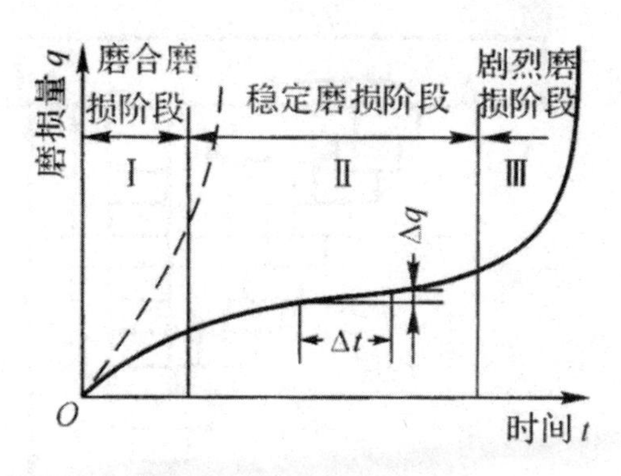

图 1–14 正常磨损的过程

最后，还需指出两点：①设计或使用机械时，应力求缩短磨合期，延长稳定磨损期，推迟剧烈磨损期的到来。②磨损在机械中还有可以加以利用的一面，研磨、抛光等机械加工方法和机械设备在使用前或使用初期的“跑合”都是有益的磨损实例。

三、润滑

在摩擦面之间施加润滑剂的主要作用是减少摩擦、减轻磨损，此外，可防锈、减振，采用液体润滑剂循环润滑时还能起到散热降温的作用。

1. 润滑剂的类型及其性能

润滑剂有液体（如润滑油、水）、半固体（如润滑脂）、固体（如石墨、二硫化钼、聚四氟乙烯）和气体（如空气及其他气体）四种基本类型。以下对应用最广泛的润滑油和润滑脂作一介绍。

（1）润滑油

润滑油是应用最广泛的液体润滑剂，它包括矿物油、动植物油和合成油，常用的润滑油大部分为石油系产品的矿物油。润滑油最重要的性能指标是黏度。黏度是流体抵抗剪切变形的能力，它表征流体内摩擦阻力的大小。图 1-15 为被润滑油分开的两平行的金属平板 A 和 B，当施力 F 拖动上板以速度 v 沿 x 轴方向移动，则由于油分子与金属平板表面的吸附作用（称为润滑油的油性），将使吸附于动板 A 表层的油层随板 A 以同样的速度 v 一起运动，吸附在静止板 B 表层的油层静止不动，其他各油层的流速 u 沿 y 轴方向逐次减小，并按线性变化，于是形成各油层间的相对滑移，在各油层的界面上就存在相应的抵抗位移的切应力 τ。油层做层流运动时，流体中任意点处的切应力 τ 均与该处流体的速度梯度 du/dy 成正比，即

$$\tau- \eta du/dy$$

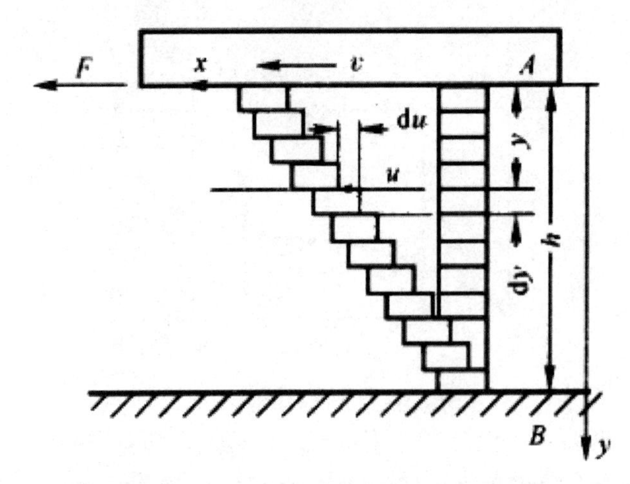

图 1–15　被润滑油分开的两平行的金属平板 A 和 B

式中：η 为比例常数，称为流体的动力黏度。因图示的速度 u 随坐标 y 值增加而减少，即 $du/dy < 0$，故式（1-8）中引入一负号，使切应力 τ 为一正值。式（1-8）通常被称为流体层流流动的内摩擦定律，又称牛顿黏性定律，摩擦学中把服从这个黏性定律的液体都称为牛顿液体。

动力黏度的单位在国际制（SI 制）中为 Pa · s(帕秒)，它相当于长、宽、高各为 1m 的液体，当上下两平面发生 1m/s 的相对滑动速度所需的切向力为 1N 时的黏度，亦即 1Pa·s = 1N·s/ ㎡。在绝对单位制（CGS 制）中，动力黏度的单位为 P(泊）或 cP(厘泊)，其单位间的换算关系为 1Pa · s = 10P = 1000cP。

黏度的单位除动力黏度外，根据不同的测定方法还有运动黏度和相对黏度。

运动黏度 γ 是动力黏度 η 与同温度下该液体密度 ρ（对于矿物油 ρ = 850 ~ 900kg/ m^3）的比值，即

$$\gamma = \eta / \rho$$

式中：当动力黏度 η 的单位为 Pa · s，密度 ρ 的单位为 kg/m^3 时，运动黏度 γ 的国际制单位为㎡ /s。在绝对单位制中，运动黏度的单位为 St(斯）或 cSt(厘斯)，其单位间的换算关系为 1St = $1cm^2/s$ = 100cSt = 10 — 4 ㎡ /s。

GB/T3141-1994 规定采用 40℃时的运动黏度中心值作为润滑油的黏度等级牌号，牌号数字越大，黏度越高。润滑油的实际运动黏度值在相应中心黏度值的 ± 10% 偏差范围以内。例如，牌号为 L-AN100 的全损耗系统用油在 40℃时的运动黏度中心值为 $100mm^2/s$，实际运动黏度范围为 90.0 ~ $110mm^2/s$。

动力黏度和运动黏度往往难以直接测定，黏度的大小可用一定容积的液体通过一定孔径所需的时间来间接表示，黏度越大，流过的时间越长。用这类间接方法测得的黏度称为相对黏度（或条件黏度），相对黏度的单位随黏度计类型的不同而异。我国常用恩氏黏度作为相对黏度的单位，并以符号° Et 表示，其角标 t 表示测定时的温度。各种黏度的换算可查阅手册。

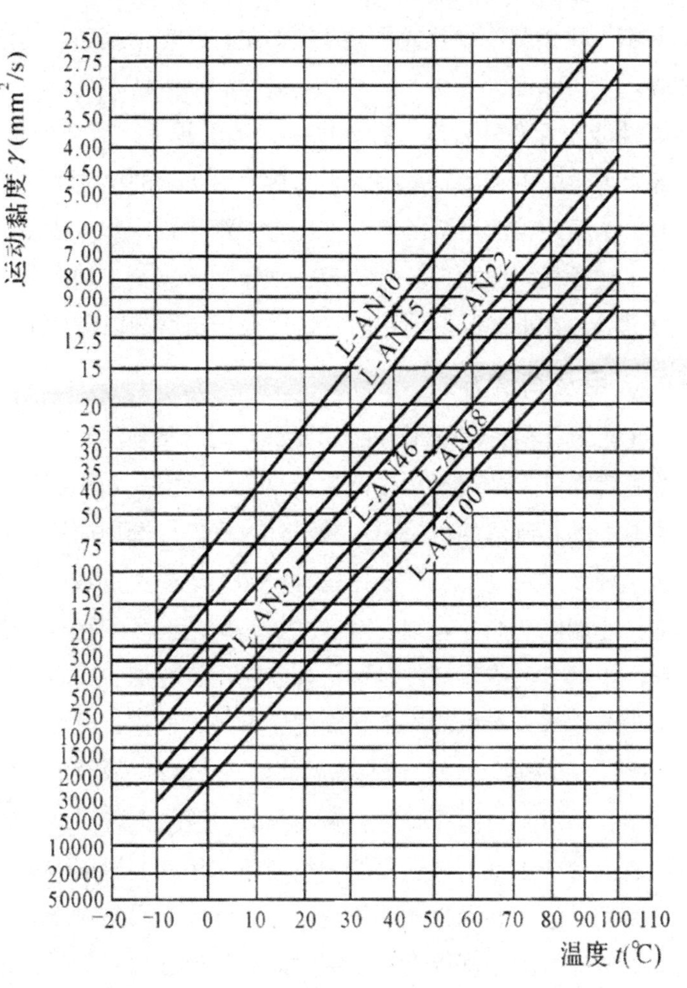

图 1-16 几种润滑油的黏度—温度曲线

润滑油的黏度实际上将随温度和压力而变化，随着温度升高，润滑油的黏度下降，而且影响相当显著。图 1-16 表示出几种润滑油的黏度—温度曲线。黏度随温度变化越小的油，其黏温特性越好。润滑油的黏度随压力升高而增大，但当压力低于 100MPa 时，黏度随压力的变化很小，计算时可不考虑。

润滑油的性能指标除了黏度以外，还有它的油性、极压性、闪点、凝点等。油性是指润滑油在金属表面的吸附能力，吸附能力越强，油性越好。一般认为动植物油的油性较矿物油高。极压性是润滑油中加入含硫、氯、磷的有机极性化合物后，油中极性分子在金属表面生成抗磨、耐高压的化学反应膜的能力，是在重载、高温、高压下衡量边界润滑性能好坏的重要指标。闪点是润滑油遇到火焰即能发光闪烁的最低温度，凝点是润滑油在规定条件下不能自由流动时的最高温度，二者分别是润滑油在高温、低温下工作的重要指标。

（2）润滑脂

润滑脂是用矿物油与各种不同稠化剂（钙、钠、铝等金属皂）混合制成的半固体状态润滑剂。在重载、低速及避免油液流失和不易加润滑油的条件下，可用润滑脂。工业上应用最广泛的润滑脂是钙基润滑脂（钙基脂），有耐水性，但只能在 55℃ ~ 75℃以下使用。

钠基润滑脂（钠基脂）比钙基脂耐热，可达 150℃左右，但钠基脂易溶于水，故不宜用于有水和潮湿的环境。

润滑脂的主要性能指标有针入度（针入度小，稠度越大，流动性越小，承载能力强，密封性好，但摩擦阻力也大）和滴点（润滑脂受热开始滴下的温度）。

需要指出的是，为了改善润滑剂的使用性能常在润滑剂中加入少量添加剂是现代改善润滑剂润滑性能的重要手段，添加剂品种很多，如各种降凝剂、增黏剂、消泡剂、抗氧化剂、油性剂、抗腐剂等。在重载摩擦副中，常使用极压抗磨剂以增加抗黏着的能力。

2. 润滑剂的选用及润滑方式

选用润滑剂应考虑具体机件对润滑性能的要求，同时又须注意实际工况对润滑剂的影响。总体来说，除特殊条件（如高温、极低温、高压、真空、强辐射、不允许污染及无法供油等）以及由橡胶、塑料制成的机件用水润滑外，一般多选用润滑油和润滑脂。润滑脂常用于难以经常供油或要求不高的重载低速场合，如用于高速重载或有严重冲击振动的场合，应选用针入度较小的润滑脂。选用润滑油主要是确定油品的种类和黏度等级牌号。油的品名最好符合所润滑的机器或零部件名称，如齿轮用齿轮油、导轨用导轨油、内燃机用内燃机油等。润滑油黏度选择考虑的原则是高温、重载、低速，或工作中有冲击振动，并经常启动、停车、反转、变载、变速，或摩擦副间隙较大，表面粗糙时选用黏度较高的油；而高速、轻载、低温、采用压力循环润滑、滴油润滑等情况下选用黏度较低的润滑油。

润滑方法在润滑设计中也是十分重要的，它与所采用的润滑剂类型、所润滑机件的摩擦状态和工况有着密切关系。润滑方式总体上可分为间断润滑与连续润滑两大类。间断润滑常见的是利用油壶或油枪、油刷等靠手工定时向润滑处加油、加脂，这种润滑方式多用于小型、低速或间歇运动的机件。连续润滑有浸油润滑、飞溅润滑、喷油润滑、压力循环润滑等。这些润滑方式将分别在链传动、齿轮传动、滚动轴承、滑动轴承、减速器等有关章节中再做具体阐述。

四、密封

密封的作用是：①防止润滑剂以及存储于密封容器中液、气介质的泄漏；②防止外部杂质（灰尘、水、气等）侵入润滑部位和需密闭的容器中。密封不仅能节约润滑剂，保证机械设备正常工作，提高其使用寿命，而且对防止污染、改善环境、保障安全也有很大作用。密封设计是润滑设计和机械结构设计的一项重要内容。

密封有动密封和静密封之分。动密封是指两个具有相对运动结合面的密封，在机械系统中运用十分广泛。动密封按运动形式分为转动密封（如轴与轴承）和移动密封（如油缸套与活塞杆），按接触形式分为接触式密封和非接触式密封。静密封是指两个相对静止的结合面间的密封，广泛应用于管道连接、压力容器和各种箱体结合面间的密封。常用的静密封元件主要有垫片、密封圈和密封胶等。密封还按所密封的介质不同分为油封、水封和气封，按密封位置的不同分为径向密封和端面密封。密封装置在机械设备中应用广泛，密封件也多为标准件、易损件。关于密封，本书还将分别在滚动轴承、减速器、液压传动等有关章节中加以介绍。

第七节 机械应满足的基本要求及其设计的一般程序

一、机械应满足的基本要求

机械产品应满足的基本要求可以归纳为两方面。

1. 使用方面的要求

（1）要满足机器预期的功能要求，如机器工作部分的运动形式、速度、运动精度和平稳性、生产率、需要传递的功率等，以及某些使用上的特定要求（如自锁、连锁、防潮、防爆）。

（2）要经久耐用，具有足够的寿命，在规定的工作期限内可靠地工作而不发生各种损坏和失效。

（3）具有良好的保安措施和劳动条件，要便于操作和维修，外形美观宜人及降耗、环保、可持续发展等社会要求。

2. 功能价格比要高

所谓功能价格比是指机械产品的功能与实现该功能所需总费用（包括设计、制造、使用和维护）之比值，该比值高，表明该产品技术—经济综合评价高。要在适合市场需要的前提下提高功能、降低总费用，使机械结构力求简单、紧凑，具有良好的工艺性，高效和节能；尽量采用标准化、系列化、通用化的参数和零部件；注意采用新技术、新材料、新工艺以及新的设计理论和方法，创新开发新产品，这些均有利于提高机械产品的功能价格比。

二、机械设计的一般程序

机械设计就是根据生产上的某种需要，创建一种机械结构，合理地选择材料并确定其尺寸，使其能满足预期功能要求的一种技艺。机械设计是一个创造过程，设计中要提出各种不同的构思和设想去反复进行协调、折中和优化，以最好地实现需求。由于各种机械用途不同，要求各异，故设计步骤不尽一致。总体来说，机械设计的一般程序如下。

1. 确定设计任务

要分析所设计机器的用途、功能、主要性能指标和参数范围、工作场合和工作条件、生产批量、预期的总成本范围以及技术经济指标有否特殊要求，这些都是设计的原始依据。为此，要对同类或相近机械的技术经济指标、使用情况、存在问题、用户意见和要求、市场竞争情况及发展趋势，认真收集资料、调查研究，为拟定总体方案、进行技术设计打下基础。正确分析、确定设计任务是合理设计机械的前提。

2. 总体设计

机器的总体设计也就是按照简单、合理、经济的原则，拟定出一种能实现机器功能要求的总体方案。其主要内容包括：根据机器要求进行功能设计研究，确定工作部分的运动和阻力，选择原动机，选择传动机构，拟定原动机到工作部分的传动系统，绘制整机的运动简图，并做出初步的运动和动力计算，确定各级传动比和各轴的转速、转矩和功率。总体设计时，要考虑到机器的操作、维修、安装、外廓尺寸等要求，合理安排各部件间的相对位置，有时对其中某些关键问题还需进行科学实验和模拟试验。

总体设计是作为随后进行的技术设计的依据，它关联着机器的性能、质量，特别是整机的经济性和合理性。为此，常需做出几个方案加以分析比较，择优选定。近来有用评分法选择方案，即对每一个方案用多项指标（如功能、尺寸、重量、寿命、工艺性、成本、使用和维修……），按评分分级标准一一评定分值，以总分高的方案为优。设计中还越来越多地采用将设计追求的目标建立数学模型，通过计算机优化求解最佳方案。

3. 技术设计

根据机器总体方案设计的要求，通过必要的工作能力计算或同类相近机器的类比，或考虑结构上的需要，确定各零部件的主要参数与结构尺寸，经初审绘制总装配图、部件装配图、零件图、各种系统图（传动系统、润滑系统、电路系统、液压系统等），编制设计说明书及各种技术文件。

4. 试制定型

按照以上步骤做成的设计图纸和文件，还只是设计整个认识过程的第一阶段，设计是否能达到预期的要求，还必须通过实践检验。一般要试制样机，并通过试车、测试各项性能指标，鉴定是否达到设计要求。对设计错误和不妥之处再做必要的修改，使之达到正确设计。

需要指出，设计工作的各个局部环节都和总体密切关联，需要互相配合、交叉进行、多次反复、不断修正。机械产品的性能、质量和成本在很大程度上取决于机械设计的水平。当前正在有计划地推广和普及许多新的设计理论和方法（如现代设计方法学、电子计算机辅助设计、最优化设计、可靠性设计、价值工程设计、工艺美术造型设计等），对提高机械设计水平具有重要的和现实的意义。

更需指出，创新创意是机械设计生命力的重要体现。

此外，贯彻标准化也是评定设计水平指标之一。国家标准化法规定我国实行四级标准化体制，即国家标准（代号 GB）、行业标准（如 JB、YB、YS 分别为机械、黑色冶金、有色冶金行业标准代号）、地方标准、企业标准。国际标准化组织还制定了国际标准（代号 ISO）。近年来，我国为了便于加强国标的管理和监督执行，将国标分为两大类：一为强制性国家标准，其代号为 GB，必须严格遵守执行；另一类为推荐性国家标准，其代号为 GB/T，这类标准占整个国标中的绝大多数，如无特殊理由和特殊需要，也必须予以遵守执行。设计工作中贯彻标准化可以提高设计效率，保障设计质量。

第二章　设计理论

第一节　概述

一、设计的概念与本质

设计（design）的目的是满足人类或社会的需求，“设计”有广义和狭义之分。广义的设计就是将人类的理想变为现实的实践活动。狭义的设计指的是一种始于辨识需要而终于需要满足的设计系统的创造过程，该技术系统包括图样、软件程序、其他技术文档等。产品设计即属于“设计”狭义概念的范畴，各种设计如机械设计即为此种。

人类文明进步的历史，就是不断进行创新设计的历史。我们熟知的机械设计、建筑设计、家具设计等都既有自己独特的设计思想和方法，又有通用之处。本书将着重讨论与机械设计相关的现代设计方法。

二、设计的发展

纵观历史，人类的设计进程可划分为以下几个发展阶段。

（1）直觉设计阶段。古代的设计是一种直觉设计。当时人们或许是从自然现象中直接得到启示，或是全凭人的直观感觉来设计制作工具。设计者多为具有丰富经验的手工艺人，他们之间没有信息交流。产品的制造只是根据制造者本人的经验或其头脑中的构思完成的，设计与制造无法分开。设计方案存在于手工艺人头脑之中，无法记录表达，产品也是比较简单的。一项简单产品的问世，周期很长，这是一种自发设计。直觉设计阶段在人类历史中经历了一个很长的时期，17 世纪以前基本都属于这一阶段。

（2）经验设计阶段。随着生产的发展，产品逐渐复杂起来，对产品的需求量也开始增大，单个手工艺人的经验或其头脑中自己的构思已很难满足这些要求，因而促使手工艺人必须联合起来，互相协作，逐渐出现了图样，并开始利用图样进行设计。一部分经验丰富的人将自己的经验或构思用图样表达出来，然后根据图样组织生产。到 17 世纪初，数学与力学结合后，人们开始运用经验公式来解决设计中一些问题，并开始按图样进行制造，如早在 1670 年就已经出现了有关大海船的图样。图样的出现，既可使具有丰富经验的手工艺人通过图样将其经验或构思记录下来，传于他人，便于用图样对产品进行分析、改进和提高，推动设计工作向前发展；还可满足更多的人同时参加同一产品的生产活动，满足社会对产品的需求及生产率的要求。因此，利用图样进行设计，使人类设计活动由自发设计阶段进步到经验设计阶段。

（3）半理论半经验设计阶段。20世纪初以来，由于试验技术与测试手段的迅速发展和应用，人们把对产品采用局部试验、模拟试验等作为设计辅助手段。通过中间试验取得较可靠的数据，选择较合适的结构，从而缩短了试制周期，提高了设计可靠性。这个阶段称为半理论半经验设计阶段（又称中间试验设计阶段）。在这个阶段，随着科学技术的进步、试验手段的加强，设计水平进一步提高，共取得了如下进展：①加强设计基础理论和各种专业产品设计机理的研究，如应力应变、摩擦磨损理论，零件失效与寿命的研究，从而为设计提供了大量信息，如包含大量设计数据的图表（图册）和设计手册等；②加强关键零件的设计研究，特别是加强了关键零部件的模拟试验，大大提高了设计速度和成功率；③加强了“三化”，即零件标准化、部件通用化、产品系列化的研究，后来又提出设计组合化，这便进一步提高了设计的速度、质量，降低了产品的成本。

本阶段由于加强了设计理论和方法的研究，与经验设计相比，这阶段设计的特点是大大减少了设计的盲目性，有效提高了设计效率和质量，并降低了设计成本。至今，这种设计方法仍被广泛采用。

（4）现代设计阶段。近几十年来，由于科学和技术迅速发展，对客观世界的认识不断深入，设计工作所需的理论基础和手段有了很大进步，特别是电子计算机技术的发展及应用，对设计工作产生了革命性的突变，为设计工作提供了实现设计自动化的条件。这是步入现代设计阶段的重要特点。

此外，步入现代设计阶段的另一个特点就是，当代对产品的设计已不能仅考虑产品本身，还要考虑对系统和环境的影响；不仅要考虑技术领域，还要考虑经济、社会效益；不仅考虑当前，还需考虑长远发展。例如，汽车设计，不仅要考虑汽车本身的有关技术问题，还需考虑使用者的安全、舒适、操作方便等。此外，还需考虑汽车的燃料供应和污染、车辆存放、道路发展等问题。总之，目前已进入现代设计阶段，它要求在设计工作中把自然科学、社会科学、人类工程学，以及各种艺术、实际经验和聪明才智融合在一起，用于设计中。

第二节　传统设计与现代设计

为了反映设计思想、理论和方法随社会发展的变化，人们常用“传统设计”和“现代设计”这两个术语。显然，“传统”和“现代”是相对的，人们只是把当前认为较先进的那部分设计理论与方法称为“现代设计”，而其余的则称为“传统设计”。

一、传统设计

传统设计以经验总结为基础，运用力学和数学形成的经验、公式、图表、设计手册等作为设计的依据，通过经验公式、近似系数或类比等方法进行设计。传统设计在长期运用中得到不断完善和提高，是符合当代技术水平的有效设计方法。但由于所用的计算方法和参考数据偏重于经验的概括和总结，往往忽略了一些非主要的因素，因而造成设计结果的近似性较大，也难免有不确切和失误。此外，传统设计在信息处理、参数统计和选取、经验或状态的存储和调用等方面还没有一个有效方法，解算和绘图也多用手工完成，所以不仅影响设计速度和设计质量的提高，也难以做到精确和优化的效果。传统设计对技术与经济、技术与美学也未能做到很好的统一，给设计带来一定的限制，这些都是有待于进一步改进和完善的不足之处。

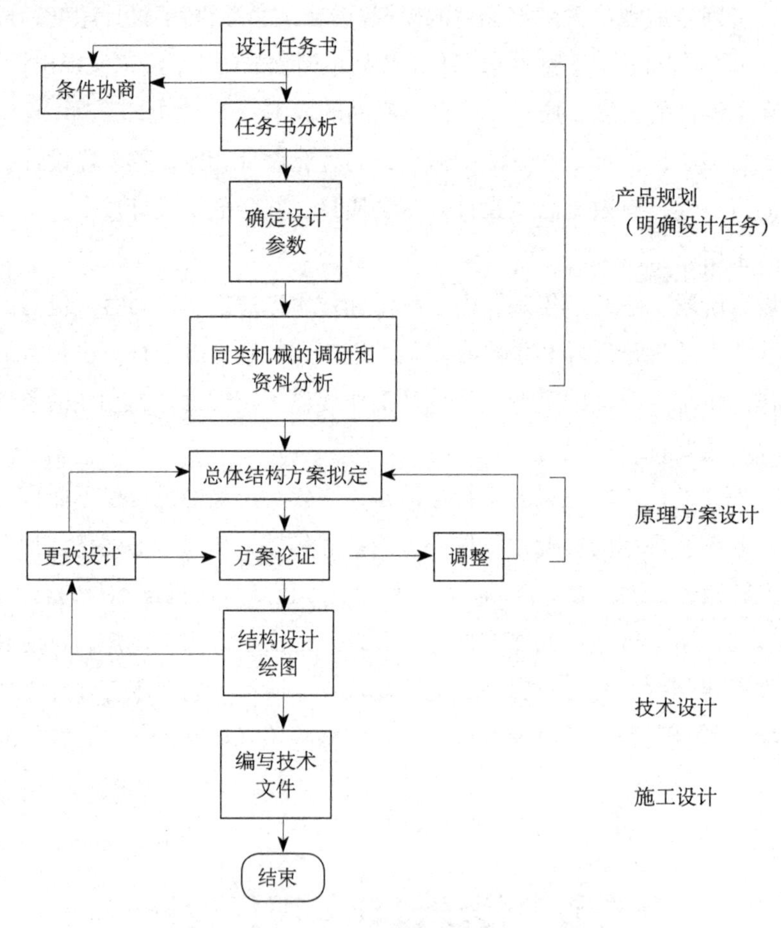

图 2-1　一般传统机械设计过程

图 2-1 为一般传统机械设计过程。其特点是：第一，它的每一个环节都依靠设计者用手工方式来完成。从本质上来说，这些都是凭借设计者直接的或间接经验，通过类比分析或经验公式来确定方案，对于特别重要的设计或计算工作量不太大的设计，有时可对拟定

的几个方案做计算对比。方案选定后按机械零件的设计方法或按标准选用，最后绘制整机及部件装配图和零件图，编写技术文件，从而完成整机设计。第二，按传统机械设计方法，设计人员的大部分精力耗费在零部件的常规设计（特别是繁重而费时的绘图工作）中，而对整机全局问题难以进行深入研究，对于一些困难而费时的分析计算，常常不得不采用作图法或类比定值等粗糙的方法，因此具有很大的局限性。这种局限性主要表现在：①方案的拟定很大程度上取决于设计者的个人经验；②在分析计算工作中，由于受人工计算条件的限制，只能采用静态的或近似的方法而难以按动态、精确的方法计算，计算结果未能完全反映零部件的真正工作状态，影响了设计质量；③设计工作周期长，效率低，成本高。

所以，传统设计方法是一种以静态分析、近似计算、经验设计、手工劳动为特征的设计方法。显然，随着现代科学技术的飞速发展，生产技术的需要和市场的激烈竞争，以及先进设计手段的出现，这种传统设计方法已难以满足当今时代的要求，从而迫使设计领域不断研究和发展新的设计方法和技术。

二、现代设计

20 世纪 60 年代以来，由于科学技术的飞速发展和计算机技术的应用与普及，设计工作包括机械产品的设计工作有了新的变化。随着科技发展，新工艺、新材料的出现，微电子技术、信息处理技术及控制技术等新技术对产品的渗透和有机结合，与设计相关的基础理论的深化和设计新方法的涌现，都给产品设计开辟了新途径，使产品设计达到了现代设计的水平。在这一时期，国际上在设计领域相继出现了一系列有关设计学的新兴理论与方法。为了强调它们对设计领域的革新，以区别传统设计理论和方法，把这些新兴理论与方法统称为现代设计。当然，现代设计不仅指设计方法的更新，也包含了新技术的引入和产品的创新。目前现代设计所指的新兴理论与方法主要包括优化设计、可靠性设计、设计方法学、计算机辅助设计、动态设计、有限元法、工业艺术造型设计、人机工程、并行工程、价值工程、反求工程设计、模块化设计、相似性设计、虚拟设计、疲劳设计、三次设计、摩擦学设计、人工神经元计算方法等，其发展方兴未艾。

目前，产品的现代设计的主要特点表现为以下几方面。

1）设计对象由单机走向系统。

2）设计要求由单目标走向多目标。

3）设计所涉及的领域由某一领域走向多个领域。

4）产品更新速度加快，要求设计速度加快。

5）设计的发展要适应科技发展，特别是适应计算机技术发展和先进的工艺水平。

现代设计方法的基本特点如下。

（1）程式性。研究设计的全过程，要求设计者从产品规划、方案设计、技术设计、施工设计到试验、试制进行全面考虑，按步骤有计划地进行设计。

（2）创造性。突出人的创造性，发挥集体智慧，力求探寻更多突破性的方案，开发创新产品。

（3）系统性。强调用系统工程处理技术系统问题，设计时应分析各部分的有机关系，力求使系统整体最优。同时考虑技术系统与外界的联系，即人—机—环境的大系统关系。

（4）最优化。设计的目的是得到功能全、性能好、成本低的价值最优的产品，设计中不仅考虑零部件参数、性能的最优，更重要的是争取产品的技术系统整体最优。

（5）综合性。现代设计方法是建立在系统工程、创造工程基础上，综合运用信息论、优化论、相似论、模糊论、可靠性理论等自然科学理论和价值工程、决策论、预测论等社会科学理论，同时采用集合、矩阵、图论等数学工具和电子计算机技术，总结设计规律，提供多种解决设计问题的科学途径。

（6）计算机化。将计算机全面地引入设计，通过设计者和计算机的密切配合，采用先进的设计方法，提高设计质量和速度，计算机不仅用于设计计算和绘图，同时在信息储存、评价决策、动态模拟、人工智能等方面将发挥更大作用。

与人们对设计的要求相比，我国现阶段的设计相对而言是比较落后的。面对这种形势，唯一的出路就是：设计必须科学化、现代化。也就是要求设计人员不仅要有丰富的专业知识，还需要掌握先进的设计理论、设计方法和设计手段及工具，科学地进行设计工作，这样才能设计出符合时代要求的新产品。

最后，应该指出，设计是一项涉及多门学科、多种技术的交叉工程。它既需要方法论的指导，也依赖各种专业理论和专业技术，更离不开技术人员的经验和实践。现代设计方法是在继承和发展传统设计方法的基础上融合新的科学理论和新的科学技术成果而形成的。因此，学习使用现代设计方法，并不是要完全抛弃传统的方法和经验，而是要让广大设计人员在传统方法和实践经验的基础上掌握一把新的思想钥匙。设计方法具有时序性和继承性，之所以冠以“现代”二字是为了强调其科学性和前沿性以引起重视，其实有些方法也并非是现代的，当前传统设计与现代设计正处在共存性阶段。图 2-2 为现代设计的作业过程。

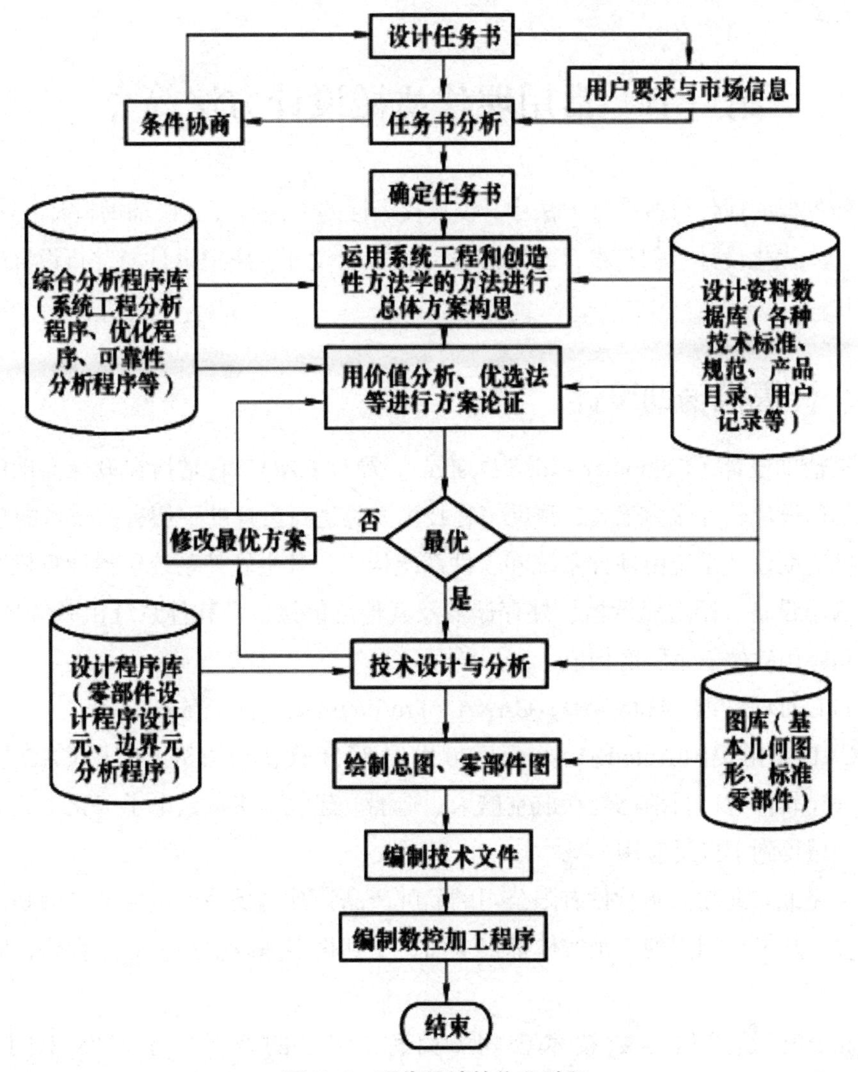

图 2-2 现代设计的作业过程

三、传统设计与现代设计的关系

传统设计与现代设计的关系是：

（1）继承的关系。现代设计是在传统设计的基础上发展起来的，继承了传统设计方法中的精华之处。现代设计是传统设计的深入、丰富和完善，而非独立于传统设计的全新设计。

（2）共存和突破的关系。两种设计方法存在一定的共存性，由于传统设计发展到现代设计有时序性和继承性，当前正处在共存性阶段。现代设计会逐渐突破传统设计的局限。

第三节　常用现代机械设计方法简介

在各种各样的现代机械设计方法中，较具代表性的方法有计算机辅助设计、有限元法、可靠性设计、优化设计、创新设计、动态设计、智能设计、虚拟设计、并行设计等。下面简要介绍几种方法。

一、计算机辅助设计

计算机辅助设计（Computer Aided Design），简称 CAD。它是指在设计活动中，利用计算机及工程设计软件作为工具，帮助工程技术人员进行设计的一切有关技术的总称。

计算机辅助设计系统由硬件系统和软件系统构成，其中硬件系统包括计算机主机、输入设备、输出设备、图形显示器、外存储器及其他通信接口。软件系统由系统软件平台、支撑软件和应用软件三个层次构成。

常用的 CAD 软件有 AutoCAD、CAXA、Pro/Engineer、Unigraphics 等。

AutoCAD 是由美国 Autodesk 公司于 20 世纪 80 年代初为微机上应用 CAD 技术而开发的绘图程序软件包，目前已经在航空航天、造船、建筑、机械、电子、化工、美工、轻纺等很多领域得到了广泛应用。

CAXA 是北京北航海尔软件有限公司的品牌产品，其也是一个包括了 CAM/CAE 等模块的系统包，从二维制图到三维实体都很全面，受到很多国内中小企业的青睐，服务于中国制造业。

Pro/Engineer 是美国参数技术公司（简称 PTC）的产品，于 1988 年问世。Pro/Engineer 具有先进的参数化设计、基于特征设计的实体造型和便于移植设计思想的特点，该软件符合工程技术人员的机械设计思想。Pro/Engineer 有 20 多个模块供用户选择，故能将整个设计和生产过程集成在一起。Pro/Engineer 在三维机械设计领域功能非常全面，拥有众多的用户。

Unigraphics 缩写为 UG，是一个交互式 CAD/CAM（计算机辅助设计与计算机辅助制造）系统，它功能强大，可以实现各种复杂实体及造型的建构。UG 起源于美国麦道（MD）公司的产品，早年运行在工作站的 Unix 系统下，1991 年 11 月被并购入美国通用汽车公司 EDS 分部，Unigraphics 由其独立子公司 UGS 开发，后与同样被并购入的 SDRC 公司 I-deas 软件整合，推出 Unigraphics NX。这是一个高端的 CAD 机械工程辅助系统，适用于航空、航天、汽车、通用机械及模具等的设计、分析及制造工程。

二、有限元法

有限元法（FEA，Finite Element Analysis）的基本概念是用较简单的问题代替复杂问题后再求解。它将求解域看成是由许多称为有限元的小的互联子域组成，对每一单元假定一个合适的（较简单的）近似解，然后推导求解这个域的满足条件（如结构的平衡条件），从而得到问题的解。这个解不是准确解，而是近似解，因为实际问题被较简单的问题所代替。由于大多数实际问题难以得到准确解，而有限元不仅计算精度高，而且能适应各种复杂形状，因而成为行之有效的工程分析手段。

有限元是那些集合在一起能够表示实际连续域的离散单元。有限元的概念早在几个世纪前就已产生并得到了应用，例如用多边形（有限个直线单元）逼近圆来求得圆的周长，但作为一种方法被提出，则是最近的事。有限元法最初被称为矩阵近似方法，应用于航空器的结构强度计算，并因其方便性、实用性和有效性而引起从事力学研究的科学家的浓厚兴趣。经过短短数十年的努力，随着计算机技术的快速发展和普及，有限元方法迅速从结构工程强度分析计算扩展到几乎所有的科学技术领域，成为一种丰富多彩、应用广泛并且实用高效的数值分析方法。

有限元方法与其他求解边值问题近似方法的根本区别在于它的近似性仅限于相对小的子域中。20 世纪 60 年代初首次提出结构力学计算有限元概念的克拉夫（Clough）教授形象地将其描绘为："有限元法 =Rayleigh Ritz 法 + 分片函数"，即有限元法是 Rayleigh Ritz 法的一种局部化情况。不同于求解（往往是困难的）满足整个定义域边界条件的允许函数的 Rayleigh Ritz 法，有限元法将函数定义在简单几何形状（如二维问题中的三角形或任意四边形）的单元域上（分片函数），且不考虑整个定义域的复杂边界条件，这是有限元法优于其他近似方法的原因之一。

对于不同物理性质和数学模型的问题，有限元求解法的基本步骤是相同的，只是具体公式推导和运算求解不同。有限元求解问题的基本步骤通常为：

第一步：问题及求解域定义。根据实际问题近似确定求解域的物理性质和几何区域。

第二步：求解域离散化。将求解域近似为具有不同有限大小和形状且彼此相连的有限个单元组成的离散域，习惯上称为有限元网络划分。显然单元越小（网络越细）则离散域的近似程度越好，计算结果也越精确，但计算量及误差都将增大，因此求解域的离散化是有限元法的核心技术之一。

第三步：确定状态变量及控制方法。一个具体的物理问题通常可以用一组包含问题状态变量边界条件的微分方程式表示，为适合有限元求解，通常将微分方程化为等价的泛函形式。

第四步：单元推导。对单元构造一个适合的近似解，即推导有限单元的列式，其中包括选择合理的单元坐标系，建立单元试函数，以某种方法给出单元各状态变量的离散关系，从而形成单元矩阵（结构力学中称刚度阵或柔度阵）。

为保证问题求解的收敛性，单元推导有许多原则要遵循。对工程应用而言，重要的是应注意每一种单元的解题性能与约束。例如，单元形状应以规则为好，畸形时不仅精度低，而且有缺秩的危险，将导致无法求解。

第五步：总装求解。将单元总装形成离散域的总矩阵方程（联合方程组），反映对近似求解域的离散域的要求，即单元函数的连续性要满足一定的连续条件。总装是在相邻单元节点进行，状态变量及其导数（可能的话）连续性建立在节点处。

第六步：联立方程组求解和结果解释。有限元法最终导致联立方程组。联立方程组的求解可用直接法、选代法和随机法。求解结果是单元节点处状态变量的近似值。对于计算结果的质量，将通过与设计准则提供的允许值比较来评价并确定是否需要重复计算。

简言之，有限元分析可分成三个阶段：前处理、处理和后处理。前处理是建立有限元模型，完成单元网格划分；后处理则是采集处理分析结果，使用户能简便提取信息，了解计算结果。

目前，普遍使用的通用有限元软件有 NASTRAN、ANSYS、MACRO 等。这些软件具有功能强大的前处理（自动生成单元网格，形成输入数据文件）和后处理（显示计算结果、绘制变形图等直线图、振型图并可动态显示结构的动力响应等）程序。

三、可靠性设计

可靠性设计（Reliability Design）是以概率论和数理统计为理论基础，以失效分析、失效预测及各种可靠性试验为依据，以保证产品的可靠性为目标的现代设计方法。

可靠性设计的基本内容是：选定产品的可靠性指标及量值，对可靠性指标进行合理的分配，再把规定的可靠性指标设计到产品中去。

本书的第四章将对可靠性进行进一步介绍。

四、优化设计

优化设计（Optimal Design）是把最优化数学原理应用于工程设计中，在所有可行方案中寻求最佳设计方案的一种现代设计方法。

在进行工程优化设计时，首先把工程问题按优化设计所规定的格式建立数学模型，然后选用合适的优化计算方法在计算机上对数学模型进行寻优求解，得到工程设计问题的最优设计方案。

在建立优化设计数学模型过程中，把影响设计方案选取的那些参数称为设计变量；设计变量应当满足的条件称为约束条件；而设计者选定来衡量设计方案优劣并期望得到改进的指标表示为设计变量的函数，称为目标函数。设计变量、约束函数、目标函数组成了优化设计问题的数学模型。优化设计需要把数学模型和优化算法放到计算机程序中用计算机自动寻优求解。常用的优化算法有 0.618 法、鲍威尔（Powell）法、变尺度法、复合形法、惩罚函数法等。

五、动态设计

不论是国内还是国外，动态设计（Dynamic Design）都还处在初级阶段，许多深层次动态设计问题正处于研究过程中。目前大型高速旋转机械屡屡发生毁机事故，而这些事故多数是在强非线性、非稳态的条件下发生的。近年来国内外科技工作者对这些机械的动态设计十分重视，这就促使动态设计从一般的动态设计向更深层次的方向发展，即向非稳态、非线性、不确定、高维、多参数的研究方向发展。由此需要采用更高深的理论、方法与技术，进行更深层次的动态设计，这对设计者而言难度更大。

六、智能设计

智能设计（Intelligent Design）有两层含义：一是用智能方法进行设计，二是使设计的对象智能化。这是国内外产品设计的主导方向，也是现代机械设备所应该体现的基本内容。对于智能设计，国内外都十分重视，因为实现智能化会在较大程度上提高产品的性能和质量，增强产品在国际市场上的竞争力。本书所指的智能设计是对产品的性能参数及其工作过程进行智能控制与优化，使产品具有优良的工作性能，进而给产品带来经济效益和社会效益，甚至是重大的经济效益和社会效益的设计，这是任何一种产品设计都不可缺少的，也是机械设计中首先要考虑的问题。

七、并行设计

并行设计（Concurrent Design）是对产品设计及其相关过程（包括设计过程、制造过程和支持过程）进行并行、一体化设计的一种系统化的工作模式。这种模式力图使开发者一开始就考虑到产品生命周期中的所有因素，包括质量、成本、进度与用户要求。

并行设计将产品开发周期分解成许多阶段，每个阶段有自己的独立时间段，组成全过程；不同的设计时段之间有一部分重叠，代表了不同设计阶段之间可以同时进行。图 2-3 为并行设计的一般过程，其关键技术有：

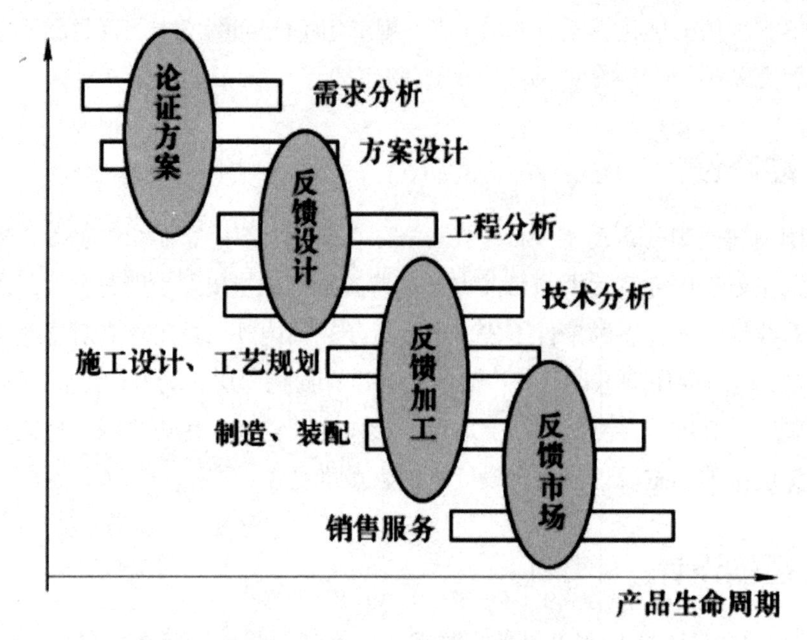

图 2-3 并行设计的一般过程

1）产品的信息建模和开发过程的集成。

2）产品开发过程的重建，实现从目标管理到过程管理的转变。

3）在产品数据库管理支持环境下，建立产品开发过程建模软件工具、过程监控和管理工具以及协调冲突仲裁工具等。

4）团队工作方式和协同的工作环境。

八、绿色设计

绿色设计是 20 世纪 90 年代初期就如何发展经济，如何节约资源、有效利用资源和保护环境这一主题而提出的新的设计概念和方法。

绿色设计（Green Design）也称生态设计、环境设计、生命周期设计或环境意识设计等，是指在整个产品生命周期内考虑产品的环境属性（可拆卸性、可回收性、可维护性、可重复利用性等），并将其作为设计目标，在满足环境目标要求的同时，保证产品的应有概念、使用寿命、质量等。

绿色设计的特点是：

1）扩大了产品的生命周期；

2）属并行闭环设计；

3）有利于保护环境，维护生态系统平衡；

4）可以防止地球上矿物资源的枯竭；

5）减少了废弃物数量及其处理的棘手问题。

本书第五章将对绿色设计进一步介绍。

九、机械创新设计

机械创新设计（Mechanical Creative Design，MCD）是指充分发挥设计者的创造力，利用人类已有的相关科学技术成果，进行创新构思，设计出具有新颖性、创造性及实用性的机构或机械产品（装置）的一种实践活动。

机械创新设计要求：①具有良好的心理素质和强烈的事业心，善于捕捉和发现社会和市场的需求，分析矛盾，富于想象，有较强的洞察力；②掌握创造性技法，科学地发挥创造力；③善于运用自己的知识和经验，在创新实践中不断地提高创造力。

机械创新设计的过程主要由综合过程、选择过程和分析过程组成。

1）确定机械的基本原理。

2）机构结构类型综合及优选。

3）机构运动尺寸综合及其运动参数优选。

4）机构动力学参数综合及其动力学参数优选。

创新设计过程中的创新思维方法。

（1）直觉思维。直觉思维的基本特征是其产生的突然性，过程的突发性和成果的突破性。在直觉思维的过程中，不仅是意识起作用，而且潜意识也发挥着重要作用。

（2）逻辑思维。逻辑思维是一种严格遵循人们在总结事物活动经验和规律的基础上概括出来的逻辑规律，进行系统的思考，由此及彼的联动推理。逻辑思维有纵向推理、横向推理和逆向推理等几种方式。纵向推理是针对某一现象进行纵深思考，探求其原因和本质而得到新的启示。横向推理是根据某一现象联想其特点与其相似或相关的事物，进行“特征转移”而进入新的领域。逆向推理是根据某一现象、问题或解法，分析其相反的方面、寻找新的途径。

创造性思维是直觉思维和逻辑思维的综合，这两种包括渐变和突变的复杂思维过程互相融合、补充和促进，使设计人员的创造性思维得到更加全面的开发。

以上各种现代设计方法，可以从不同角度来满足产品综合设计质量的要求，每一种方法都会在实现机器的功能和性能（包括主辅功能和结构性能、工作性能及制造性能）的一个或一些方面发挥一定的作用。但是如果在设计中全面考虑并采用所有这些方法，需要花费很大的精力和较长的设计时间，也是很难做到的。因此，应该根据具体情况，侧重选择不同的设计方法，如将三种或四种主要设计方法有机地结合在一起，对产品进行设计。

第四节　现代机械设计理论与方法的发展及趋势

德、英、日、美等国在设计方法研究方面的情况如下。

德国在发现自己产品质量下降、竞争能力减弱之后，意识到这是和设计工作不符合要求、缺乏有能力的设计人员密切相关的。随即在 1963 年至 1964 年间，举行了全国性“薄弱环节在于设计”的讨论会，制定了一批有关设计工作的指导性文件，举办了有关产品系统规划、创造设计与发展、CAD 等许多专题的培训班和讨论会，并相应地在高等学校中开设了设计方法和 CAD 等专题课程。

英国自 1963 年开始提出工程设计思想后，广泛开展了设计竞赛，加强在设计过程中的创造性开发、技术可行性、可靠性、价值分析等方面的研究，从而改变了其设计水平低的局面。

日本由于受到美国提出的 CAD 及实现设计自动化可能性的冲击，为补救设计师的短缺和有效使用计算机及改进设计教育，同时也是为了适应新产品日益增长的需要，自 20 世纪 60 年代以来，引进了名家的专著，开始自己进行有关 CAD 和设计方法的研究，以提高设计人员的素质、发展 CAD 和改进工程技术教育。目前，日本在产品开发中的更新速度已受到全世界的关注，其产品的竞争能力也给许多国家造成巨大威胁。

美国是创造性设计的首倡者，在 CAD 方面做出了许多贡献。在日本等国的冲击下，1985 年 9 月由美国机械工程师协会（ASME）组织，美国国家科学基金会发起，召开了“设计理论和方法研究的目标和优先项目”研讨会。会后成立了“设计、制造和计算机一体化”工程分会，制订了一项设计理论和方法的研究计划，并成立了由化学、土木、电机、机械和工业工程及计算机科学等领域的代表组成的指导委员会，来考虑针对工程设计所需进行研究的领域和对这些领域提出资助的建议。

近年来，我国已经广泛开展了对现代设计方法的研究，成立了各种研究协会和组织。

就目前国内外的研究状况来看，现代机械产品的设计理论与方法正在向图 2-4 中所示的几个主导方向发展：①在科学发展观和自主创新思想指导下的设计理论与方法；②面向产品质量、成本或寿命的设计理论与方法；③为加快设计进度和实现设计智能化的设计理论与方法；④面向复杂或非线性系统的设计理论与方法；⑤单一目标设计法；⑥面向产品广义质量的综合设计方法。产品广义质量是指人们对产品设计工作提出的所有质量要求，包括产品的全部功能和性能。这些设计方法各有其特点和适用范围。综合设计理论与方法通常是以单一设计理论方法为基础的，所以对单一设计方法研究工作的深化是搞好综合设计的基础。

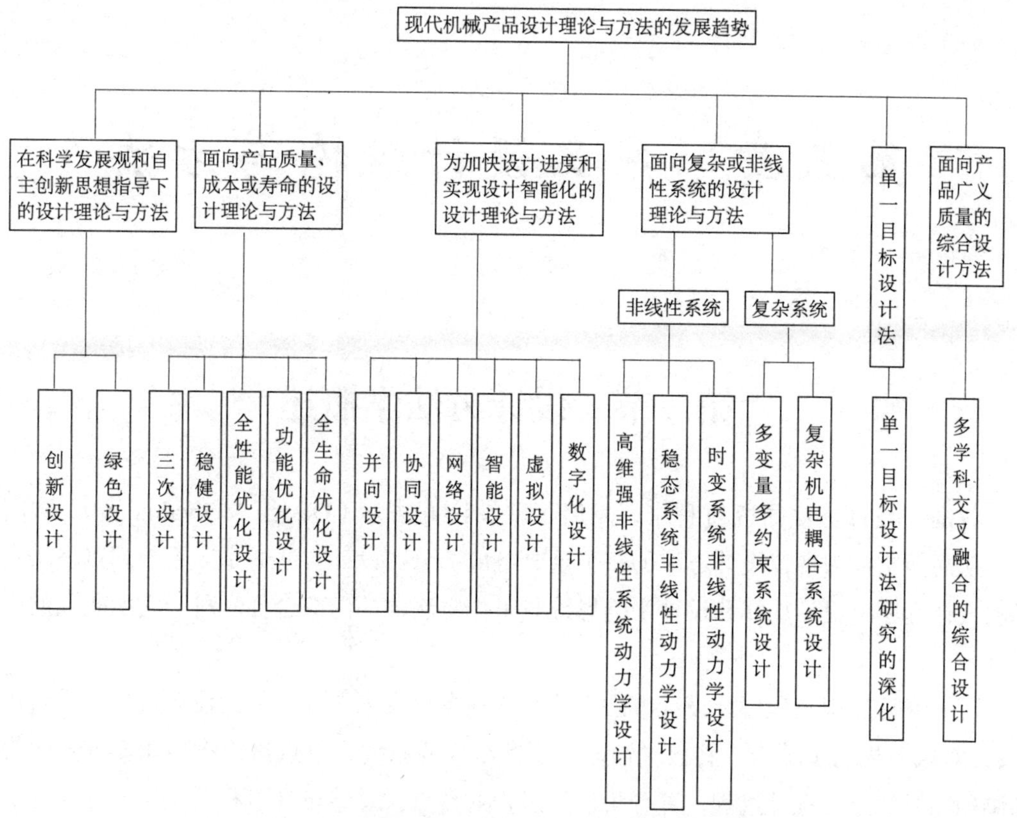

图 2-4　现代机械产品设计理论与方法的发展趋势

在现有研究成果基础上，设计理论与方法应该更加突出科学发展观的基本要求；应该更有效地提高产品质量、降低成本和保证使用寿命；应考虑如何缩短设计和制造周期，更广泛地采用信息化技术；应该针对更复杂机械系统和更高难度（如非线性系统）的问题开展研究工作；应该在更大范围内满足用户对产品广义质量的要求。

第三章　产品设计理论与方法

第一节　设计方法学概述

各国在设计方法研究过程中，发展了“设计方法学（Design Methodology）”这门学科，从而使它成为现代设计方法的一个重要组成部分。设计方法学是以系统观点来研究产品的设计程序、设计规律和设计中的思维与工作方法的一门综合性学科。它所研究的内容包括：

（1）设计过程及程序。设计方法学从系统观点出发来研究产品的设计过程，它将产品（设计对象）视为由输入、转换、输出三要素组成的系统，重点讨论将功能要求转化为产品结构图样的这一设计过程，并分析设计过程的特点，总结设计过程的思维规律，寻求合理的设计程序。

（2）设计思维。设计是一种创新，设计思维应是创造性思维。设计方法学通过研究设计中的思维规律，总结设计人员科学的、创造性的思维方法和技术。

（3）设计评价。设计方案的优劣如何评价？其核心取决于设计评价指标体系。设计方法学研究和总结评价指标体系的建立，以及应用价值工程和多目标优化技术进行各种定性、定量的综合评价方法。

（4）设计信息。设计方法学研究设计信息库的建立和应用，即探讨如何把分散在不同学科领域的大量设计信息集中起来，建立各种设计信息库，使之可通过计算机等先进设备方便快速地调阅参考。

第二节　技术系统及其确定

一、技术系统

设计的目的是满足一定的功能需求。完成某个特定功能或职能的各个事物的集合，简称为技术系统。技术系统一般包括以下四个组成部分：系统单元、系统结构、边界条件、输入和输出的要素。

系统单元是完成某种功能而无须进一步划分的单元，即系统相互联系和作用的基本组成要素。

系统结构反映着系统内部各个单元之间的关系，即相互联系和作用的连接形式。系统只有通过结构才能实现其总功能。然而，不同的结构既可完成不同的任务，也可完成相同的任务。

边界条件是系统与外部环境的作用界面，通过这种界面可以明确分析设计对象的范围。但是，界面又是相对的，可以因分析研究的具体要求不同而异。确定边界的主要依据是：在所研究的具体条件下，当该单元发生变化时，看是否对系统功能产生决定性影响，看是否应当把某个或某些单元包括在系统的内部。例如，在研究一项工作时，时间、地点、资源条件、人员的工作能力等是系统内部的组成单元；但当考核个人的工作能力时，学历、经验、技术水平等才是系统内部的组成单元，而上述的时间、地点、资源条件等因素则成为外部的环境要素。同时，根据与环境有无一定的联系，系统又可分为封闭的和开放的。封闭系统与环境无联系，开放系统受环境的影响。

系统的行为通常表现为它与其外部环境的相互联系和作用，可以用该系统的输入和输出来表征。

我们分析的都是工程技术系统。一般地说，它的处理对象是能量、物料、信息等。所以，可以用图 3-1 来表达工程技术系统。

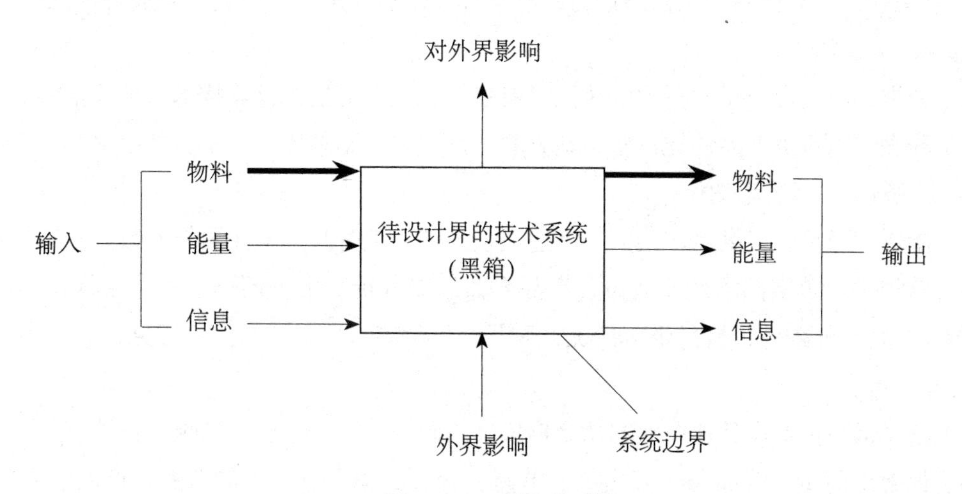

图 3-1　工程技术系统

技术系统可以视为三种流的处理系统，即能量流、物料流和信息流。主要传递信号流的技术系统称为仪器，主要传递能量流与物料流的技术系统称为机器。机器又分为机械和器械，其中机械以能量流和能量变换为主，如电动机、汽轮机；器械以物料流和物料变换为主，如加工中心、管道运输系统等。

作为输入的能量流，可以是机械能、热能、电能、化学能、光能、核能等能量流，也可以是它的某一具体分量，如力流、转矩流、电流等。例如，作为一个技术系统，内燃机的功能是将输入燃料的化学能流转换为机械能流，核电站的功能是将核能流转换为电能流。

作为输入的物质流，可以是气体、液体或各种形式的固体，如毛坯、原材料、半成品零件、部件、成品等，也可能是粉末、磨屑、泥沙之类的待处理物。机械技术系统将对它们进行结合、分离、移动、气相转液相之类相的变化，以及各相之间的混合等转化。如机床实现多余物料从工件上分离，输送带实现物料的搬运等。

作为输入的信息流，可以是各种测量值、输入指令、数据、图像等；信息的载体可以是机械量、电量、化学量等；信息的形式可以是模拟量，也可以是数字量。技术系统将对信息流进行加工、处理或转换。如凸轮机械具有将转动量信息转化为直线运动量信息的功能，计算机能做数据处理，A/D 转换器能将模拟量信息转换为数字量信息，数字式电视机能将接收到的数字信息转化为图像信息。

对于一个技术系统有时三流并存，如现代的加工中心和自动生产线，有时只存在能量流与信息流，如电视机。系统在完成功能的过程中，外界将向它输入各种制约和干扰，同时系统也将对外界输出干扰和影响，如振动、噪声、化学排放、热量、废弃物等。

确定技术系统的主要方法包括信息集约、调研预测、可行性分析等。

二、信息集约

信息集约旨在对产品相关信息进行搜集整理、分析加工，一般应由企业各部门共同完成，各部门分工如下。

1）情报部门负责产品的技术资料及发展趋势、专利情报、行业技术经济情报等。

2）开发部门负责产品性能试验，新材料、新工艺、新技术，产品性能、规格、造型，各种标准法规、设计方法等。

3）制造部门负责提供生产能力、制造工艺设备、工时及其他相关技术数据等信息。

4）营销部门负责国家产业政策、产品寿命周期分析，市场调查，需求预测，经营销售分析，材料和外购件价格与供应情况，质量与供货能力，老产品用户意见分析，事故与维修情况分析。

5）公关部门负责产品和企业的社会形象，与同行的竞争与联合情况分析等。

6）社会部门负责产品与环境污染、节能、资源、动力供应等的关系，产品进入社会和退出社会、报废、升级换代等的效应分析等。

三、调研预测

调研预测一般从市场、技术、社会环境及企业环境四个方面进行。

1）市场调研的内容，包括：

①用户对象，如市场、用户分类、购买力、采购特点等。

②用户需求，如品种规格、数量、质量、价格、交货期、心理与生理特点等。

③产品的市场位置，如质量、品种、规格统计对比，新老产品情况，市场满足率，产品寿命周期等。

④同行状况，如竞争对手分析、销售情况与方法、市场占有率等。

⑤外购件供应，如原材料、元器件供应质量、价格、期限等。

2）技术调研的内容，包括：

①现有产品的水平、特点、系列、结构、造型、使用情况、存在问题和解决方案等。

②有关的新材料、新工艺、新技术的发展水平、动态与趋势。

③适用的相关科技成果。

④标准、法规、专利、情报。

3）社会环境调研的内容，包括：

①国家的计划与政策。

②产品使用环境。

③用户的社会心理与需求。

4）企业环境调研的内容，包括：

①开发能力，如各级管理人员的素质与管理方法，已开发产品的水平与经验教训，技术人员的开发能力，开发的组织管理方法与经验教训，掌握情报资料的能力和手段，情报、试验、研究、设计人员的素质与质量。

②生产能力，如制造工艺水平与经验，动力、设备能力、生产协作能力。

③供应能力，如挖掘资源与供货条件的能力，选择材料、外购件和协作单位的能力，信息收集能力，存储与运输手段。

④营销能力，如宣传和开辟市场的能力与经验，联系与服务用户的能力，信息收集能力，存储与运输能力。

四、可行性分析

可行性分析从20世纪30年代起开始在美国应用，现在已发展为一整套系统的科学方法，它包括：

（1）技术分析。技术方案中的创新点和难点以及解决它们的方法和技术路线等分析。

（2）经济分析。成本和性能价格比分析，即如何以最少的人力、物力获得最佳经济效果的价值优化分析。

（3）社会分析。随着生产的发展和工程项目的综合化、大型化，它们和社会的关系也日益密切。例如，美国在1963年作为国家计划曾决定开发速度为声速三倍的超音速客机。经分析，技术上可行，期望销售500架，其经济效益也很好。但问题是对社会和环境因素分析不足。因为这种超音速飞机高速飞行时，每小时消耗燃料17.18t，燃烧产生的氢氧化合物会在地面上造成对人体有害的光化学烟雾，发热能够使局部小气候的温度升高1℃～2℃，尤其是冲击波带来的噪声使人无法忍受。因此，纽约市议会决定超音速客机不得在距市中心160km以内的地方起落。以速度为生命的客机不能接近城市便失去了高速的优越性。所以，1973年3月，美国政府不得不做出决定，停止开发此种超音速飞机。

通过技术、经济和社会各方面条件的详细分析和对开发可能性的综合研究，最后应提出产品开发的可行性报告。可行性报告的大致内容有：

1）产品开发的必要性，市场调查和预测情况；

2）有关产品的国内外水平、发展趋势；

3）从技术上预期能达到的水平，经济效益、社会效益的分析；

4）在设计、工艺等方面需要解决的关键问题；

5）投资费用及时间进度计划；

6）现有条件下开发的可能性及准备采取的措施。

五、功能分析

功能是对于某一产品的特定工作能力的抽象化描述。每一件产品均具有不同的功能，对于工业产品，使用者购买的主要是实用功能。当人们把机械、设备、仪器看作一个系统时，功能就是一个技术系统在以实现某种任务为目标时，其输入输出量之间的关系。输入和输出可以抽象为能量、物质和信息三要素。实现预定的能量、物质和信息的转换就体现了机械系统的功能。

机械产品如同人的身体结构。人有头部、胸、腹、四肢等肢体部位，机器有齿轮、轴、连杆、螺钉、机架等组合构件；人有消化、呼吸、血液循环等功能件，机器有动力、传动、执行、控制等功能。机械设计的常规设计是从构件开始，而功能分析是从功能思考开始，不受现有结构的束缚，以便形成新的设计构思，提出创造性方案。

确定总功能，将总功能分解为分功能，并用功能结构来表达分功能之间的相互关系，这一过程称为功能分析。功能分析过程是设计人员初步酝酿功能设计原理设计方案的过程。图3-2描述了利用功能分析法设计原理方案的步骤。

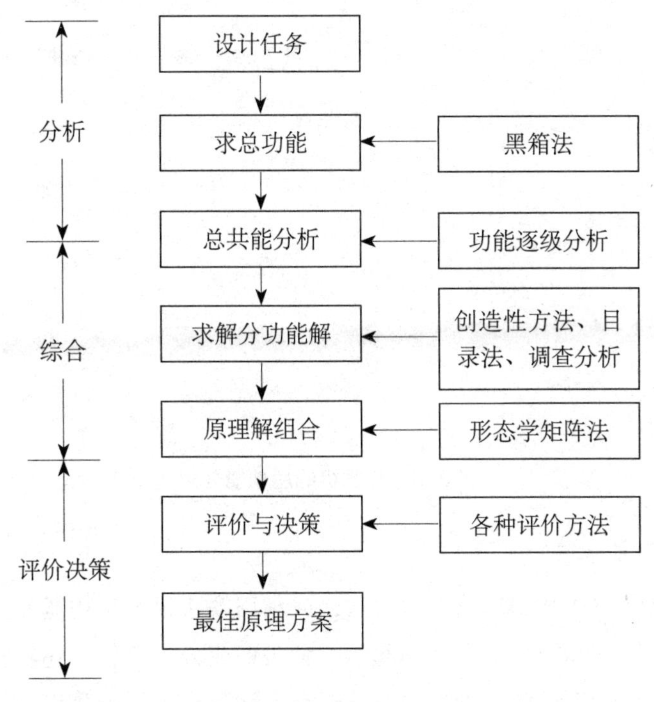

图 3-2 原理方案设计

1. 总功能分析

一种产品必然有一种转换这是该产品主要使用目的直接要求的，它就构成了该产品的主要功能，简称主功能。为实现产品主功能服务的、由产品主功能决定的一种手段功能称辅助功能。主功能和辅助功能合称为总功能。

在没有获得具体功能解之前，系统只能用一个抽象的“黑箱”来描述一个不知道具体解的技术系统，可参见图 3-1。

图 3-1 中方框内部为待设计的技术系统，方框即为系统边界，通过系统的输入和输出，使系统和环境连接起来。对系统总功能的分析，即是通过研究输入、输出之间的变化，对系统的功能做出准确的描述和定义，从而确定实现系统功能的原理方案。

2. 总功能分解

一般可按系统分解的原则进行功能分解与功能定义，并通过较简单的功能元去求解。

例如，挖掘机的总功能是取运物料，可分解为一级分功能取物料与运物料，二级分功能在最末端，为功能元，功能元能直接求解。功能分解可用树状的功能关系图（功能树）表达，如图 3-3 所示。

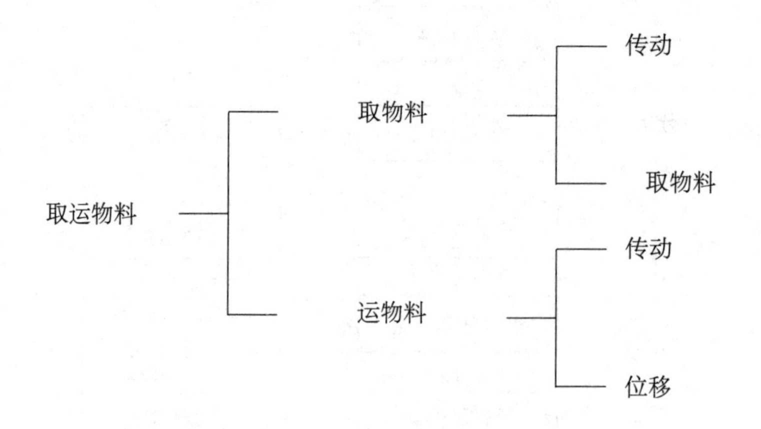

图 3-3 挖掘机的总功能分解

3. 功能元求解

利用各种创造性方法开阔思路以寻解法，或利用解法目录对功能元进行求解。所谓解法目录，是把功能原理和结构综合在一起的一种表格或分类资料。建立各种类型功能元的解法目录不仅便于设计人员做参考，也有利于存入计算机进行计算机辅助设计。下面介绍几种方法。

（1）直觉法。直觉法是设计师凭借个人的智慧、经验和创造能力，充分调动设计师的灵感思维，来寻求各种分功能的原理解。

直觉思维是人对设计问题的一种自我判断，往往是非逻辑的、快速的直接抓住问题的实质，但它又不是神秘或无中生有的，而是设计者长期思考而突然获得解决的一种认识上的飞跃。日本富士通用电气公司的职工小野，一次雨后散步，在路旁发现一张湿淋淋的展开的卫生纸，由此激发了他的灵感：晴天时，废纸是一团团的，而被雨水淋湿后，都自动伸展开来。后来，他利用"废纸干湿卷伸原理"，研制成功了"纸型自动控制器"，获得专利。

（2）调查分析法。设计师要了解当前国内外技术发展状况，大量查阅文献资料和专业书刊、专利资料、学术报告、研究论文等，掌握多种专业门类的最新研究成果。这是解决设计问题的重要源泉。

我们的知识来源于大自然，设计师有意识地研究大自然的形状、结构变化过程，对动植物生态特点深入研究，必将得到更多的启示，诱发出更多新的、可应用的功能解，或技术方案。通过对生物学和工程技术方面的关系的研究，开辟了仿生学或生物工程学科。利用自然现象来解决工程技术问题。例如，机器人的出现就是模仿人的听觉、视觉和部分思维及动作而产生的。

调查分析同类机电产品对其进行功能和结构分析，研究哪些是先进可靠的，哪些是陈旧落后的、需要更新改进的，这都对开发新产品、构思新方案、寻找功能原理解法有益处。

（3）设计目录法。设计目录法是设计工作的一种有效工具，是设计信息的存储器、知识库。它以清晰的表格形式把设计过程中所需的参考解决方案加以分类、排列，供设计者查找和调用。设计目录不同于传统的设计和标准手册，它提供给设计师的不是零件的设计计算方法，而是提供分功能或功能元的原理解，给设计者具体启发，帮助设计者具体构思。

4. 求系统原理解

将各功能元解进行组合，就可得到多个系统原理解。

进行功能元解组合的常用方法是形态综合法。它是将系统的功能元列为纵坐标，各功能元的相应解列为横坐标，构成形态学矩阵。从每项功能元中取出一种解进行有机组合，即得到一个系统解。最多可以组合出 N 种方案：

$$N=n_1 \times n_2 \times \cdots \times n_i \times n_m$$

式中 m——功能元数；

n_i——第 i 个功能元解的个数。

例如，运用形态综合法来求解挖掘机设计的原理方案，可列出各功能元及其局部解的形态学矩阵。此系统解的可能方案数为

$$N=6 \times 5 \times 4 \times 4 \times 3=1440$$

5. 求最佳系统原理方案

在众多方案中，要寻求出最佳系统原理方案，一般需由粗到细进行方案比较，由定性到定量进行优选。首先进行粗筛选，把与设计要求不符的或各功能元解不相容的方案去除。例如上例挖掘机设计的功能元解的组合，若动力源选电动机，则与液力耦合器、气垫、液压缸传动等功能元解不相容，不能组成可实现的原理方案。定性选取出几个满意的方案后，如 A1+B4+C3+D2+E1 ☒履带式挖掘机，A5+B5+C2+D4+E2 ☒液压轮胎式挖掘机。采用科学的评价方法进行定量评价，从中选出符合设计要求的最佳原理方案。

第三节　评价决策方法

机械设计过程是一个由发散至收敛，由搜索至筛选的多次反复过程。对设计工作中所获得的多个设计方案，必须通过方案评价与决策，才能优选出拟采用的最佳设计方案。

机械设计中的评价与决策是两种不同的概念。评价是对各方案的价值进行比较评定。决策是依据价值的高低选择并确定最终方案。但它们两者之间又紧密相关。评价是决策的依据，而决策是评价的最终目的。

一、评价目标

设计具有约束性、多解性、相对性。针对多解性，要求先对某问题提出尽可能多的解决方案，然后从众多满足要求的方案中，优选出最佳方案。

评价的依据是评价目标（评价标准），评价目标制定得合理与否是保证评价的科学性的关键问题之一。评价目标一般包括三方面的内容。

1）技术评价目标即评价方案在技术上的可行性和先进性，包括工作性能指标、可靠性、使用维护性等。

2）经济评价目标即评价方案的经济效益，包括成本、利润、实施方案的措施、费用及投资回收期等。

3）社会评价目标即评价方案实施后对社会带来的效益和影响，包括是否符合国家科技发展的政策和规划，是否有益于改善环境（环境污染、噪声等），是否有利于资源开发和新能源的利用等。

评价目标来源于设计所要达到的目的，评价目标分为定性和定量两种指标。例如，美观程度只能定性描述，属于定性指标，而成本、重量、产量等可以用数值表示，称为定量指标。在评价目标中有时定量和定性指标是可以相互转化的。

产品设计要求有单项的，也有多项的，因此，评价指标可以是单个的，也可以是多个的。由于实际的评价目标不止一个，其重要程度亦不相同，因此需建立评价目标系统。所谓评价目标系统，就是依据系统论观点，把评价目标看成系统。评价目标系统常用评价目标树来表达。评价目标树就是依据系统可以分解的原则，把总评价目标分解为一级、二级等子目标，形成倒置的树状。图 3-4 为评价目标树的示意图。图中，Z 为总目标，Z1、Z2 为第一级子目标；Z11、Z12 为 Z1 的子目标，也就是 Z 的第二级子目标；Z111、Z112 是 Z211 的子目标，也是 Z 的第三级子目标。最后一级的子目标即为总目标的各具体评价目标。

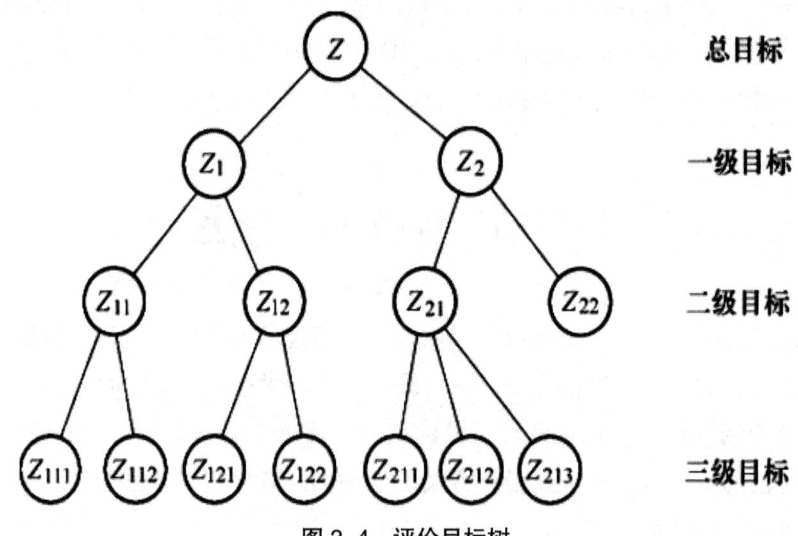

图 3-4　评价目标树

建立评价目标树是将产品的总体目标具体化，使之便于定性或定量评价。定量评价时应根据各目标的重要程度设置加权系数（重要度系数），如图 3-5 所示。图中目标名称（如 Z111）下面的数字，左边的 0.67 表示同属上一级目标 Z11 的两个子目标 Z111 和 Z112 中 Z111 的重要度系数。这样的同级子目标的重要度系数之和等于 1，如 Z111

和 Z112 的重要度系数 0.67+0.33=1。右边的数字表示该子目标在整个目标树中所具有的重要程度，它等于该目标以上各级子目标重要度系数的乘积，如 Z1112 的重要度系数 $0.25=1\times0.5\times0.67\times0.75$。

对目标系统进行评价时，使用最末一级子目标的重要度系数，用 g_i 表示，并有

$$\sum_{i=1}^{n} g_i = 1, g_i > 0 (i = 1, 2, \cdots, n)$$

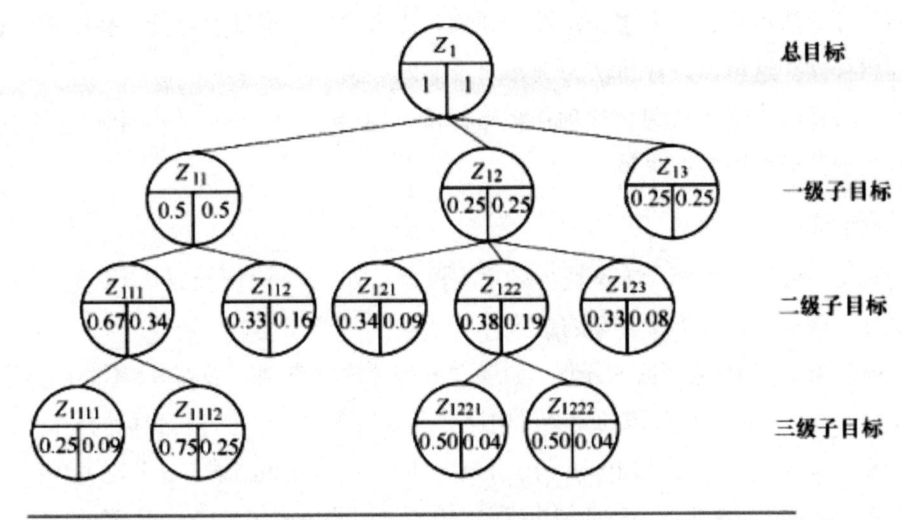

图 3–5　目标加权系数

确定重要度系数有两种方法：经验法和计算法。经验法是根据工作经验和判断能力确定目标的重要程度，给出重要度系数。计算法是将目标两两相比，按重要程度打分。目标同等重要时各给 2 分；某一项比另一项重要分别给 3 分和 1 分；某一项比另一项重要得多分别给 4 分和 0 分。然后按下式计算重要度系数：

$$g_i = \frac{\omega_i}{\sum_{i=1}^{n} \omega_i}$$

式中　g_i——第 i 个评价目标的加权系数；

n——评价目标数；

ω_i——i 个评价目标的总分。

最后比较重要度系数，g_i 越大的子目标越重要。

例 3-1　对某种产品进行评价，5 个评价目标的重要程度依次是：价格、舒适性和寿命、维修性、外观，试确定各目标的加权系数。

解：按判别表法确定各评价目标的加权系数。

二、方案评价方法

在设计方案评选中，最常用的评价方法包括简单评价法、评分法、技术经济评价法、模糊评价法和最优化方法等，这里介绍前四种。

1. 简单评价法

用简单评价法可对有关方案作定性的评价和优劣排序，不反映评价目标的重要程度和方案的理想程度。这里以点评价法为例介绍简单评价法。

点评价法是各方案评价目标逐项作粗略评价，用行（+）、不行（-）和信息不足（？）三种符号表示，最后做总评决策。

2. 评分法

评分法是用分值作为衡量方案优劣的尺度评分，如有多个评价目标，则先分别对各目标进行评分，再经过处理求得方案的总分。

方案评分可采用 10 分制或 5 分制。如果方案为理想状态则取最高分，不能用则取 0 分。

各评价目标的参数值与分值的关系可用评分系数估算。先根据评价目标的允许值、要求值和理想值分别给 0 分、8 分和 10 分（10 分制）或 0 分、4 分和 5 分（5 分制）。用三点定曲线的方法求出评分函数曲线，由该曲线再求各参数值对应的分值，如果产品成本 1.5 元为理想值（10 分），2 元为要求值（8 分），4 元为极限值（0 分），根据这三点求出产品的评分函数曲线 3-6。若此产品的某种方案成本价为 2.5 元，则由该产品的评分的曲线求得其分值为 6 分。

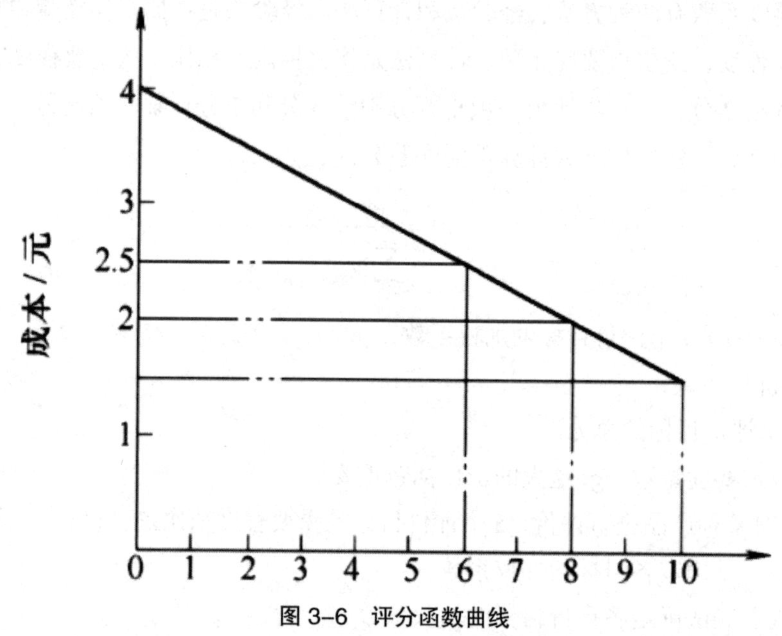

图 3-6　评分函数曲线

为减少个人主观因素对评分的影响，一般都采用集体评分法，即由几个评分者以评价目标为序对各方案评分。取平均值或去掉最大、最小值后的平均值作为方案的分值。

对于多评价目标的方案，其总分可用分值相加法、分值连乘法或加权记分法（有效值）等进行计算。其中加权记分法在总分计算中由于综合考虑了各评价目标的分值及其加权系数的影响，使总分计算更趋合理，应用也最广泛。

加权计分法（有效值法）的评分计分过程如下。

1）确定评价目标。整个设计评价目标系统可视为一个集合，评价目标集合可表示为 $Z=\{Z_1, Z_2, \cdots, Z_n\}$。

2）确定各评价目标的加权系数。$gi \leqslant 1$，$i=1, 2, \cdots, n$，各评价目标的加权系数矩阵为 $G=[g_1, g_2, \cdots, g_n]$。

3）确定评分制式（采用 10 分制或 5 分制），列出评分标准。

4）对各评价目标评分（可用评分曲线或集体评分法），最后用矩阵形式列出 m 个方案 n 个评价目标的评分值矩阵。

5）求 m 个方案 n 个评价目标的加权分值（有效值）矩阵

其中第 j 个设计方案的加权总分值（有效值）

$$R_j=w_{j1}g_1+w_{j2}g_2+\cdots+w_{jn}g_n$$

6）比较各方案的加权总分值（有效值），评选最佳方案，R_j 的数值越大，表示此方案的综合性能越好，故 R_j 值大者为最佳方案。

例 用加权计分法（有效值法）对某种手表的三种设计方案进行评价。

1）根据设计要求建立评价目标树，如图 3-7 所示。

2）评分及计算总分。

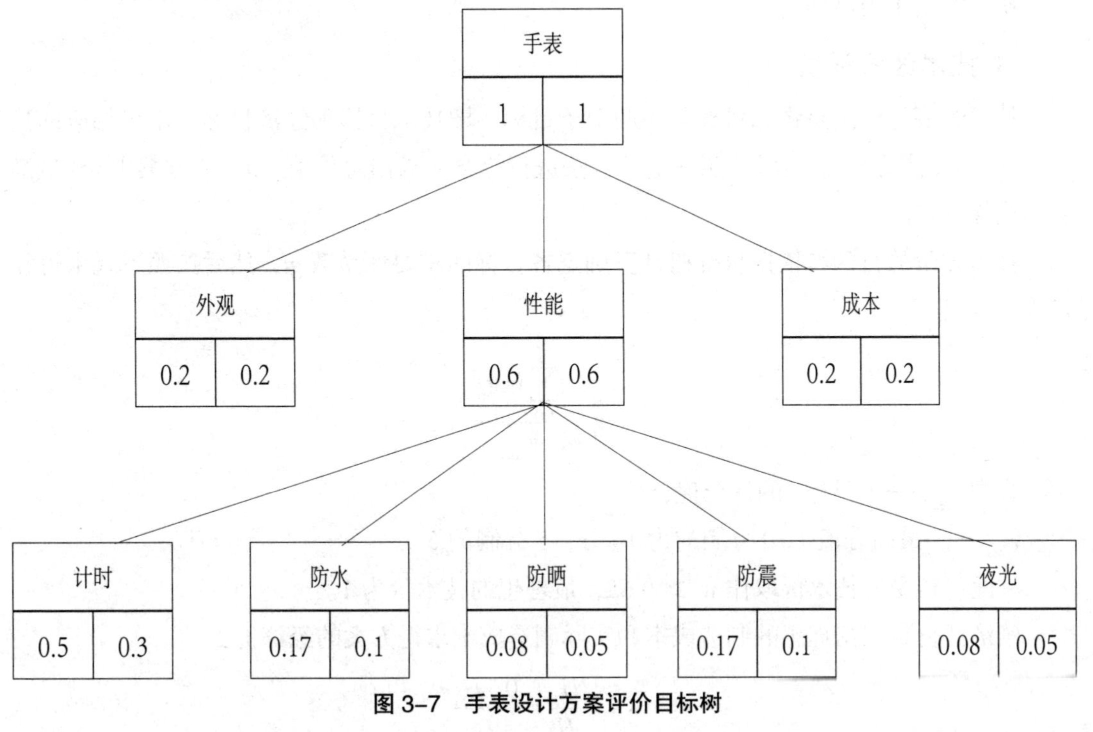

图 3-7　手表设计方案评价目标树

①确定评价目标，建立评价目标矩阵为

Z=[z_1，z_2，z_3，z_4，z_5，z_6，z_7]=[计时准确 防水 防磁 防震 夜光 外观美 成本低]

②确定各目标加权系数

G=[g_1，g_2，g_3，g_4，g_5，g_6，g_7]=[0.3 0.1 0.05 0.1 0.05 0.2 0.2]

③确定计分方法及标准（10 分制）

④根据各评价目标的评分结果写出评价目标评分值矩阵：

$$W\begin{bmatrix}\omega_1\\ \omega_2\\ \omega_3\end{bmatrix}=\begin{bmatrix}9&8&8&9&0&9&9\\8&7&8&8&7&7&7\\7&7&8&7&0&9&10\end{bmatrix}$$

⑤求加权分值矩阵，计算各方案分值

$$\boldsymbol{R}=\boldsymbol{W}\boldsymbol{G}^T=\begin{bmatrix}9&8&8&9&0&9&9\\8&7&8&8&7&7&7\\7&7&8&7&0&9&10\end{bmatrix}\begin{bmatrix}0.3\\0.1\\0.05\\0.1\\0.05\\0.2\\0.2\end{bmatrix}=\begin{bmatrix}8.4\\7.45\\7.7\end{bmatrix}$$

⑥评选最佳方案

$$R^T=[R_1\ R_2\ R_3]=[8.4，7.45，7.7]\quad（R_1>R_2>R_3）$$

所以方案 1 为最佳。

3. 技术经济评价法

技术经济评价法是将总目标分为两个子目标，即技术目标和经济目标，求出相应的技术价 wt 和经济价 we，然后按照一定的方法进行综合，求出总价值 $w0$。诸方案中 $w0$ 最高者为最优方案。

技术评价的目的是依据目标树计算确定各目标的重要性系数 gi，然后按照下式求得技术价：

$$w_t=\frac{\sum_{i=1}^{n}w_i g_i}{w_{\min}}$$

式中 w_i——子目标 i 的评分值；

w_{max}——最高分值（10 分制的为 10 分，5 分制的 5 分）。

一般可接受的技术价取作 $w_i \geqslant 0.65$，最理想的技术价为 1。

经济评价是根据理想的制造成本和实际制造成本求得方案的经济价：

$$we=\frac{H_1}{H}=\frac{0.7H_2}{H}$$

式中 H——实际制造成本；

H_1——理想制造成本；

H_2——设计任务书允许的制造成本。

一般取 H_1=0.7H_2。

经济价 w_e 越高，表明方案的经济性越好，一般取可接受的经济价 $w_e \geqslant 0.7$，最理想的经济价为 1。

计算得到技术价和经济价之后，可根据以下方法求得技术经济总价值 w0。

$$w_0 = \frac{1}{2}(w_t + w_e)$$

直线法

$$w_0 = \sqrt{w_t \cdot w_e}$$

抛物线法

w_0 值越大，说明方案的技术经济综合性能好，一般取可接受的 $w0 \geqslant 0.65$。

用横坐标表示技术价 wt、纵坐标表示经济价 we 所构成的图称为优度图，如图 3-8 所示。

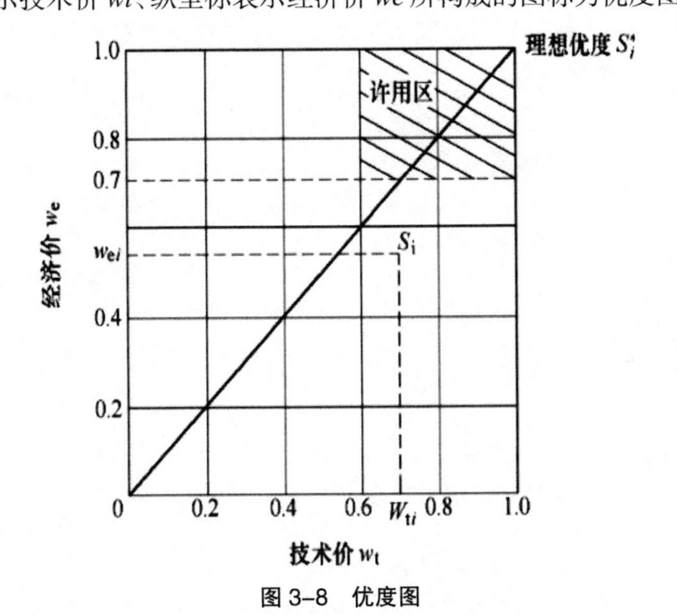

图 3–8 优度图

图中每一点都代表一个设计方案，其中 S* 对应最优设计方案，OS* 连线上有关系线 wt=we，称作“开发线”。总的来说，越接近 S* 的方案越好，越接近 OS* 的方案，其综合技术经济性能越好。图中阴影线区称作许用区，只有在这一区域内的方案才是技术经济指标超过最低允许值的可行方案。

4. 模糊评价法

在方案评价中，有一些评价目标如美观、安全性、舒适性等无法进行定量分析，只能用“好、差、受欢迎”等模糊概念来评价。模糊评价是利用集合论和模糊数学将模糊信息数值化再进行定量评价的方法。

模糊评价的标准不是分值的大小，而是方案对某些评价概念（如优、良、差）的隶属度的高低。模糊评价目标不是以简单的肯定（1）或否定（0）衡量其符合的程度，而是用0和1之间的一个实数去度量，这个0到1之间的数称为此方案对评价目标的隶属度。

隶属度可以采用统计法和已知隶属函数求得。

如评价某种自行车的外观，通过用户调查，其中30%认为很好，55%认为好，13%认为不太好，2%认为不好，则此自行车外观对四种评价概念的隶属度分别为0.30、0.55、0.13、0.02。

由评价目标组成的集合称为评价目标集，用Y表示；由评价概念组成的集合称为评价集，用X表示；由隶属度组成的集合称为模糊评价集，用R表示。

对单目标的评价问题，如对以上自行车外观评价，则有

$X=\{x_1, x_2, \cdots, x_m\}=\{$很好，好，不太好，不好$\}$

对于多个设计方案，可分别建立各自的综合模糊评价集B_1，B_2，…，B_n，然后再构造综合模糊评价集，并据此进行方案的比较和优选。比较的方法有以下两种：

1）最大隶属度原则。按每个方案的综合评价集中的最高隶属度确定方案的优劣顺序。

2）顺序原则。在评价矩阵中，同级（列）中按隶属度高低顺序。在几个级中，依各级隶属度之和的大小排序。

第四章　机械零件设计的基础知识

第一节　机械零件的常用材料及热处理

在机械制造中，零件常用的材料主要是钢和铸铁，其次是有色金属合金（铜、铝合金等）。此外，非金属材料、复合材料中的橡胶、皮革、石棉、木材、塑料、陶瓷等，在一定场合也有应用。

一、钢

钢是含碳量小于 2% 的铁碳（Fe-C）合金。钢的强度高，可以承受很大载荷，可以轧制、锻造、冲压、铸造、焊接，可以用热处理改变其加工性能和提高其力学性能。

钢的用途极为广泛，按用途分为结构钢、工具钢和特殊钢。结构钢用于制造各种机械零件和工程结构的构件；工具钢用于制造各种刃具、模具和量具；特殊钢（如弹簧钢、滚动轴承钢、不锈钢、耐热钢、耐酸钢等）用于制造各种特定工作条件、环境下的零件。按化学成分，钢可分为碳素钢和合金钢。按含碳量钢又分为低碳钢（含碳量＜ 0.25%）、中碳钢（含碳量为 0.25% ~ 0.5%）和高碳钢（含碳量＞ 0.5%）。

1. 普通碳素结构钢

普通碳素结构钢的标记为 Q235A-F，其中，Q 是屈服强度“屈”字的汉语拼音字头，235 表示屈服强度 $\sigma s = 235MPa$，A 表示性能等级。普通碳素结构钢的性能等级分为 A、B、C、D 四级，A 级控制最松，D 级最严。按照脱氧方法，普通碳素结构钢可分为沸腾钢（F）、镇静钢（Z）、半镇静钢（B）和特殊镇静钢（TZ），对于镇静钢和特殊镇静钢，其符号 Z 和 TZ 可以省略。

2. 优质碳素结构钢

这类钢的力学性能和化学成分可同时得到保证，力学性能优于普通碳素钢，用于制造较重要的零件。优质碳素结构钢的牌号以含碳量的万分数表示，如 25、45、55 分别表示平均含碳量为 0.25%、0.45%、0.55%。低碳钢一般用于退火状态下强度不高的零件（如螺钉、螺母）、锻件和焊接件等，还可经渗碳热处理，用于制造表面耐磨并承受冲击负荷的零件。中碳钢的综合力学性能较好，可进行淬火、调质和正火热处理，用于制造较重要的零件，如轴、齿轮等。高碳钢经热处理后，具有较高的表面硬度及强度，主要用于制造高强度的零件，如齿轮、曲轴和弹簧等。

3. 合金结构钢

合金结构钢是在碳素钢中加入一些合金元素而成。常用的合金元素有铬、锰、钼、镍、硅、铝、硼、钒、钛、钨等。钢中加入合金元素，其目的在于改善钢的力学性能和热处理性能，并使其具有某些特殊性质，如耐磨性（加入锰、硅、铬硅、镍硅、铬锰、铬钒等）、高韧性（加入钼、镍、锰、铬钒、铬镍等）、抗蚀性（加入铬、镍等）、耐热性（加入钨、钼、铬钒等）、流动性（加入铝、钨等）等。

合金钢根据合金元素的含量划分为低合金钢（每种合金元素含量小于 2% 或合金元素总含量小于 5%）、中合金钢（每种合金元素含量为 2% ~ 5%，或合金元素总含量为 5% ~ 10%）、高合金钢（每种合金元素含量大于 5% 或合金元素总含量大于 10%）。

合金结构钢的牌号采用“数字＋化学元素＋数字”的方式表示，如 $60Si_2Mn$ 是硅锰钢，前面数字表示钢中平均含碳量的万分数，化学元素符号表示合金元素，其后的数字是该元素含量的百分数。若元素含量小于 1.5%，其后不标数字，若平均含量大于等于 1.5%、2.5%、3.5%…，相应地以 2、3、4…表示。

对于杂质元素硫、磷含量较低的高级优质合金钢（硫≤ 0.02%，磷≤ 0.03%），则在钢牌号后加注 A，如 50CrVA。电渣重熔钢为特级优质合金钢，牌号后加注 E。

4. 铸钢

毛坯是铸造的碳素钢或合金钢称为铸钢，用 ZG 表示，如铸造碳素钢 ZG270-500、合金铸钢 ZG35SiMn。

机械零件和结构件的毛坯种类有铸造件、锻造件、型材。其中，型材种类多，有钢板、钢带、钢管、工字钢、槽钢、角钢、圆（棒料）钢、方钢、六角钢等，有热轧、冷轧生产工艺。

二、铸铁

铸铁是含碳量大于 2% 的铁碳合金。工业中常用的铸铁含碳量为 2.2% ~ 3.8%。铸铁是脆性材料，不能进行碾压或锻造，但它具有良好的铸造性、切削加工性（白口铸铁除外）和抗压性，特别是耐磨性和减振性比钢好，成本比钢低，应用也很广泛，目前有的品种已部分代替钢材。

1. 灰铸铁

灰铸铁因其断口呈暗灰色而得名。其牌号由“灰铁”两字的汉语拼音字头 HT 和试样的最小抗拉强度 σB 值组成，如 HT200，其 σB ＝ 200MPa。在各类铸铁中，灰铸铁的减振性能最好，故箱体和机座大多采用灰铸铁。

2. 球墨铸铁

球墨铸铁是在灰铸铁浇注之前，铁水中加入一定数量的球化剂（纯镁、镍镁或铜镁等合金）和墨化剂（硅铁和硅钙合金），以促进碳呈球状石墨结晶而获得。其牌号由“球铁”两字的汉语拼音字头 QT 和最低抗拉强度及最低伸长率两组数字组成，如 QT500-7，其 $\sigma B = 500MPa$，伸长率 $\delta = 7\%$。

此外，还有性能介于灰铸铁和球墨铸铁之间的蠕墨铸铁，经白口铸铁改性的可锻铸铁，加入铬、硅等合金元素的合金（耐热）铸铁等。

三、有色金属合金

有色金属合金具有很多特殊性能，如良好的导电性、导热性和减磨性等，是机械制造中不可缺少的材料。铜及其合金主要用来制造承受摩擦的零件，常用铜合金有黄铜（铜锌合金）、青铜。青铜又有锡青铜（铜锡合金）、无锡青铜（铜与铅、铝、镍、锰、硅、铍等合金）之分。铜合金可铸造，也可压力加工。

铝合金含有硅、铜、镁、锰、锌等合金元素，是应用最广的轻金属，主要用来制造重量轻、强度高的零件。按成型方法，铝合金分铸造铝合金和变形铝合金。变形铝合金又分为防锈铝、硬铝、锻铝、超硬铝。

轴承合金是一种用于滑动轴承衬合金，减摩、耐磨、磨合的性能好，常用的有锡基轴承合金、铅基轴承合金，可铸造。铝基轴承合金是一种新型轴瓦衬材料。

四、非金属材料

机械制造中所用的非金属材料种类很多，主要有橡胶、塑料、木材、皮革、压纸板、陶瓷等。橡胶具有良好的弹性，常用来制造缓冲吸振元件及密封元件，如各种胶带、密封圈等。工程塑料是非金属材料中发展较快、应用越来越广泛的一种，可用来制造齿轮、蜗轮和轴承等。陶瓷目前已用来制造轴承。

五、钢的热处理

用钢制造零件时，常需要进行热处理，以改善和提高其加工性能、力学性能。钢的热处理是将钢在固态范围内加热到一定温度后，保温一定时间，再以一定速率冷却的工艺过程。

激光热处理目前已成为较成熟的钢表面淬火、表面强化的技术手段。例如，激光表面淬火是通过高能激光束扫描工件表面，工件表层材料吸收的激光辐射热使材料温度快速升高到临界温度，再通过材料的自冷却完成表面硬化。

六、材料选择原则

选择材料时主要考虑三个方面的要求。

（1）使用要求。由于零件工作条件不同，对材料提出的要求也不同，如力学性能（强度、硬度、冲击韧性等）、物理性能（导电、导热、导磁性等）、化学性能（抗腐蚀性、抗氧化性等）及耐磨性、减振性等。在考虑使用要求时，要抓住主要，兼顾次要。通常强度要求是主要的。

（2）工艺要求。所用的材料从毛坯到成品，都能方便地制造出来。结构复杂、大批的零件宜用铸造，单件生产的宜用焊接。

（3）经济性要求。在满足使用要求、工艺要求的同时，还要考虑材料成本、货源等。经济性不能只考虑材料的价格，还要结合加工成本、维修费等进行综合考虑。

除了上述材料选择原则之外，零件毛坯类型也是材料选择中的一项重要内容。机械零件大致分为轮盘类、轴类、筒类、杆类、索类、板类、箱形类、框架类等形状，材料毛坯有锻造件、铸造件、冷轧件、热轧件、焊接件等。应根据零件的几何结构、使用要求、工作场合合理选择毛坯件种类。

第二节　机械零件的主要失效形式

完成一定功能的机械零件，在规定的条件下，在规定的使用期间内，不能正常工作称为失效。机械零件的常见失效形式有以下几种。

一、整体断裂

机械零件的整体断裂指承受载荷零件的截面上的应力大于材料的极限应力而引起的断裂。零件整体断裂有静载断裂和疲劳断裂两种，如螺栓在过大的轴向载荷作用下被拉断、齿轮断齿和轴的断裂等。80% 的整体断裂属疲劳断裂。

二、塑性变形

塑性材料制作的零件，在过大载荷作用下会产生不可恢复的塑性变形，零件的塑性变形造成尺寸和形状的改变，严重时零件丧失工作能力。

三、表面破坏

表面破坏指表面材料的流失和损耗。按失效机理的不同，表面破坏分为磨料磨损、腐蚀磨损、点蚀（接触疲劳磨损、表面疲劳）、胶合。表面破坏发生后零件表面精度丧失，表面原有尺寸和形貌改变，摩擦加剧，能耗增加，工作性能降低，严重时导致零件完全不能工作。

四、过大的弹性变形

机械零件受载时会产生弹性变形。过大的弹性变形会破坏零件之间的相互位置及配合关系，影响机械工作品质，严重时使零件或机器不能正常工作，如机床主轴的弹性变形过大会降低被加工零件的精度。

五、功能失效

有些机械零件只能在一定的条件下才能正常工作，这种条件丧失后，尽管零件自身尚未破坏，但已不能完成规定功能，这种失效称为功能失效，如带传动的打滑、螺栓连接的松动等。

此外，还有其他一些失效形式，如压杆失稳（屈曲失稳）、振动失稳等。

第三节　机械零件的工作能力及其准则

机械零件在预定的使用期间内不发生失效的安全工作限度称为工作能力，也称为承载能力。衡量机械零件工作能力的指标，称为机械零件的工作能力准则。它是抵抗零件失效、确定零件基本尺寸的依据，故也称为计算准则。现将常用的计算准则分述如下。

一、强度准则

强度是衡量机械零件工作能力最基本的计算准则。如果零件强度不足，就会发生整体断裂、塑性变形及表面疲劳，导致零件不能正常工作，所以设计中必须保证满足强度要求。强度准则的一般表达式为

$$\sigma \leqslant [\delta]=\sigma_{lim}/S，\ \tau \leqslant [\tau]=\tau_{lim}/S$$

式中：σ、τ——机械零件的工作正应力、工作剪应力，MPa；

$[\delta]$、$[\tau]$——机械零件材料的许用正应力、许用剪应力，MPa；

σ_{lim}、τ_{lim}——机械零件材料的极限应力（强度），MPa；

S——安全系数。它在强度计算中考虑计算载荷及应力的准确性、材料性能的可靠性等因素对零件强度准确性的不利影响、零件的重要性及其他因素，人为设定的强度裕度，$S \geqslant 1$。

二、刚度准则

刚度是零件抵抗弹性变形的能力。有些零件，如机床主轴、电动机轴等，要保证足够的刚度才能正常工作，所以这些零件的基本尺寸是由刚度条件确定的。刚度准则计算式为

$$y \leqslant [y],\ \theta \leqslant [\theta],\ \varphi \geqslant [\varphi]$$

式中：y、θ、φ——零件工作时的挠度、偏转角和扭转角；

$[y]$、$[\theta]$、$[\varphi]$——零件的许用挠度、许用偏转角和许用扭转角。

另外，有些零件如弹簧则有相反的要求，即不允许有很大的刚度，而要求具有一定的柔度。

三、耐磨性准则

耐磨性是指零件抵抗磨损失效的能力。在机械设计中，总是力求提高零件的耐磨性，减少磨损。关于磨损，目前尚无简单实用的计算方法，通常采用条件性计算。

（1）限制摩擦表面的压强 p 不超过许用值，防止压强过大使零件表面的油膜破坏，而导致过快磨损。其验算式为

$$p \leqslant [p]$$

式中：$[p]$——材料的许用压强，MPa。

（2）对于滑动速度较大的摩擦表面要限制单位接触面上的摩擦功不能过大，防止摩擦表面温升过高使油膜破坏、磨损加剧，甚至出现胶合。若摩擦因数为常数，其验算式为

$$pv \leqslant [pv]$$

式中：v——表面间相对滑动速度，m/s；

$[pv]$——pv 的许用值，$MPa \cdot m/s$。

（3）若相对滑动速度 v 过大，即使 p、pv 值均小于许用值，摩擦表面的局部也会出现磨损失效，故也应限制，其验算式为

$$v \leqslant [v]$$

式中：$[v]$——v 的许用值，m/s。

四、振动稳定性准则

机械上存在着许多周期性变化的激振源，如齿轮的啮合、轴的偏心转动等。当零件的自振频率 fp 与激振源频率 f 接近或相同时就会发生共振，影响机器的正常工作，甚至造成破坏性事故。振动稳定性准则就是使零件的自振频率与激振源频率错开，其设计式为

$$f < 0.87f_p,\ f > 1.18f_p$$

第四节　机械零件设计的一般步骤

机械零件的种类不同，设计计算方法也不同，所以具体的设计步骤也不一样，但一般可按下列步骤进行。

（1）拟定零件的计算简图，即建立计算模型。

（2）通过受力分析，确定作用于零件上的载荷。

（3）根据零件的工作条件和受力情况，分析零件可能出现的失效形式，确定零件的设计计算准则。

（4）选择合适的材料。

（5）由设计计算准则得到的设计式，确定零件主要几何参数和尺寸，并按标准或规范的规定和加工工艺要求，将零件尺寸的计算值标准化或圆整。

（6）根据加工、装配的工艺要求、受力情况及减小应力集中和尺寸小、重量轻等原则，确定零件的其余结构尺寸。

（7）绘制零件工作图，详细标注尺寸公差、形位公差和表面粗糙度及技术要求等。

（8）编写设计计算说明书，作为技术文件存档。

第五节　机械零件的强度

机械零件必须具有足够的强度，这是机械设计的基本要求。以后各章中零件的设计，也是首先按强度确定零件主要参数和尺寸。根据零件工作时所受的载荷及应力的性质，零件的强度计算方法分为静强度计算和疲劳强度计算两种。本节对应力的性质及强度计算方法进行简要论述。

一、载荷的分类

1. 静载荷与变载荷

大小和方向不随时间变化或变化缓慢的载荷称为静载荷；大小和方向随时间变化的载荷称为变载荷。

2. 名义载荷与计算载荷

根据原动机的额定功率或机器在稳定理想工作条件下的工作阻力，用力学公式计算得出的作用在零件上的载荷称为名义载荷；考虑在工作中零件还受到各种附加载荷的作用及载荷在零件上的分布不均等因素，把名义载荷乘以一个大于 1 的载荷系数（或工况系数）K，称为计算载荷。机械零件的强度计算和设计中应使用计算载荷。

二、应力的分类

1. 静应力

不随时间 t 变化或变化缓慢的应力称为静应力 [图 4-1（a）]，它只能在静载荷作用下产生。

2. 变应力

随时间 t 变化的应力称为变应力。它可由静载荷产生，也可由变载荷产生。随时间 t 作周期性变化的应力称为稳定变应力。稳定变应力有三种典型形式：①对称循环变应力 [图 4-1（b）]；②脉动循环变应力 [图 4-1（c）]；③非对称循环变应力 [图 4-1（d）]。

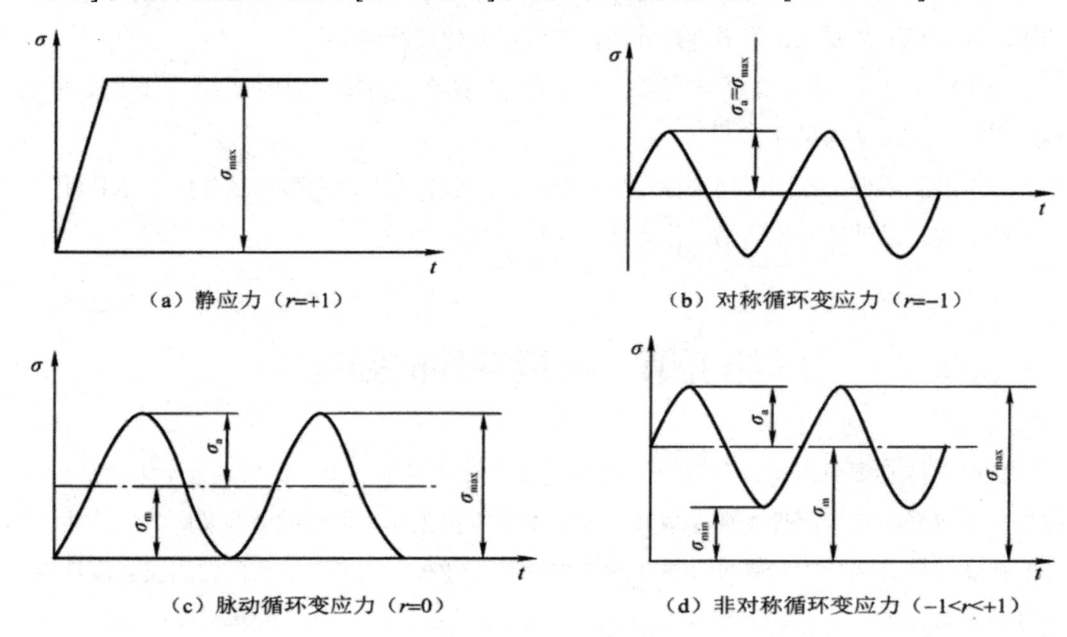

图 4–1　应力的类型

稳定变应力有 5 个参量，即应力幅 σ_a、平均应力 σ_m、最大应力 $\sigma_{\max}$、最小应力 $\sigma_{\min}$ 和应力循环特性 r。它们之间的关系为

$$\sigma_m=\frac{1}{2}(\sigma_{\max}+\sigma_{\min}),\ \sigma_a=\frac{1}{2}(\sigma_{\max}-\sigma_{\min}),\ \sigma_{\min}=\sigma_m-\sigma_a,\ \sigma_{\max}=\sigma_a+\sigma_m,\ r=\frac{\sigma_{\min}}{\sigma_{\max}}$$

只要已知其中两个参量，就可求出其余 3 个参量。

三、静应力作用下零件静强度计算

静应力作用下，零件的破坏形式为塑性变形或整体断裂，其强度条件式为

$$\sigma \leqslant [\sigma] = \frac{\sigma_{\lim}}{S}, \quad \tau \leqslant [\tau] = \frac{\tau_{\lim}}{S}$$

式中：$\sigma_{\lim}$、$\tau_{\lim}$——材料的极限正应力和极限剪应力，MPa；

S——安全系数。

静应力作用下的极限应力与材料的性质有关。对于塑性材料的零件，静应力增大到其屈服强度 σ_s 或 τ_s 时发生塑性变形，若静应力再继续增大则发生断裂。因此，极限应力取其屈服强度，即 $\sigma_{\lim}=\sigma_s$，$\tau_{\lim}=\tau_s$。对于脆性材料的零件，应力增大到其抗拉强度 σ_B 或抗剪强度 τ_B 时，发生（脆性）断裂，极限应力取 $\sigma_{\lim}=\sigma_B$，$\tau_{\lim}=\tau_B$。

静强度计算中的安全系数 S 有以下两种取值方法。

（1）规范和标准取值法。机械设备所在的行业常规定本行业的安全系数规范或标准，设计时一般应严格遵守这些规范或标准中的规定，但必须注意这些规范或标准中规定的使用条件，不能随便套用。对于本书涉及的机械零件的安全系数详见以后各章中给出的具体数值。

（2）部分系数法。在无可靠资料时，可考虑影响强度和安全的各方面因素来确定安全系数，即

$$S=S_1 \cdot S_2 \cdot S_3$$

式中：S_1——载荷和应力计算准确性系数，$S_1=1 \sim 1.5$。

S_2——材料性质均匀性系数，对于锻钢和轧钢件，$S_2=1.2 \sim 1.5$；对于铸铁件，$S_2=1.5 \sim 2.5$，材料性能可靠时取小值。

S_3——零件的重要性系数，$S_3=1 \sim 1.5$。

四、变应力作用下零件疲劳

在变应力作用下，零件的失效形式为疲劳断裂。疲劳断裂具有以下特征：①疲劳断裂的最大应力远比静应力下材料的强度低，甚至比屈服强度低。②疲劳断裂是损伤及裂纹扩展的积累过程。它先在零件的局部高应力区形成初始微裂纹，随着应力循环作用次数的增加，微裂纹逐渐扩展，当有效承载面积不足以承受外载荷时发生突然断裂。典型的金属宏观疲劳断口，明显有两个区域：一是在交变应力反复作用下疲劳裂纹扩展过程中，裂纹两边相互挤压摩擦形成的平滑疲劳区；二是最终发生脆性断裂的粗糙状瞬断区。

五、零件的接触疲劳强度

零件受载时，若在较大的体积内产生应力，这种应力状态下的零件强度称为整体强度，如前述的整体断裂和塑性变形。与之不同，两个相互接触工作的零件表面受载后在接触处产生局部压应力称为接触应力，这种接触应力反复作用会造成表面接触疲劳破坏。表征接触疲劳破坏的计算准则称为接触疲劳强度准则，如齿轮、滚动轴承、凸轮等零件都是通过

很小的接触面积传递载荷的，会发生称为点蚀的表面破坏，它们的承载能力不仅取决于整体强度，还取决于表面的接触疲劳强度。

表面接触疲劳破坏——点蚀的失效机理如下：经接触应力的反复作用，首先在零件表面或距表面某一深度的次表层内产生初始疲劳裂纹；裂纹形成后，在反复接触受载过程中，润滑油被挤进裂纹内而产生极高的压力，使裂纹加速扩展，最后使表层金属呈小片状脱落下来，在表面遗留下一个个小坑，即为点蚀；点蚀形成后光滑表面被破坏，引起振动和噪声，严重时降低承载能力。

当两个轴线平行的圆柱体在载荷作用下相互接触并压紧时，由于局部弹性变形，其接触线变成宽度为 2a 的狭长矩形接触带，最大接触应力发生在理论接触线上，最大接触应力 σH 可由赫兹（Hertz）公式计算：

$$\sigma_H=\sqrt{\frac{F_n}{L_{\rho\Sigma}}\frac{1}{\pi\left(\frac{1-\mu_1^2}{E_1}+\frac{1-\mu_2^2}{E_2}\right)}}$$

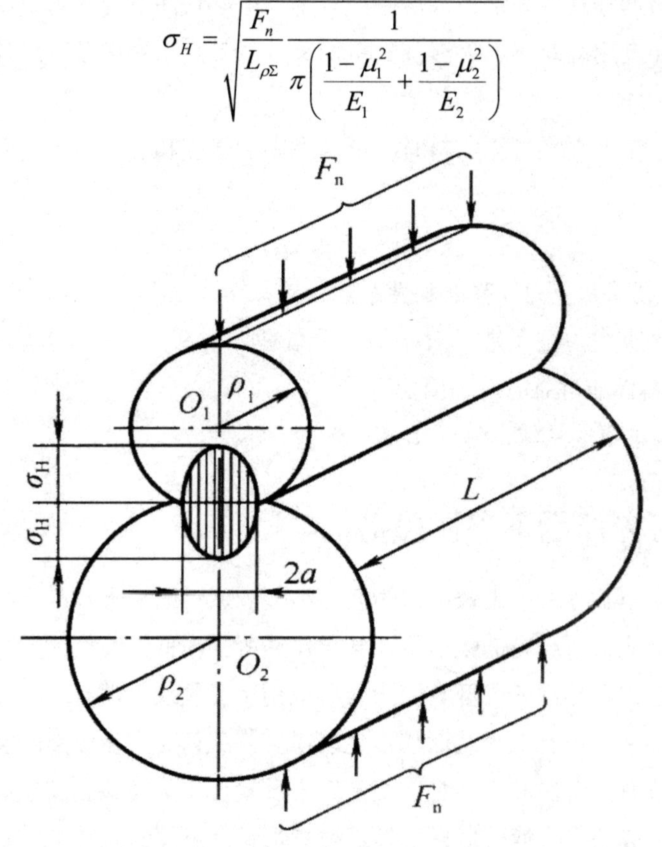

图 4-2　两圆柱体的平行接触应力

式中：F_n——法向总压力；

L——接触线长度；

E_1、E_2——两圆柱体材料的弹性模量；

μ_1、μ_2——两圆柱体材料的泊松比；

ρ_Σ——综合曲率半径：

$$\rho_{\Sigma}=\frac{\rho_1\rho_2}{\rho_2\pm\rho_1}$$

式中：ρ_1、ρ_2分别为两圆柱体的半径，“+”用于外接触，“−”用于内接触。

零件表面接触疲劳强度条件为

$$\sigma_H\leqslant[\sigma_H]$$

式中：$[\sigma_H]$——零件表面的许用接触应力。

第六节　磨损、摩擦和润滑

一、金属表层的磨损

相对运动的金属表面，由于摩擦都将产生磨损。只要在规定的使用期间内，磨损量不超过规定值，就属正常磨损。尽管有时人们也利用磨损，如机械加工中的研磨机、机器设备正常运转之前的跑合等，但多数情况下磨损是有害的，它将造成能量损耗、效率降低，并影响机器的寿命和性能。

表面磨损按其机理可分为磨料磨损、黏着磨损（胶合）、接触疲劳磨损（点蚀）、腐蚀磨损。

（1）磨料磨损。摩擦表面的硬突峰或外来硬质颗粒对表面的切削或碾破作用，引起表面材料的脱落或流失现象，称为磨料磨损。

（2）黏着磨损（胶合）。从微观上看，即使是经过光整加工的金属表面也是凸凹不平的，所以金属表面接触时，实际上只是少数凸峰在接触，局部接触应力很大，使接触点上产生弹塑性变形，表面吸附膜破裂。同时，因摩擦产生高温，造成金属的焊接，使峰顶黏在一起。当金属表面相对运动时，切向力将黏着点撕开，呈撕脱状态。这种因黏着撕开，使金属表面材料由一个表面转移到另一个表面所引起的磨损称为黏着磨损，也称为胶合。

（3）接触疲劳磨损（点蚀）。齿轮、滚动轴承等点、线接触的零件，在较高的接触应力作用下，经过一定的循环次数后，可能在局部接触面上形成麻点或凹坑，进而导致零件失效，这种现象称为接触疲劳磨损（点蚀）。

（4）腐蚀磨损。摩擦表面与周围介质发生化学或电化学反应，生成腐蚀产物，表面的相对运动导致腐蚀产物与表面分离的现象，称为腐蚀磨损。

二、常见的几种摩擦状态

按润滑情况，摩擦表面之间有以下三种基本摩擦状态。

（1）干摩擦状态。当两摩擦表面间不加任何润滑物质时，两表面直接接触，称为干摩擦状态。在此状态下，两表面相对运动时，必然有大量的摩擦功损失和严重的磨损，故在机械零件中不允许出现干摩擦状态。

（2）边界摩擦状态。两摩擦表面间有少量润滑剂时，由于润滑剂与金属表面的吸附或化学反应作用，在金属表面上形成极薄的边界油膜。当两表面相对运动时，表面间的微凸峰仍在直接接触、相互搓削，这种摩擦状态称为边界摩擦状态。在此状态下，两表面间的摩擦因数比干摩擦状态下的摩擦因数小得多，为 0.08 ~ 0.1。

（3）液体摩擦状态。若两摩擦表面间有充足的润滑油，并形成足够厚度的油膜将两表面完全隔开，避免了两表面的直接接触，相对运动的摩擦只发生在润滑油的分子之间，此时摩擦因数很小，为 0.001 ~ 0.008，这是一种理想的摩擦状态。

另外，摩擦表面同时存在干摩擦、边界摩擦、液体摩擦的称为混合摩擦状态。干摩擦、边界摩擦、混合摩擦状态统称为非液体摩擦状态。

三、润滑剂及其主要性能指标

润滑剂进入摩擦表面之间可以减少摩擦、降低磨损，还起到防止零件锈蚀和散热降温作用。常用的润滑剂有液体（如油、水）、半固体（如润滑脂）、固体（如石墨）和气体等多种，绝大多数场合采用润滑油（也称滑油、机油）或润滑脂（干油、黄油）。

1. 润滑油的主要性能指标

润滑油主要是由基础油（矿物油或合成油）加各种添加剂组成，其主要性能指标如下。

（1）黏度。润滑油在流动时，流层间产生剪切阻力，阻碍彼此的相对运动，这种性质叫黏性。黏性的大小用黏度来度量。黏度有动力黏度、运动黏度等。动力黏度用 η 表示，国际单位为 Pa · s，$1\text{Pa}\cdot\text{s}=1\text{N}\cdot\text{s/m}^2$。工程上常采用泊（P）或厘泊（cP），除动力黏度和运动黏度外，还有各种条件黏度。我国常用的条件黏度有恩氏黏度、赛氏黏度。

（2）倾点。倾点反映润滑油的低温流动性能。倾点是指在规定条件下，被冷却了的试油开始连续流动时的最低温度。倾点低，则润滑油的低温流动性好。

（3）闪点。闪点是指在规定条件下，加热油品逸出的蒸气和空气组成的混合气体与火焰接触，发生瞬间闪火时的最低温度。闪点高，则油的安全性好。

（4）黏温特性。黏温特性是指润滑油的黏度随温度变化的特性，一般随着温度升高黏度降低。黏度随温度的变化小的润滑油的黏温特性好。

润滑油的性能指标还有黏压特性、油性、极压性等。

2. 润滑脂的主要性能指标

润滑脂是基础润滑油加稠化剂稠化成膏状半固体的润滑剂，主要性能指标如下。

（1）锥入度（或稠度）。锥入度是指把一个重量为 150g 的标准锥体，在 25℃恒温下，置于润滑脂表面经 5s 压下的深度（以 0.1mm 计）。它表示润滑脂内阻力的大小和流动的强弱。

（2）滴点。滴点是指在规定的加热条件下，从标准的测量杯孔口滴下第一滴油时的温度。它反映润滑脂的耐高温能力。

润滑脂的性能指标还有油性和极压性能等。

3. 添加剂

添加剂可以使润滑油的性能发生根本性的变化。添加剂可分为两类：一类影响润滑油的物理性能，如降凝剂、增黏剂等；另一类影响润滑油的化学性能，如抗氧剂、油性剂等。不同的添加剂可分别起到提高承载能力、降低摩擦和减少磨损的作用。

四、润滑

1. 润滑的目的和作用

润滑是指加润滑剂（润滑油、润滑脂等）到相互接触工作的零件表面之间，并予以持续保持的技术措施。润滑的目的和作用是减小摩擦、避免或减缓磨损、延长零件使用寿命和提高机械使用性能。此外，还有降低摩擦因数、保证传动效率、降低功耗，控制机械工作温度、冷却，防锈、防腐蚀、清洁、缓冲减振、密封、降低或控制噪声的多方面作用。

2. 润滑方法

使用润滑油润滑时，润滑方法如下。

（1）滴油润滑。常用针阀油杯、油芯油杯，两者均能连续滴油润滑，区别是针阀油杯可在停车的同时停止供油，而油芯油杯在停车时仍继续滴油。

（2）浸油润滑（油浴润滑）。中低速运转零件的下部浸入润滑油池中带油到润滑部位。

（3）油环润滑。把油环套在轴颈上，轴颈转动带动油环，油环带油到轴颈表面润滑。

（4）飞溅润滑。利用转动件等将润滑油溅成油星用以润滑。例如，齿轮箱的轴承润滑，可利用齿轮带油飞溅，油星经油沟收集输送并润滑轴承。

（5）压力喷油润滑。对高速、重要的零件，可采用压力循环喷油，压力油经油嘴直接喷射在润滑部位。

（6）油雾润滑。利用压缩风的能量将液态的润滑油雾化成 1 ~ 3μm 的小颗粒，悬浮在压缩风中形成一种气液两相混合体——油雾，经过传输管路和喷嘴输送到各个润滑部位，用于大面积、多润滑点的场合。其缺点是排出的气体对人身和环境有害。

（7）油气润滑。润滑剂在压缩空气的吹动作用下沿着输送管壁波浪形向前运动，并以与压缩空气分离的连续精细油滴流喷射到润滑部位，用于多润滑点的场合。

压力喷油润滑、油雾润滑、油气润滑均需要配置一套升压、输送、喷射装置。使用润滑脂润滑时，因只能间歇供应润滑脂，旋盖式油脂杯是应用最广的脂润滑装置，也可用油枪向润滑部位压充润滑脂。

第七节 机械零件的结构工艺性及标准化

一、零件结构的工艺性

机械零件的结构主要由它在机械中的作用与其他相关零件的关系及制造工艺（毛坯制造、机械加工）和装配工艺所决定。若零件的结构满足使用要求，在具体生产条件下，制造和装配所用的时间、劳动量及费用又最少，这种结构的工艺性好。

从工艺性的角度，对零件的结构有三点要求。

（1）选择合理的毛坯种类。零件的毛坯可用铸造、锻造、冲压、轧制、焊接等方法制造。选择毛坯种类时，要根据零件的要求、尺寸和形状、生产条件及生产批量，如大件且结构复杂、批量生产时，宜采用铸件。

（2）零件结构要简单合理，便于制造、装配、拆卸。铸造的零件，为了便于起模，沿起模方向的非加工表面应有铸造斜度；为避免铸造缺陷，两表面相交处应有过渡圆角，各处壁厚不要相差太大，壁厚变化要平缓。

从机械加工方面考虑，加工表面几何形状要简单，最好为平面、圆柱面，这样便于加工，又容易保证加工精度。

（3）规定合理的制造精度及表面粗糙度。零件尺寸公差、表面粗糙度过小，将会增加零件的制造成本，因此不应盲目提高零件的尺寸精度和降低表面粗糙度。

二、标准化

标准化就是将产品的形式、尺寸、参数、性能等统一规定为数量有限的种类。标准化的零件称为标准件，如螺栓、螺母、销、键、滚动轴承等。标准化有利于设计和产品的互换性，维修方便。标准件可以组织专业化生产，既保证质量又降低成本。

中国实行四级标准化体制，即国家标准（代号 GB）、行业标准（如 JB/ZZ 为重型机械行业标准）、地方标准（省级或市级有关单位制定的标准）、企业标准。国际标准化组织规定了国际标准（代号 ISO）。

在机械设计中，设计者必须认真贯彻标准化。标准化水平的高低也是评定产品设计水平的指标之一。

第五章　现代机械创新设计与技法

第一节　创新思维

创新思维是一种思维方法，而创新的核心就在于创新思维。创新思维是指在思考过程中，采用能直接或间接起到某种开拓、突破作用的一种思维；它既是一种能动的思维发展过程，又是一种积极的自我激励过程；它需要逻辑思维作为基础，也需要非逻辑思维在一定环节和阶段上发挥作用。

一、思维及类型

思维是抽象范围内的概念，观察的角度不同，思维的含义就不同，哲学、心理学和思维科学等不同学科对思维的定义也不尽相同。但综合起来，所谓思维，是指人脑对所接受和已储存的来自客观世界的信息进行有意识或无意识、直接或间接的加工，从而产生新信息的过程。这些新信息可能是客观实体的表象，也可能是客观事物的本质属性或内部联系，还可能是人脑产生的新的客观实体，如文学艺术的新创作、工程技术领域的新成果、自然规律或科学理论的新发现。

思维的产生是人脑的左脑和右脑同时作用和默契配合的结果。思维具有流畅性、灵活性、独创性、精细性、敏感性和知觉性，根据思维在运作过程中的作用地位，思维主要有下述几种类型。

1. 形象思维

形象思维就是依据生活中的各种现象加以选择、分析、综合，然后加以艺术塑造的思维方式。它也可以被归纳为与传统形式逻辑有别的非逻辑思维。严格地说，联想只完成了从一类表象过渡到另一类表象，它本身并不包含对表象进行加工制作的处理过程，而只有当联想导致创新性的形象活动时，才会产生创新性的成果。形象思维又称为具体思维或具体形象的思维。它是人脑对客观事物或现象的外部特点和具体形象的反映活动。这种思维形式表现为表象、联想和想象。形象思维是人们认识世界的基础思维，也是人们经常使用的思维方式，所以形象思维是每个人都具有的思维方式。表象是指具体的性质、颜色等特征在大脑中的印记，如视觉看到的狗、猫或汽车的综合形象信息在人脑中留下的印象。表象是形象思维的具体结果。训练人的观察力是加强形象思维的最佳途径。

2. 抽象思维

抽象思维是思维的高级形式，又称为抽象逻辑思维或逻辑思维。抽象思维法就是利用概念，借助言语符号而进行的反映客观现实的思维活动。其主要特点是通过分析、综合、抽象、概括等基本方法的协调运用，揭露事物的本质和规律性联系。从具体到抽象，从感性认识到理性认识，必须运用抽象思维方法。如在齿轮传动中，能保证瞬时传动比的一对互相啮合的齿廓曲线必须为共轭曲线（概念），因为渐开线满足共轭曲线的条件，所以渐开线为齿廓的齿轮必能保证其瞬时传动比为恒定值(判断)，这就是一种推理的过程。概念、判断、推理构成了抽象思维的主体。

3. 发散思维

发散思维又称多向思维、辐射思维、扩散思维、求异思维、开放思维等，是指对某一问题或事物的思考过程中，不拘泥于一点或一条线索，而是从仅有的信息中尽可能向多方向扩展，不受已经确定的方式、方法、规则和范围等的约束，并且从这种扩散的思考中求得常规的和非常规的多种设想的思维。它是以少求多的思维形式，其特点是从给定的信息输入中产生出众多的信息输出。其思维过程为：以要解决的问题为中心，运用横向、纵向、逆向、分合、颠倒、质疑、对称等思维方法，考虑所有因素的后果，找出尽可能多的答案，并从许多答案中寻求最佳，以便有效解决问题。以汽车为例，用发散思维方式进行思考，可以想到有多种用途的汽车：客车、货车、救护车、消防车、洒水车、邮车、冷藏车、食品车等。另一个例子，大蓟花籽上有很多小勾能粘在衣服上，由此发明了尼龙拉链，这就可看成是辐射思维和横向思维的例子。

4. 收敛思维

收敛思维又称集中思维、求同思维等，是一种寻求某种正确答案的思维形式。它以某种研究对象为中心，将众多的思路和信息汇集于这一中心，通过比较、筛选、组合、论证，得出现存条件下解决问题的最佳方案。其着眼点是从现有信息产生直接的、独有的、为已有信息和习俗所接受的最好结果。在创造过程中，只用发散思维并不能使问题直接获得有效的解决。因为解决问题的最终选择方案只能是唯一的或是少数的，这就需要集聚，采用收敛思维能使问题的解决方案趋向于正确目标。发散思维与收敛思维是矛盾的对立与统一现象，二者的有效结合，才能组成创造活动的一个循环。收敛思维是利用已有知识和经验进行思考，从尽可能多的方案中选取最佳方案。以某一机器中的动力传动为例，利用发散思维得到的可能性方案有齿轮传动、蜗杆蜗轮传动、带传动、链传动、液力传动等。再根据具体条件分析判断，选出最佳方案，如要求体积小且减速比较大，则可以选择蜗杆蜗轮传动方案。

5. 动态思维

动态思维是一种运动、不断调整、不断优化的思维活动。其特点是根据不断变化的环境、条件来改变自己的思维秩序、思维方向，对事物进行调整、控制，从而达到优化思维目标。它是我们在日常工作和学习中经常应用的思维形式。

6. 有序思维

有序思维是一种按一定规则和秩序进行的有目的的思维方式，它是许多创造方法的基础。常规机械设计过程中，经常用到有序思维。如齿轮设计过程，按载荷大小计算齿轮的模数后，再将其标准化，按传动比选择齿数，进行几何尺寸计算、强度校核等过程，都是典型的有序思维过程。

7. 直接思维

直接思维是创造性思维的主要表现形式。直接思维是一种非逻辑抽象思维，是人基于有限的信息，调动已有的知识积累，摆脱惯常的思维规律，对新事物、新现象、新问题进行的一种直接、迅速、敏锐的洞察和跳跃式的判断。

8. 创造性思维

创造性思维是一种高层次的思维活动，它是建立在前述各类思维基础上的人脑机能在外界信息激励下，自觉综合主观和客观信息产生的新客观实体，如创作文学艺术新作品、工艺技术领域的新成果、自然规律与科学理论的新发现等思维活动和思维过程。

9. 质疑思维

质疑是人类思维的精髓，善于质疑就是凡事问几个为什么，用怀疑和批判的眼光看待一切事物，即敢于否定。对每一种事物都提出疑问，是许多新事物新观念产生的开端，也是创新思维的最基本方式之一。

10. 灵感思维

灵感思维是一种特殊的思维现象，是一个人长时间思考某个问题得不到答案，中断了对它的思考以后，却又会在某个场合突然产生对这个问题的解答的顿悟。灵感思维是潜藏于人们思维深处的活动形式，它的出现有许多偶然因素，并不以人的意志为转移，但能够努力创造条件，也就是说，要有意识地让灵感随时凸显出来。灵感思维具有跳跃性、不确定性、新颖性和突发性的特征。例如，有一次肖邦养的一只小猫在他的钢琴键盘上跳来跳去，出现了一个跳跃的音程和许多轻快的碎音，这些音符点燃了肖邦灵感的火花，由此创作出了《F 大调圆舞曲》的后半部分旋律，据说这个曲子又有“猫的圆舞曲”的别称。

11. 理想思维

理想思维就是理想化思维，即思考问题时要简化、制订计划要突出、研究工作要精辟、结果要准确，这样就容易得到创造性的结果。

二、创新思维的特点

1. 创新思维具有开放性的特点

所谓开放性思维是指突破传统思维定式和狭隘眼界，多视角、全方位看问题的思维。具备了开放性的思维方式，就能够不断地有所发现、有所发明、有所创造、有所前进。任何创造性思维活动都是在一定的人类思想成果基础上进行的，都是对既定思维成果的丰富，是对原有知识界限的破坏和原有知识结构的补充。所以，创造性思维本质上是一种开放性思维。任何思维的创造都必须以开放的思维为桥梁。任何创造性的思维成果，都是开放性思维方式的结晶。开放性主要针对封闭性而言。封闭性思维是指习惯于从已知经验和知识中求解，偏于继承传统，照本宣科，落入“俗套”，因而不利于创新。而开放性思维则是敢于突破定式思维，打破常规，挑战潮流，富有改革精神。

开发性思维强调思维的多样性，从多种角度出发考虑问题，其思维的触角向各个层面和方位延伸，具有广阔的思维空间；开放性思维强调思维的灵活性，不依照常规思考问题，不是机械地重复思考，而是能够及时转换思维视角，为创新开辟新路。例如，从“0，1，2，4，3，7，8，1”中寻找规律，若按照常规，仅从数字本身上寻找规律，很难找出规律。突破数字的定式思维，而从构成数字的笔画形状进行思维，则就会很快发现它们规律，原来这是由曲线—直线交错排列的一组符号。当年，爱迪生让他实验室的一位大学生提供电灯泡体积的数据，这位新助手用高等数学的方法足足计算了几小时。爱迪生对此深感遗憾，因为在他看来，这种问题只需一两分钟就能解答，而且只需要小学生的知识就足够了，你知道用什么方法吗？

2. 创新思维具有求异性的特点

众所周知，我国学生以求同思维见长，求异思维见短。究其原因，除历史传统和文化背景外，主要是我国的应试教育造成的。由此可见，引导学生具有求异性思维的教育已成为摆在我们面前的一个亟待解决的突出问题。求异性主要针对求同性而言。求同性是人云亦云，照葫芦画瓢。而求异性则是与众人、前人不同，是独具卓识的思维。

求异性思维强调思维的独特性，其思维角度、思维方法和思维路线别具一格、标新立异，对权威与经典敢怀疑、敢挑战、敢超越；求异性思维强调思维的新颖性，其表现为：提出的问题独具新意，思考问题别出心裁，解决问题独辟蹊径。新颖性是创新行为最宝贵的性质之一。例如，有一位家长带着儿子去池塘捉鱼。捉鱼前家长叮嘱儿子：“捉鱼时不要弄出声响，否则鱼就吓得逃往深处，无法捉了。”儿子照办了，果然他们满载而归。过了一些天，儿子独自去捉鱼，竟然捉得更多。家长惊喜地问：“你是怎么捉的？”儿子说：“您不是说一有声响鱼就逃往深处吗？我先在池塘中央挖了一个深坑，再向池塘四周扔石子。待鱼逃进深坑之后，捉起来就容易多了，就像是在瓮中捉鱼。”这则故事给予人们很多启示。其中，家长的经验是正确的，因为他是根据鱼儿的生活习性在捉鱼。儿子继承了家长的经验，但是没有迷信家长，而是用一种求异性的眼光看问题。因此，儿子的做法也是正确的，他也是根据鱼儿的生活习性在捉鱼。不同的是，家长掌握的是在岸上捉鱼的规律，孩子又找到一条在水中捉鱼的规律。

3. 创新思维具有突发性的特点

突发性主要体现在直觉与灵感上。所谓直觉思维，是指人们对事物不经过反复思考和逐步分析，而对问题的答案做出合理的猜测、设想，是一种思维的闪念，是一种直接的洞察；灵感思维也常常是以一闪念的形式出现，但它不同于直觉，灵感思维是由人们的潜意识与显意识多次叠加思维而形成的，是长期创造性思维活动达到的一个必然阶段。

例如，伦琴发现 X 射线的过程就是一个典型的实例。当时，伦琴和往常一样在做一个原定实验的准备，该实验要求不能漏光。正当他一切准备就绪开始实验时，突然发现附近的一个工作台上发出微弱的荧光，室内一片黑暗，荧光从何而来呢？此时，伦琴迷惑不解，但又转念一想，这是否是一种新的现象呢？他急忙划一根火柴来看一个究竟，原来荧光发自一块涂有氰亚铂酸钡的纸屏。伦琴断开电流，荧光消失，接通电流，荧光又出现了。他将书放到放电管与纸屏之间进行阻隔，但纸屏照样发光。看到这种情况，伦琴极为兴奋，因为他知道，普通的阴极射线不会有这样大的穿透力，可以断言肯定是一种人所未知的穿透力极强的射线。经过 40 多天的研究、实验，终于肯定了这种射线的存在，还发现了这种射线的许多特有性质，并且命名为 X 射线。

事实上，在伦琴发现 X 射线之前，就曾有人见到过这种射线，他们不是视而不见，就是因干扰了其原定的实验进行而气恼，结果均失掉了良机。而伦琴则不同，他抓住了突发的机遇，追根溯源，终于取得了伟大的成功。

4. 创新思维是逻辑与非逻辑思维有机结合的产物

逻辑思维是一种线性思维模式，具有严谨的推理，一环紧扣一环，是有序的。常采用的逻辑思维方式一般有分析与综合、抽象与概括、归纳与演绎、判断与推理等，是人们思考问题常采用的基本手段。

非逻辑思维是一种面性或体性的思维模式，没有必须遵守的规则，没有约束，侧重于开放性、灵活性、创造性，如前文所介绍的联想、想象、直觉、灵感等思考方式。

在创新思维中，需要两种思维的互补、协调与配合。需要非逻辑思维开阔思路，产生新设想、新点子；也需要逻辑思维对各种设想进行加工整理、审查和验证，这样才能产生一个完美的创新成果。

三、创新思维的过程

1. 酝酿准备阶段

酝酿准备是明确问题、收集相关信息与资料，使问题与信息在头脑及神经网络中留下印记的过程。大脑的信息存储和积累是激发创造性思维的前提条件，存储信息量越大，激发出来的创造性思维活动也就越多。

在此阶段，创造者已明确了自己要解决的问题。在收集信息过程中，力图使问题更概括化和系统化，形成自己的认识，弄清问题的本质，抓住问题疑难的关键所在，同时尝试和寻求解决问题的方案和各种想法的可行性。

若问题简单，可能会很快找到解决问题的办法；若问题复杂，可能要经历多次失败的探求；当阻力很大时，则中断思维，但潜意识仍在大脑深层活动，等待时机。

2. 潜心加工阶段

在取得一定数量的与问题相关的信息之后，创造主题就进入了尝试解决问题的创造过程：人脑的特殊神经网络结构使其思维能进行高级的抽象思维和创造性思维活动。在围绕问题进行积极思索时，人脑对神经网络中的受体不断进行能量积累，为生产新的信息积极运作。潜意识的参与是这一阶段思维的主要特点。一般来说，创造不可能一蹴而就，但每一次挫折都是成功创造的思维积累。有时候，由于某一关键性问题久思不解，从而暂时地被搁置在一边，但这并不是创造活动的终止，事实上人的大脑神经细胞在潜意识指导下仍在继续朝着最佳目标进行思维，也就是说创造性思维仍在进行。

3. 顿悟阶段

顿悟阶段是创造性思维的突破阶段，是创造主题在特定的情境下得到特定的启发被唤醒，人脑有意无意地浮现某些新形象、新思想、新创意，使一些长期悬而未决的问题一念之下得以解决的现象。顿悟其实并不神秘，它是人类高级思维的特性之一。该阶段的作用机制比较复杂，一般认为是与长期酝酿所积蓄的思维能量有关，这种能量会冲破思维定式和障碍，使思维获得开放性、求异性、非显而易见性。凯库勒是德国有机化学家，据说他在研究有机化学结构时，闭着眼睛能想象出各种分子的立体结构。他已经测定清楚：苯分子是由 6 个碳原子和 6 个氢原子组成的，但这些原子又是以什么方式组织起来的呢？1865 年圣诞节后的一天，凯库勒试着写出了几十种苯的分子式，都不对。他困倦了，躺在壁炉旁的靠椅上迷迷糊糊地睡着了。“那是什么？”他眼前的 6 个氢原子和 6 个碳原子连在了一起，仿佛一条金色的蛇在舞蹈，不知什么缘故，蛇被激怒了，它竟然狠狠地一口咬住了自己的尾巴，形成了一个环形，然后就不动了，仔细一看，又好像是一只熠熠生辉的钻石戒指。这时，凯库勒醒了，发现原来这不过是一个奇怪的梦，梦中看到的环形排列结构还依稀记得，凯库勒立即在纸上写下了梦中苯分子的环状结构。有机化学中的重要物质苯的分子结构式就这样以梦的顿悟形式出现了。

4. 验证阶段

创造性思维不仅注重形式上的标新立异，内容上也要求精确可靠，所以还需要实践的验证。

四、创新思维的方式

创新能力的培养与提高离不开创新思维，所以很有必要了解、熟悉和掌握一些创新思维方式。尤其是现在以创新为基本特征的知识经济时代，若能花一点时间系统地学一学创新思维方式，比自己再去慢慢摸索、体会与积累经验，效果会更好。

1. 利用事物的形象进行创新思维

事物的形象是指一切物体在一定空间和时间内所表现出来的各个方面的具体形态。它不仅包括物体的形状、颜色、大小、重量，还包括物体的声响、气味、温度、硬度等。利用事物的形象进行创新思维就是利用头脑中的表象和意象思维。表象是储存在大脑中的客观事物的映像，意象则是思考者对头脑中的表象有目的进行处理加工的结果。

利用事物的形象进行创新思维有联想思维和想象思维两种方式。

（1）联想思维。人们根据所面临的问题，从大脑庞大的信息库中进行检索，提取出有用的信息。此时思路由此及彼地连接，即由所感知或所思的事物、概念或现象中，联想到其他与之有关的事物，这是正常人都具有的思维本能。一个人要会联想，要善于联想，必须要掌握一定的联想方式。

1）相似联想。由一事物或现象刺激，想起与其相似的事物或现象。其主要体现在时间、空间、功能、形态、结构、性质等方面相似。相似中很可能隐含着事物之间难以觉察的联系。例如，通过相似联想，医生由建筑上的爆破联想到人体器官内结石的爆破，而发明了医学的微爆破技术。又如，19 世纪 20 年代，英国想在泰晤士河上修建一条下水道，由于土质条件很差，用传统的支护开挖法，松软多水的河底很容易塌方，施工极为困难，工程师布鲁尔对此感到一筹莫展。一天，他在室外散步，无意中看见一只硬壳虫借助自己的坚硬的壳体使劲往橡树皮里钻。这一极为平常的现象触动了布鲁尔的创造灵感。他想，河下施工与昆虫钻洞的行为是多么相似啊，如果把空心钢柱横着打进河底，以此构成类似昆虫硬壳的“盾构”，边掘进边建构，在延伸的盾构保护下，施工不就可以顺利进行了吗？这就是现在常用的“盾构施工法”。

2）相关联想。利用事物之间存在着某种连锁关系，如互相有影响、互相有作用、互相有制约、互相有牵制等，一环紧扣一环地进行联想，使思考逐步进行逐步深入，从而引发出某种新的设想。例如，由火灾联想到烟雾传感器，由高层建筑联想到电梯。

3）对比联想。在头脑中可以根据事物之间在形状、结构、性质、作用等某个方面存在着的互不相同，或彼此相反的情况进行联想，从而引发出某种新设想来。例如，由热处理想到冷处理，由吹尘想到吸尘等。21 世纪避雷的新思路就是由对比联想而产生的。国际上一直通用的避雷原理是美国富兰克林的避雷思想，这种思想是吸引闪电到避雷针，避雷针又与建筑物紧密相连，这就要求建筑物必须安装导电良好的接地网，使电传入地，确保建筑物的安全，因此也就增加了落地雷的概率，产生了由避雷针引发的雷灾。这些灾害的发生引起了研究人员对避雷思想的反思。1996 年中国科学家庄洪春从避雷针的相反思路研究，发明了等离子避雷装置，这种装置不是吸引闪电，而是拒绝闪电，使落地雷远离被保护的建筑物，特别适合信息时代的防雷需要。

4）强制联想。将完全无关或关系相当偏远的多个事物或想法牵强附会地联系起来，进行逻辑型的联想，以此达到创造目的的创新技法。强制联想实际上是使思维强制发散的思维方式，它有利于克服思维定式，因此往往能产生许多非常奇妙的、出人意料的创意。

（2）想象思维。从心理学角度来看，想象是对头脑中已有的表象进行加工、排列、组合而建立起新的表象的过程。想象思维可以帮助人发现问题，依靠想象的概括作用，可帮助人们在头脑中塑造新概念、新设想；想象是理性的先驱，想象可以帮助人们反思过去、展望未来。爱因斯坦曾说过："想象力比知识更重要，因为知识是有限的，而想象力概括世界上的一切，推动着进步，并且是知识进化的源泉。严格地说，想象力是科学研究中的实在因素。"想象的类型包括以下几种。

1）创造想象。在思维者的头脑中对某些事物形象产生了特定的认识，并按照自己的创见对事物进行整个或者部分抽取，再根据某种需要将其组成一种有自身结构、性质、功能与特征的新事物形象。

例如，《国外科技动态》2004 年第三期曾刊登一篇《关于新人力能源设计畅想》的文章，就是想象利用人体对路面不断施加的压力来发电。如图 5-1 所示，尽管电流很小，但非常频繁，若将这些电流存储起来，就足够供街灯、交通灯、建筑物内照明等使用。这一想象如果能付诸实施，那么人们就可以充分利用过去浪费掉的人体能量，朝着一个生态友好、自足的人类社会迈进。

2）充填想象。思维者在仅仅认识了某事物的某些组成部分或某些发展环节的情况下，头脑中通过想象，对该事物的其他组成部分或其他发展环节加以填充补实，从而构成一个完整的事物形象。

人们在实践中得到的事物表象，由于受时间或空间的限制，常常只是客观事物的一个或几个部分，或片段，因而需要进行充填想象，以推知事物的全貌。如古生物学家根据一具古生物化石，就能凭想象推测这个古生物的原有形态；侦查人员根据目击者提供的犯罪现场情况，便能想象出罪犯的形体外貌。在科技杂志上看到某先进的设备照片，可以尝试用充填想象分析出内部结构。

例如，图 5-2b 是一种可能用来在玉器上刻画螺旋线的机器，是充填想象的产物。美国哈佛大学一个物理学研究生仔细研究了中国春秋时代陪葬用的装饰翡翠环（见图 5-2a），发现环上刻有螺旋线形花纹（有些与阿基米德螺旋线吻合到只差 200 μ m），这有力地证明它们是由复合机器制成的，并想象出该复合机器的结构形状，比西方世界出现的类似设备至少要早 3 个世纪。

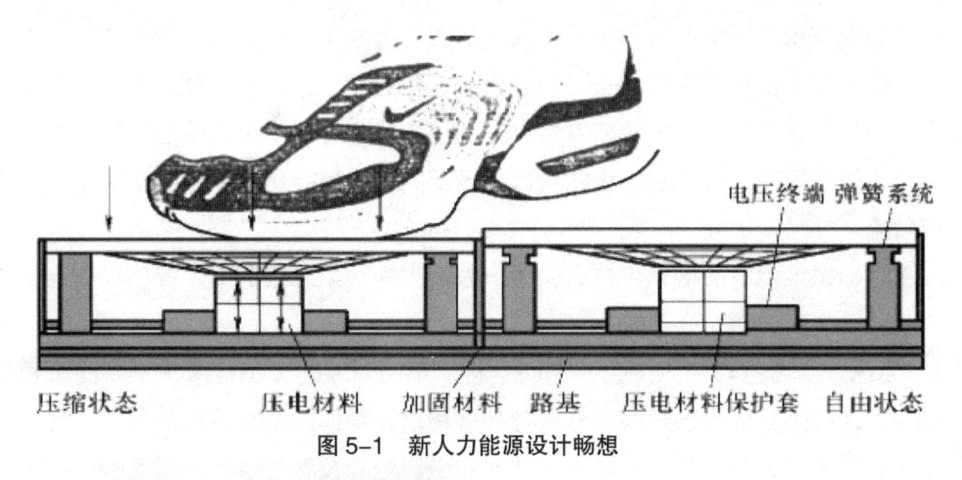

图 5–1 新人力能源设计畅想

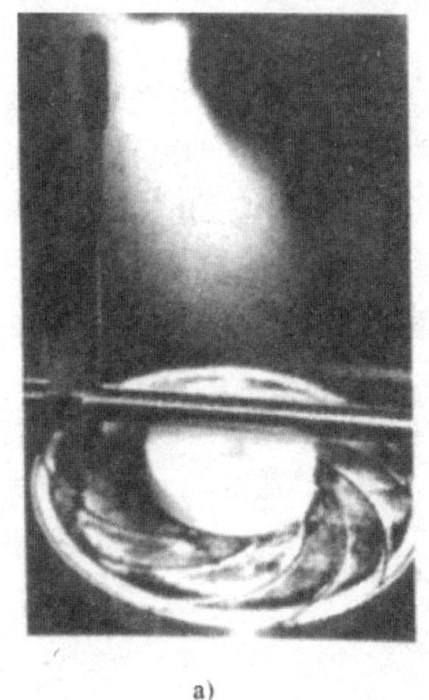

a)

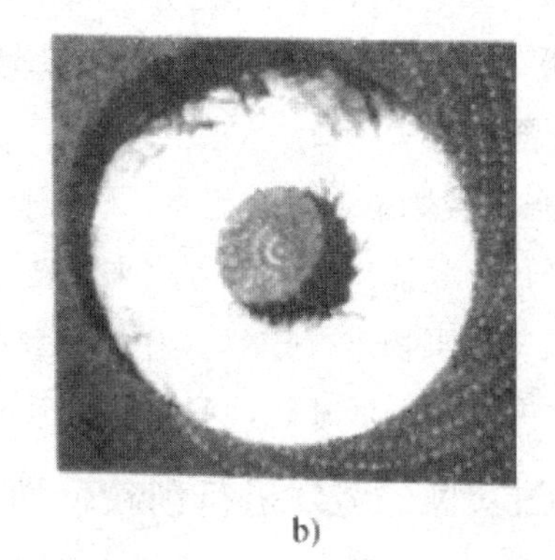

b)

图 5–2 中国的复合机器

3）预示想象。根据思维者已有的知识、经验和形象积累，在头脑中形成一定的设想或愿望，这些设想和愿望虽然现在还不存在，以后却有可能产生。

预示想象也称为幻想，是从现实出发而又超越现实的一种思维活动。幻想可以使人思维超前、思路开阔、思绪奔放，因此在创新活动的初期，它的作用是很明显的。19 世纪法国著名科学幻想作家儒勒 · 凡尔纳被称为“科学幻想小说之父”，其作品《神秘岛》《地心记》《海底两万里》等中的幻想产物，如电视机、直升机、潜水艇等都已成为现实。俄国著名化学家门捷列夫对凡尔纳的评价很高，认为他的作品对自己的研究很有启发，有助于自己思考问题、解决问题。

4）导引想象。思维者通过在头脑中具体细致地想象和体验自己正进行顽强努力，完成某一复杂艰巨任务以及完成任务后的成功情景与喜悦心情，从而高度协调发挥自身潜在的智力与体力，以促进任务的顺利完成。

导引想象应用在医学中可以减轻病人的痛苦，有利于治疗，美国西雅图的湾景烧伤中心，烧伤病人接受虚拟现实疗法，以减轻伤口护理过程中造成的痛楚。病人戴着头罩式的显示器，使用操纵杆操纵称为“冰雪世界”的程序，这一程序是专为解除烧伤病人的痛楚而设计的。研究表明，在痛苦不堪的伤口护理期间，这种导引想象的方法对减轻病人的痛苦很有效果。

（3）形象思维能力的培养与提高。关于如何提高形象思维能力，提出以下几个方面仅供参考。

1）要深入学习各种知识，包括不同学科、不同领域的知识；应该不断注意积累各种实践经验；还必须养成善于观察、分析各种事物以及物体的结构特征的习惯，对各类事物形象掌握得越多，越有利于形象思维。这些知识、经验及各种事物的形象特征将为形象思维奠定了坚实的基础。

2）要自觉地锻炼思维联想能力。应注重事物之间的联系，常做一些提高联想能力的训练，可以在两个事物或两个事件之间进行联想，或按时间顺序及空间顺序进行联想等。

例如，达·芬奇把铃声和石子投入水中所发生的现象联系在一起，联想到声音是以波的形式传播的；电报发明者塞缪尔·莫尔斯为不知如何将电报信号从东海岸发送到西海岸而苦思冥想，一天，他看到疲乏的马在驿站被换掉，因此就由驿站联想到增强电报信号，使问题得以解决。

3）要自觉锻炼思维想象能力。常选择一些问题展开想象，例如当你面对一个问题时，应向自己提出，我能用多少种方式来看待这个问题，我能用多少种方法解决这个问题；常在头脑中对一些事物进行分解、组合或增添，想象能生成一个什么样的新事物；经常欣赏艺术作品，并对结局展开几种可能的想象等。

2. 通过灵感的激发进行创新思维

灵感思维是指思维者在实践活动中因思想高度集中而突然表现出来的一种精神现象。灵感具有突发性、瞬间性、情感性（伴随激情）等特点。

激发灵感的方式有以下几种。

（1）自发灵感。自发灵感是指在对问题进行较长时间执着地思考探索的过程中，需要随时留心或警觉所思考问题的答案或启示，有可能在某一时刻会在头脑中突然闪现。例如，英国发明家辛克莱在谈及他发明的袖珍电视机时说道：“我多年来一直在想，怎样才能把电视机显像管的长尾巴去掉，有一天我突然灵机一动，想了个办法，将长尾巴做成90°弯曲，使他从侧面而不是从后面发射电子，结果就设计出了厚度只有3cm的袖珍电视机。”

可以看出对问题先是深思熟虑，然后丢开、放松，挖掘并利用潜意识，由紧张转入既轻松又警觉的状态，是产生和自发灵感的有效方法。

（2）诱发灵感。诱发灵感是指思维者根据自身、生理、爱好、习惯等诸方面的特点，采取某种方式或选择某种场合，如散步、沐浴、听音乐或演奏等，以及西方的所谓三B思考法，即 bed(躺在床上思考)、bath(沐浴时思考)、bus(等候或乘坐公共汽车时思考)，有意识地促使所思考问题的某种答案或启示在头脑中出现。例如，法国一数学家潘卡尔做出“不定三级二次型的算术变换和非欧几何的变换方法完全一样”的结论是在海边散步时突然领悟的。

(3) 触发灵感。触发灵感是指思维者在对问题已进行较长时间执着思考的探索过程中，需随时留心和警觉，在接触某些相关或不相关的事物时，有可能引发所思考问题的某种答案或启示在头脑中突然闪现，有些类似触景生情的感觉。另外，根据多人经验，同人交谈，也经常能起到触发灵感的作用。因为每个人的年龄、身份、文化程度、知识结构、理解能力等各不相同，思考问题的特点、方式和思路也会有差异。在交谈中，不同的思路、思考方式和特点互相融汇、交叉、碰撞或冲突，就能打破或改变个人的原有思路，使思想产生某种飞跃和质变，迸发出灵感的火花。我国古语说“石本无火，拍击而后发光”。例如，在 1875 年 6 月 2 日，贝尔和他的助手华生分别在两个房间里试验多任务电报机，一个偶然发生的事故启发了贝尔。华生房间里的电报机上有一个弹簧粘到磁铁上了，华生拉开弹簧时，弹簧发生了振动。与此同时，贝尔惊奇地发现自己房间里电报机上的弹簧也颤动起来，还发出了声音，是电流的作用把振动从一个房间传到了另一个房间。贝尔的思路顿时大开，他由此想道：如果人对着一块铁片说话，声音将引起铁片振动；若在铁片后面放上一块电磁铁的话，铁片的振动势必在电磁铁线圈中产生时大时小的电流。这个波动电流沿电线传向远处，远处的类似装置上不就会发生同样的振动，发出同样的声音吗？这样声音就沿电线传到远方去了，这不就是梦寐以求的电话吗！贝尔和华生按新的设想制成了电话机。

(4) 逼发灵感。逼发灵感指情急能生智，在紧急情况下，不可惊慌失措，要镇静思考、谋求对策，解决某种问题的答案或启示，此时有可能在头脑中突然闪现。被西方誉为创造学之父的美国人奥斯本曾说过：“舒适的生活常使我们创造力贫乏，而苦难的磨炼却能使之丰富。”“在感情紧张状态下，构想的涌出多数比平时快。……当一个人面临危机之时，想象力就会发挥最高的效用。”在日常所说的某人如何急中生智，就指的是“逼发灵感”。

(5) 灵感思维的培养。要有需要创新思维的课题；必须具备一定的经验与知识；要对问题进行较长时间的思考；要有解决问题的强烈愿望；要在一定时间的紧张思考之后转入身心放松状态；要有及时抓住灵感的精神准备和及时记录下来的物质准备。

3. 沿着事物各个方向进行创新思维

沿着各个方向思维是指从同一材料来源出发，产生为数众多且方向各异的输出信息的思维方式；或从不同角度进行构思、设想。其具体思维方式有以下几种。

(1) 发散思维。发散性思维是创新思维的核心之一，没有思维的发散，也就没有思维的集中、求异和独创。发散性思维是指思维主体在思维活动时，围绕某个中心问题向四面八方进行辐射、积极思考和联想，广泛搜集与这一中心问题有关的各种感情材料、相关信息和思想观点，最大限度地拓展思路，运用已有的知识、经验，通过各种思维手段，沿着各种不同方向去思考，重组信息，获得信息。然后把众多的信息逐步引导到条理化的逻辑中去，以便最终得出结论。

发散思维要求速度，即思维的数量指标；要求新意，即思维的质量指标。例如，要求被测试者在一分钟内说出砖的可能用途。一个人的回答是：造房、铺路、建桥、搭灶、砌墙、堵洞、垫物。按数量指标他可得 7 分；质量指标却只能得 1 分，因为缺乏新意，全部是用作建筑材料功能。而另一个人的回答是:造房、铺路、防身、敲打、量具、游戏、杂耍、磨粉做颜料。对他的数量评分是 8 分；而质量评分却高达 6 分，他的回答使砖头的功能从建筑材料扩展到武器、工具、量具、玩具乃至颜料。可见后者的发散思维水平比前者高。

（2）横向思维。横向思维是相对于纵向思维而言的一种思维形式。纵向思维是利用逻辑推理直上直下地思考，而横向思维是当纵向思维受阻时从横向寻找问题答案，即换个角度思考。正像时间是一维的，空间是多维的一样，横向思维与纵向思维则代表了一维与多维的互补。这样可以让人排除优势想法，避开经验、常识、逻辑等，能帮助思维者借鉴表面看来与问题无关的信息，从侧面迂回或横向寻觅去解决问题。例如，住在纽约郊外的扎克，是一个碌碌无为的公务员，他唯一的嗜好便是滑冰。纽约的近郊，冬天到处会结冰。夏天就没有办法到室外冰场去滑个痛快。去室内冰场是需要钱的，一个纽约公务员收入有限，不便常去。有一天，一个灵感涌上来，“冰刀可以在冰上滑行，轮子可以在地面上滚动，都是相对运动，如果鞋子下面安装轮子，不就可以代替冰鞋了吗？这样普通的路就可以当作冰场了”。几个月之后，他跟人合作开了一家制造旱冰鞋的小工厂。他做梦也想不到，产品一问世，立即就成为世界性的商品。没几年工夫，他就赚进 100 多万。

（3）逆向思维。逆向思维是相对正向思维而言的一种思维方式，正向思维是一种“合情合理”的思维方式，而逆向思维常有悖于情理，在突破传统思路的过程中力求标新立异。运用逆向思维时，首先要明确问题求解的传统思路，再以此为参照，尝试着从影响事物发展的诸要素方面（如原理、结构、性能、方位、时序等）进行思维反转或悖逆，以寻求创建。原理的逆向思维实例有：英国物理学家法拉第，由电生磁而想到磁生电，从而为发电机的制造奠定了理论基础；再如意大利物理学家伽利略，注意到水的温度变化引起了水的体积变化，这使他意识到，倒过来，水的体积变化也能看出水的温度变化，按这一思路，他终于设计出当时的温度计。结构的逆向思维实例有：螺旋桨后置的设计方案比前置的飞机要飞得快。性能的逆向思维实例有：由金属材料的热处理想到冷处理。方位的逆向思维实例有：朝地下发射的探矿火箭等。

逆向思维模式与单向思维、固定思维模式比较，体现了思维空间的广阔性、思维路线的灵活性与多样性、思维频率的快捷性。这样，就容易产生新方案、新点子、新路子。

第二节 创新技法

创新技法源于创造学的理论与规则，是创造原理具体运用的结果，是促进事物变革与技术创新的一种技巧。这些技巧提供了某些具体改革与创新的应用程序，提供了进行创新探索的一种途径，当然在运用这些技法时，还需要知识与经验的参与。

一、观察法

（1）重复观察。对相似或重复出现的现象或事物进行反复观察，以捕捉或解释这些重复现象中隐藏或被掩盖而没有被发现的某种规律。

（2）动态观察。创造条件使观察对象处于变动状态（改变空间、时序、条件等），再对不同状态下的对象进行观察，以获取在静态条件下无法知道的情况。例如，将金属材料降低温度至绝对零度（–273℃）发现其电阻为零，出现超导现象，由此制成磁悬浮轴承或磁悬浮列车等。例如，观察机器的振动现象，也只有让机器运转起来才会使观察结果可靠。

（3）间接观察。当正面观察或直接观察受阻时，可采用间接方式，即通过各种观察工具，通过各种仪器、仪表等。例如，通过应变仪可以观察到零件受载时的应力分布，从而可以合理地设计零件的结构，使其应力分布合理，工作寿命延长；通过潜望镜可以观察水面情况，用来计划潜艇的航向；通过监控摄像头进行现场观察等。

二、类比法

将所研究和思考的事物与人们熟悉并与之有共同点的某一事物进行对照和比较，从中找到它们的相似点或不同点，并进行逻辑推理，在同中求异或异中求同中实现创新。常用的具体类比技巧有以下几种。

（1）相似类比。一般指形态上、功能上、空间上、时间上、结构上等方面的相似。例如，尼龙搭扣的发明就是由一位名叫乔治·特拉尔的工程师运用功能类比与结构类比的技法实现的。这位工程师在每次打猎回来时总有一种叫大蓟花的植物粘在他的裤子上，当他取下植物与解开衣扣时进行了无意类比，感觉到它们之间功能的相似，并深入分析了这种植物的结构特点，发现这种植物遍体长满小钩，认识到具有小钩的结构特征是黏附的条件。接着运用结构相似的类比技法设计出一种带有小钩的带状织物，并进一步验证了这种连接的可靠性，进而采用这种带状织物代替普通扣子、拉链等，也就是现在衣服上、鞋上、箱包上用的尼龙搭扣。鲁班设计的锯子也是通过直接类比法而发明的。在科学领域里，惠更斯提出的光的波动说，就是与水的波动、声的波动类比而发现的；欧姆将其对电的研究和傅里叶关于热的研究加以直接类比，把电势比作温度，把电流总量比作一定的热量，建立了著名的欧姆定律；库仑定律也是通过类比发现的，劳厄谈此问题时曾说过“库仑假设两个电荷之间的作用力与电量成正比，与它们之间的距离平方成反比，这纯粹是牛顿定律的一种类比”。

（2）拟人仿生类比。从人类本身或动物、昆虫等结构及功能上进行类比、模拟，设计出诸如各类机器人、爬行器以及其他类型的拟人产品。例如，日本发明家田雄常吉在研制新型锅炉时，就将锅炉中的水和蒸汽的循环系统与人体血液循环系统进行类比。即参照人体的动脉和静脉的不同功能以及人体心脏瓣膜阻止血液倒流的作用，进行了拟人类比，发明了高效锅炉，使其效率提高了10%。例如，类比鲨鱼皮肤研制的泳衣提高了游泳速度。鲨鱼皮肤的表面遍布了齿状凸出物，当鲨鱼游泳时，水主要与鲨鱼皮肤表面上齿状凸出物的端部摩擦，使摩擦力减小，游速就增大。运用模仿类比技法，设计的新型泳衣由两种材料组成，在肩膀部位仿照鲨鱼皮肤，其上遍布齿状凸出物；在手臂下方采用光滑的紧身材料，减小了游泳时的阻力。在悉尼奥运会上这种泳衣获得了130个国家、地区游泳运动员的认可。

(3)因果类比。由某一事物的因果关系经过类比技法而推理出另一类事物的因果关系。例如，由河蚌育珠，运用类比技法推理出人工牛黄；由树脂充孔形成发泡剂推理出水泥充孔形成气泡混凝土。

（4）象征类比。借助实物形象和象征符号来比喻某种抽象概念或思维情感。象征类比依靠直觉感知，并使问题关键显现、简化。文化创作与创意中经常用到这种创新技法。

著名哲学家康德曾说过:“每当理智缺乏可靠论证的思路时，类比这个方法往往能指引我们前进。”

（5）直接类比。将创造对象直接与相类似的事物或现象做比较称为直接类比。

直接类比简单、快速，可避开盲目思考。类比对象的本质特征越接近，则成功率越大。比如，由天文望远镜制成了航海、军事、观剧以及儿童望远镜，不论它们的外形及功能有何不同，其原理、结构完全一样。

物理学家欧姆将电与热从流动特征考虑进行直接类比，把电势比作温度，把电流总量比作一定的热量，首先提出了欧姆定律。

瑞士著名科学家皮卡尔原是研究大气平流层的专家。在研究海洋深潜器的过程中，他分析海水和空气都是相似的流体，因而进行直接类比，借用具有浮力的平流层气球结构特点，在深潜器上加一浮筒，让其中充满轻于海水的汽油使深潜器借助浮筒的浮力和压仓的铁砂可以在任何深度的海洋中自由行动。

三、移植法

移植法是借用某一领域的成果，引用、渗透到其他领域，用以变革和创新。移植与类比的区别是，类比是先有可比较的原形，然后受到启发，进而联想进行创新；移植则是先有问题，然后去寻找原形，并巧妙地将原形应用到所研究的问题上来。主要的移植方法有以下几种。

（1）原理移植。指将某种科学技术原理向新的领域类推或外延。例如，二进制原理不仅用于电子学（计算机），还用于机械学（二进制液压缸、二进制二位识别器等）；超声波原理用于探测器、洗衣机、盲人拐杖等；激光技术用于医学的外科手术（激光手术刀），用于加工技术上产生了激光切割机，用于测量技术上产生了激光测距仪等。

（2）方法移植。指操作手段与技术方案的移植。例如，密码锁或密码箱可以阻止其他人进入房间或打开箱子，将这种方法移植到电子信箱或网上银行上就是进入电子信箱或网上银行时必须先输入正确密码方可进入。另外的例子还有将金属电镀方法移植到塑料电镀上。

（3）结构移植。指结构形式或结构特征的移植。例如，滚动轴承的结构移植到移动导轨上产生了滚动导轨，移植到螺旋传动上产生了滚珠丝杠；积木玩具的模块化结构特点移植到机床上产生了组合机床，移植到家具上产生了组合家具等。

（4）材料移植。指将某一领域使用的传统材料向新的领域转移，并产生新的变革，也是一种创造。物质产品的使用功能和使用价值，除了取决于技术创造的原理功能和结构功能外，也取决于物质材料。在材料工业迅速发展，各种新材料不断涌现的今天，利用移植材料进行创新设计更有广阔天地。例如，在新型发动机设计中，设计者以高温陶瓷制成燃气涡轮的叶片、燃烧室等部件，或以陶瓷部件取代传统发动机中的气缸内衬、活塞盖、预燃室、增压器等。新设计的陶瓷发动机具有耐高温性能，可以省去传统的水冷系统，减轻了发动机的自重，因而大幅度地节省了能耗和增大了功效。此外，陶瓷发动机的耐腐蚀性也使它可以采用各种低品位多杂质的燃料。因此，陶瓷发动机的设计成功，是动力机械和汽车工业的重大突破。

（5）综合移植。指综合运用原理、结构、材料等方面的移植。在这种移植创造过程中，首先要分析问题的关键所在，即搞清创造目的与创造手段之间的协调和适应关系，然后借助联想、类比等创新技法，找到被移植的对象，确定移植的具体形式和内容，通过设计计算和必要的试验验证，获得技术上可行的设计方案。例如，采用移植塑料替代木材制作椅子，同时也要移植适合塑料的加工方法和结构，通常不用木工的榫钉的方法进行连接，而采用整体注塑结构。另外一个例子就是充气太阳灶。太阳能对人们极有吸引力，但目前的太阳灶造价高，工艺复杂，又笨重（50kg 左右），调节也麻烦，野外工作和旅游时携带不方便。上海的连鑫等同学在调查研究的基础上，明确了主攻方向：简化太阳灶的制作工艺，减轻重量，减少材料消耗，降低成本，获取最大的功率。他们首先把两片圆形塑料薄膜边缘黏结，充气后就膨胀成一个抛物面，再在反光面上贴上真空镀铝涤纶不干胶片。用打气筒向内打气，改变里面气体压强，随着打气的多少，上面一层透明膜向上凸起，反光面向下凹，可以达到自动汇聚反射光线的目的。这种“无基板充气太阳灶”只有 4kg，拆装方便，便于携带，获第三届全国青少年科学发明创造比赛一等奖。

四、组合法

组合法是指将两种或两种以上的技术、事物、产品、材料等进行有机组合，以产生新的事物或成果的创造技法。磁半导体发明者，日本科学家菊池诚说："我认为发明有两条路，第一条是全新的发明，第二条是把已知其原理的事实进行组合。"据统计，在现代技术开发中，组合型的发明成果已占全部发明的60% ~ 70%，可以看出组合创新具有普遍性与广泛性。常用组合形式有以下几种。

（1）功能组合。指将多种功能组合为一体。例如，生产上用的组合机床、组合夹具、群钻等，生活上用的多功能空调、组合音响、组合家具。数字办公系统集复印、打印、扫描及网络功能于一体，既快速又经济。这种数字办公系统可以在一页上复印出 2 页或 4 页的原稿内容，可以每分钟打印 A4 幅面 16 页，可以直接扫描一个图像和文件，作为电子邮件的附件发送，还具有网络传真、传真待发等功能。

功能组合的特点是，每个分功能的产品都具有共同的工作原理，具有互相利用的价值，产生明显的经济效益。多功能产品已经成为商品市场的一大热点，它能以最经济的方式满足人们日益增长的、多样化的需要，使消费者以最少的支出获得最大的效益。

（2）技术组合。指将不同技术成分组合为一种新的技术。在组合时，应研究各种技术特性、相容性、互补性，使组合后的技术具有创新性、突破性、实用性。例如，1979 年诺贝尔生理学医学奖获得者英国发明家豪斯菲尔德所发明的 CT 扫描仪，就是将 X 射线人体检查的技术同计算机图像识别技术实现了有机的结合，没有任何原理上的突破，便可以对人体进行三维空间的观察和诊断，这被誉为 20 世纪医学界最重大的发明成果之一。

（3）材料组合。指将不同材料在特定的条件进行组合，有效地利用各种材料的特性，使组合后的材料具有更理想的性能。例如，各种合金、合成纤维、导电塑料（在聚乙炔的材料中加碘）、塑钢型材等。

（4）同类组合。将两个或两个以上同类事物进行组合，用以创新。进行同类组合，主要是通过数量的变化来弥补功能上的不足，或得到新的功能。例如，单万向联轴器虽然连接了两轴，并允许它们之间产生各个方向的角位移，但从动轴的角速度发生了变化。将两个单万向联轴器进行同类组合，变成双万向联轴器，就可以既实现两轴之间的等角速度传动，又允许两轴之间产生各个方向的角位移。类似的同类组合在机械设计中实例很多。

五、换元法

换元法是指在创新过程中，采用替换或代换的方法，使研究不断深入，思路获得更新。例如，卡尔森研究发明的复印机，曾采用化学方法进行多次实验，结果屡次失败。后来他变换了研究方向，探索采用物理方法，即光电效应，终于发明了静电复印机，一直沿用到现在。

在许多事物中各式各样的替代或代换内容是很多的，用成本低的代替昂贵的，用容易获得的代替不容易获得的，用性能良好的代替性能差的等。例如，用玻璃纤维制成的冲浪板，比木质的冲浪板更轻巧，更容易制成各种形状。

六、穷举法

穷举法又称为列举法，是一种辅助的创新技法，它并不提供新的发明思路与创新技巧，但它可帮助人们明确创新的方向与目标。列举法将问题逐一列出，将事物的细节全面展开，使人们容易找到问题的症结所在，从各个细节入手探索创新途径。列举法一般分三步进行：第一步是确定列举对象，一般选择比较熟悉和常见的，进行改进与创新可获得明显效益的；第二步分析所选对象的各类特点，如缺点、希望点等，并一一列举出来；第三步从列举的问题出发，运用自己所熟悉的各种创新技法进行具体的改进，解决所列出的问题。

1. 希望点列举

希望点列举是列举、发现或揭示希望有待创造的方向或目标。

希望点列举常与发散思维和想象思维结合，根据生活需要、生产需要、社会发展的需要列出希望达到的目标，希望获得的产品；也可根据现有的某个具体产品列举希望点，希望该产品进行改进，从而实现更多的功能，满足更多的需要。希望是一种动力，有了希望才会行动起来，使希望与现实更加接近。

例如，希望获得一种既能在陆地上行驶，又能在水上行驶，还能在空中行驶的水陆空三栖汽车。根据这样一个希望，这种三栖汽车已经问世。它可以在陆地上仅用 5.9s 的时间使其行驶速度增至 100km ／ h，在水中可以 50km ／ h 的速度行驶，可以离开地面 60cm，并以 48km ／ h 的速度向前飞行。

例如，希望设计一种能够在各种材料上进行打印的打印机。沿着这样一个希望点进行研究，就研制出一种万能打印机。这种打印机对厚度的要求可放宽到 120cm ；打印的材料可以是大理石、玻璃、金属等，并可用 6 种颜色打印；打印的字、符号、图形能耐水、耐热、耐光，而且无毒。

目前，种类繁多的电灯实际上最初都是由希望点列举而找到创新方向的。在不同的时间，人们可能希望房间内有不同的亮度，或者可能希望关灯时亮度慢慢减弱最后再完全关掉，如电影院和剧场的灯灭过程，由此希望就产生了调光灯。彩灯经常用于装饰，为增加装饰效果，希望电灯能变换色彩，于是德国某公司设计出了一种变色灯具。通电后，灯管内液体上下对流，把射入液体内的色光折射到半透明的灯罩上，发出变幻莫测、色彩斑斓的光。

2. 缺点列举

缺点列举就是揭露事物的不足之处，向创造者提出应解决的问题，指明创新方向。该方法目标明确，主题突出，它直接从研究对象的功能性、经济性、审美性、宜人性等目标出发，研究现有事物存在的缺陷，并提出相应的改进方案。虽然一般不改变事物的本质，但由于已将事物的缺点一一展开，使人们容易进入课题，较快地解决问题。这一方法反向思考有时就是对于希望点的列举，如白炽灯的寿命太短，如果反向思考就是希望得到寿命更长的白炽灯。

缺点列举的具体方法有：

（1）用户意见法。设计好用户调查表，以便引导用户列举缺点，并便于分类统计。

（2）对比分析法。先确定可比参照物，再确定比较的项目（如功能、性能、质量、价格等）。

物理学家李政道，在听一次演讲后，知道非线性方程有一种叫孤子的解。他为弄清这个问题，找来所有与此有关的文献，花了一个星期时间，专门寻找和挑剔别人在这方面研究中所存在的弱点。后来发现，所有文献研究的都是一维空间的孤子，而在物理学中，更有广泛意义的却是三维空间，这是不小的缺陷与漏洞。他针对这一问题研究了几个月，提出了一种新的孤子理论，用来处理三维空间的某些亚原子过程，获得了新的科研成果。对此李政道发表过这样的看法："你们想在研究工作中赶上、超过人家吗？你一定要摸清在别人的工作里，哪些地方是他们的缺陷。看准了这一点，钻下去，一旦有所突破，你就能超过人家，跑到前面去了。"

我们可以列举日常穿的衬衣的各种缺点，如扣子掉后很难再买到原样的扣子来配上，针对这一缺点，衬衣生产厂就在衬衣的隐蔽地方缝上两颗备用纽扣。再有就是衬衣的领口容易坏，针对这一缺点，有的生产厂就设计出活式领口，每件衬衣出厂时就配有两个以上的活领。

当暴发流感的时候，进入公共场合通常需要测量体温，传统的体温计必须接触身体才能测量，如果用同一体温计来测量不同人的体温，有时可能会发生交叉传染。从防止疾病传染的角度出发，有必要研制非接触式体温计，于是出现了红外体温计，可准确地从人的皮肤的红外辐射中测量体温。

七、集智法

集智法是集中大家智慧，并激励智慧，进行创新。

该技法是一种群体操作型的创新技法。不同知识结构、不同工作经历、不同兴趣爱好的人聚集在一起分析问题、讨论方案、探索未来一定会在感觉和认知上产生差异，而正是这种差异会形成一种智力互激、信息互补的氛围，从而可以很有效地实现创新目标。常采用的集智法有下述几种。

1. 会议式

会议式也称头脑风暴法，1939 年由美国 BBDO 广告公司副经理 A.F. 奥斯本所创立。该技法的特点是召开专题会议，并对会议发言做了若干规定，通过这样一个手段造成与会人员之间的智力互激和思维共振，用来获取大量而优质的创新设想。

会议的一般议程是：

1）会议准备：确定会议主持人、会议主题、会议时间，参会人以 5 ~ 15 人为佳，且专业构成要合理。

2）热身运动：看一段创造录像，讲一个创造技法故事，出几道脑筋急转弯题目，使与会者身心得到放松，思维运转灵活。

3）明确问题：主持人简明介绍，提供最低数量信息，不附加任何框框。

4）自由畅谈：无顾忌，自由思考，以量求质。有人统计，一个在相同时间内比别人多提出两倍设想的人，最后产生有实用价值的设想的可能性比别人高 10 倍。

5）加工整理：会议主持人组织专人对各种设想进行分类整理，去粗取精，并补充和完善设想。

2. 书面式

该方法是由德国创造学家鲁尔巴赫根据德意志民族惯于沉思的性格特点，对奥斯本智力激励法加以改进而成。该方法的主要特点是采用书面畅述的方式激发人的智力，避免了在会议中部分人疏于言辞、表达能力差的弊病，也避免了在会议中部分人因争相发言、彼此干扰而影响智力激励的效果。该方法也称 635 法，即 6 人参加，每人在卡片上默写 3 个设想，每轮历时 5min。具体程序是：

会议主持人宣布创造主题—发卡片—默写 3 个设想—5 分钟后传阅；在第二个 5 分钟要求每人参照他人设想填上新的设想或完善他人的设想，半小时就可以产生 108 种设想，最后经筛选，获得有价值的设想。

3. 卡片式

该法是日本人所创，也是在奥斯本的头脑风暴法的基础上创立的。其特点是将人们的口头畅谈与书面畅述有机结合起来，以最大限度发挥群体智力互激的作用和效果。具体程序是：

召开 4 ~ 8 人参加的小组会议，每人必须根据会议主题提出 5 个以上的设想，并将设想写在卡片中，一个卡片写一个。然后在会议上轮流宣读自己的设想。当在别人宣读设想时，如果自己因受到启示而产生新的想法，应立即将新想法写在备用卡片上。待全体发言完毕后，集中所有卡片，按内容进行分类，并加上标题，再进行更系统的讨论，以挑选出可供采纳的创新设想。

八、设问探求法

1. 设问 5w2h 法

“5w2h” 法由美国陆军部提出，即通过连续提为什么、做什么、谁去做、何时做、何地做、怎样做、做多少 7 个问题，构成设想方案的制约条件，设法满足这些条件，便可获得创新方案。其具体内容如下。

（1）为什么（why）。为什么采用这个技术参数？为什么不能有响声？为什么停用？为什么变成红色？为什么要做成这个形状？为什么采用机器代替人力？为什么产品的制造要经过这么多环节？为什么非做不可？

（2）做什么（what）。哪一部分工作要做？目的是什么？重点是什么？与什么有关系？功能是什么？规范是什么？工作对象是什么？

（3）谁去做（who）。谁会做？谁是顾客？谁被忽略了？谁是决策人？谁会受益？

（4）何时做（when）。要何时完成？何时销售？何时是最佳营业时间？何时工作人员容易疲劳？何时产量最高？何时完成最为时宜？需要几天才算合理？

（5）何地做（where）。何地做最经济？从何处买？还有什么地方可以作销售点？何地有资源？

（6）怎样做（how to）。怎样做省力？怎样做最快？怎样做效率最高？怎样改进？怎样得到？怎样避免失败？怎样求发展？怎样增加销路？怎样提高生产效率？怎样才能使产品更加美观大方？怎样使产品用起来更加方便？

（7）做多少（how much）。功能指标达到多少？销售多少？成本多少？输出功率多少？效率多高？尺寸多少？重量多少？

以上 7 个问题可以依次提问，有问题的可以求解答案，没有问题时可转到下一个问题。下面以自行车为例说明 5w2h 法的使用过程。比如，当问到第 3 个问题谁去做时，就可以想到自行车是谁来使用，可能是成年男女、青年男女、少年儿童、老年人、运动员和邮递员等，考虑一下他们都各需要什么样的自行车。当问到第 5 个问题何地做时，就可想到城市公路、乡村小路、山地、泥泞路、雪路、健身房等地点，考虑不同的地点和环境对自行车有什么要求和需求。当问到第 7 个问题做多少时，就可以想到销量、成本、重量、尺寸、寿命等问题，来考虑营销策略、加工工艺、材料选择等解决方案。

2. 奥斯本检核表法

奥斯本是美国教育基金会的创始人，是世界上第一个创造发明技法“智力激励技法”的发明者。他在《发挥独创力》一书中介绍了许多创意技巧。美国麻省理工学院创造工程研究所从书中选出 9 项，编制成了《新创意检核表》，运用这个表提出问题，寻求有价值的创造性设想的方法，这就是奥斯本检核表法。

奥斯本检核表提问要点的内容有 9 个方面，针对某一产品或事物介绍如下。

（1）能否它用？可提问：现有事物有无其他用途？稍加改进能否扩大用途？包括思路扩展、原理扩展、应用扩展、技术扩展、功能扩展、材料扩展。

例如，全球卫星定位系统（GPS）是美国国防部 20 世纪 70 年代初在“子午仪卫星导航定位”技术上发展起来的，具有全球性、全能性（陆地、海洋、航空与航天）、全天候性优势的导航、定位、定时、测速系统。GPS 最初用于军事目的，后来该技术也逐步向民间开放使用。在当今发达国家，GPS 技术已广泛应用于交通运输和道路工程等领域，极大地提高了他们的生产效率。GPS 技术还应用于野生动物种群的追踪定位等。GPS 系统的功能正如 GPS 业界的权威所说“GPS 的应用只受人们想象力的限制”。

（2）能否借用？可提问：能否借用别的经验？模仿别的东西？过去有无类似的发明创造创新？现有成果能否引入其他创新成果。

振荡可以增强散乱堆积颗粒物的聚合效果。压路机的工作原理是通过滚轮靠自重将路面的沙石压实，现在的压路机在其滚轮上加上振荡装置就形成了振荡压路机，这样就可以显著地增强压路机的碾压效果。踩在香蕉皮上比其他水果皮上更容易使人摔跤，原因在于香蕉皮由几百个薄层构成，且层间结构松弛，富含水分，借用这个原理，人们发明了具有层状结构性能优良的润滑材料——二硫化钼。同样的道理，乌贼靠喷水前进，前进迅速而灵活，模仿这一原理，人们发明了“喷水船”，这种喷水船先将水吸入，再将水从船尾猛烈喷出，靠水反作用力使船体迅速行驶。

（3）能否改变？可提问：能否在意义、声音、味道、形状、式样、花色、品种等方面改变？改变后效果如何？

最早的铅笔杆是圆形截面，而绘图板通常是有点倾斜的，因此，铅笔很容易滚落掉地，摔断铅芯。后来人们想到将笔杆的圆形截面改成正六边形截面，就很好地解决了这一问题。

（4）能否扩大？可提问：能否扩大使用范围、增加功能、添加零部件、增加高度、提高强度、增加价值、延长使用寿命？

扩大的目的是增加数量，形成规模效应；缩小是为了减少体积，便于使用，提高速度。大小是相对的，不是绝对的，更大、更小都是发展的必然趋势。在两块玻璃中加入某些材料可制成防震或防弹玻璃：在铝材中加入塑料做成防腐防锈、强度很高的水管管材和门窗中使用的型材；在润滑剂中添加某些材料可大大提高润滑剂的润滑效果，提高机车的使用寿命。

（5）能否缩小？可提问：能否减少、缩小、减轻、浓缩、微型、分割？

随着社会的进步和生活水平的不断提高，产品在降低成本、不减少功能、便于携带和便于操作的要求下，必然会出现由大变小、由重变轻、由繁变简的趋势。如助听器可以小到放进耳蜗里，计算器可集合在手表上，折叠伞可放到挎包里等。以缩小、简化为目标的创造发明往往具有独特的优势，在自我发问的创新技巧中，可产生出大量的创新构想。

（6）能否代用？可提问，能否用其他材料、元件、原理、方法、结构、动力、工艺、设备进行代替？

人造大理石、人造丝是取而代之的很好范例。用表面活性剂代替汽油清洗油污，不仅效果好，而且节约能源。用液压传动代替机械传动，更适合远距离操纵控制。用水或空气代替润滑油做成的水压轴承或空气轴承，无污染，效率高。用天然气或酒精代替汽油燃料，可使汽车的尾气污染大大降低。数字相机用数据存储图像，省去了胶卷及胶卷的冲印过程，而且图像更清晰，在各种光线条件下可以拍摄很好的照片。

（7）能否调整？可提问：能否调整布局、程序、日程、计划、规格、因果关系？

飞机的螺旋桨一般在头部，有的也放在尾部，如果放在顶部就成了直升机，如果螺旋桨的轴线方向可调，就成了可垂直升降的飞机。汽车的喇叭按钮原来设计在方向盘的中心，不便于操作且有一定的危险性，将按钮设计在方向盘圆盘下面的半个圆周上就可以很好地解决了潜在的危险问题。根据常识可知自行车在高速前进时，采用前轮制动容易发生事故，于是有人就设计了无论用左手或右手捏住制动器，自行车都将按“先后再前”的顺序制动，从而可以大大降低事故的发生率。

（8）能否颠倒？可提问：能否方向相反、变肯定为否定、变否定为肯定、变模糊为清晰、位置颠倒、作用颠倒？

将电动机反过来用就发明了发电机；将电扇反装就成了排风扇；从石油中提炼原油需要把油、水分离，但为了从地下获得更多的原油，可以先向地下的油中注水；单向透光玻璃装在审讯室里，公安人员可看见犯罪嫌疑人的一举一动，而犯罪嫌疑人却无法看见公安人员。反之，将这种玻璃反过来装在公共场所，人们既可以从里面观赏外面的美景，又能防止强烈的太阳光直接射入。

（9）能否组合？可提问：能否事物组合、原理组合、方案组合、材料组合、形状组合、功能组合、部件组合？

两个电极在水中高压放电时会产生“电力液压效应”，产生的巨大冲击力可将宝石击碎；而在一个椭球面焦点上发出的声波，经反射后可在另一个焦点汇集。一位德国科学家将这两种科学现象组合起来，设计出医用肾结石治疗仪。他让患者躺在水槽中，使患者的结石位于椭球面的一个焦点上，把一个电极置于椭球面的另一个焦点上，经过1分钟左右不断地放电，通过人体的冲击波能把大部分结石粉碎，而后逐渐排出体外，达到治疗的目的。

奥斯本检核表法是一种具有较强启发创新思维的方法。它的作用体现在多方面，是因为它强制人去思考，有利于突破一些人不愿提问题或不善于提问题的心理障碍，还可以克服“不能利用多种观点看问题”的困难，尤其是提出有创见的新问题本身就是一种创新。它又是一种多向发散的思考，使人的思维角度、思维目标更丰富。另外，检核思考提供了创新活动最基本的思路，可以使创新者尽快集中精力，朝提示的目标方向去构想、创造、创新。该法比较适用于解决单一问题，还需要结合技术手段才能产生出解决问题的综合方案。

使用核检表法应注意几点：一是要一条一条地进行核检，不要有遗漏；二是要多核检几遍，效果会更好，或许会更准确地选择出所需创造、创新、发明的方面；三是在核检每项内容时，要尽可能地发挥自己的想象力和创新能力，产生更多的创造性设想；四是核检方式可根据需要，可以一人核检，也可以 3 ~ 8 人共同核检，也可以集体核检，可以互相激励，产生头脑风暴，更有希望创新。

九、逆向转换法

逆向转换法中的“逆”可以是方向、位置、过程、功能、原因、结果、优缺点、破（旧）立（新）矛盾的两个方面等诸方面的逆转。

（1）原理逆向。从事物原理的相反方向进行的思考。如温度计的诞生。意大利物理学家伽利略曾应医生的请求设计温度计，但屡遭失败。有一次他在给学生上实验课时，由于注意到水的温度变化引起了水的体积的变化，这使他突然意识到，倒过来，由水的体积的变化不也能看出水的温度的变化吗？循着这一思路，他终于设计出了当时的温度计。其他的例子还有制冷与制热，电动机与发电机，压缩机与鼓风机。

（2）功能逆向。按事物或产品现有的功能进行相反的思考。如风力灭火器，现在我们看到的扑灭火灾时消防队员使用的灭火器中有风力灭火器。风吹过去，温度降低，空气稀薄，火被吹灭了。一般情况下，风是助火势的，特别是当火比较大的时候。但在一定情况下，风可以使小的火熄灭，而且相当有效。另外，保温瓶可以保热，反过来也可以保冷。

（3）过程逆向。事物进行过程逆向思考，如小孩掉进水缸里，一般的过程就是把人从水中救起，使人脱离水，而司马光救人过程却相反，它采用的是打破缸，使水脱离人。还有一个例子就是除尘，既可以采取吹尘也可以采取吸尘的方法。

（4）结构或位置逆向。从已有事物的结构和位置出发所进行的反向思考，如结构位置的颠倒、置换等。日本有一位家庭主妇对煎鱼时总是会粘到锅上感到很恼火，煎好的鱼常常是烂开的，不成片。有一天，她在煎鱼时突然产生了一个念头，能不能不在锅的下面加热而在锅的上面加热呢？经过多次尝试，她想到了在锅盖里安装电炉丝这一从上面加热的方法，最终制成了令人满意的煎鱼不煳的锅。在动物园动物被关在笼子里，人是自由的；而在野生动物园中人与动物的位置则发生逆转，即人被关在笼子里，动物是自由的。

（5）因果逆向。原因结果互相反转即由果到因。如数学运算中从结果倒推回来以检查运算过程和已知条件。

（6）程序逆向或方向逆向。颠倒已有事物的构成顺序、排列位置而进行的思考，如变仰焊为俯焊。最初的船体装焊时都是在同一固定的状态进行的，这样有很多部位必须做仰焊。仰焊的强度大，质量不易保障。后来改变了焊接顺序，在船体分段结构装焊时将需仰焊的部分暂不施工，待其他部分焊好后，将船体分段翻个身，变仰焊为俯焊位置，这样装焊的质量与速度都有了保证。

（7）观念逆向。一般情况下，观念不同，行为不同，收获就可能不同。例如，我国工业生产部门从大而全的观念转变到专门化生产，大大提高了生产效率和产品质量；产品的以产定销变为以销定产，可以减少库存，提高资金利用率。

（8）缺点逆用。事物有两重性，缺点和问题的一面可以向有利和好的方面转化。利用事物的缺点，采用“以毒攻毒”、化弊为利的方法，就称为缺点逆用法。例如，由于造纸时少放了一种原料，成了废品，写字时湮成一片，无法用来写字。但是利用这一点可以将其做成吸墨纸或尿不湿。

以上介绍了 8 种创新技法，在具体运用时，可以分别使用，但实际上这些技法往往联合起来应用。

第六章　现代机械功能原理创新设计

第一节　功能原理设计的意义与方法

机械设计的过程通常由以下几个工作阶段组成。

1）设计规划阶段。这个阶段的任务是确定设计的内容和对设计的要求，即明确设计对象要实现哪些功能。

2）方案设计阶段。这个阶段的任务是确定用于实现给定功能的原理性方案。

3）细节设计阶段。这个阶段将方案设计阶段所确定的原理性方案具体化、参数化，并确定机械装置的详细结构。

4）施工设计阶段。这个阶段要按照施工过程的需要，将设计信息正确、完整、全面地表达为施工过程所需要的技术文件形式。施工过程包括加工、安装、调试、运输、包装等过程。

机械产品的方案设计阶段可以细分为功能原理设计和运动方案设计。其中，功能原理设计阶段需要确定实现功能的基本科学原理；运动方案设计阶段要解决运动的产生、传递和变换方法及执行动作的设计。

为了实现同一种功能，通常存在多种原理方案可供选择。实现功能的原理不同，对环境的要求和影响程度不同，实现功能的效率和可靠程度也有很大差别。

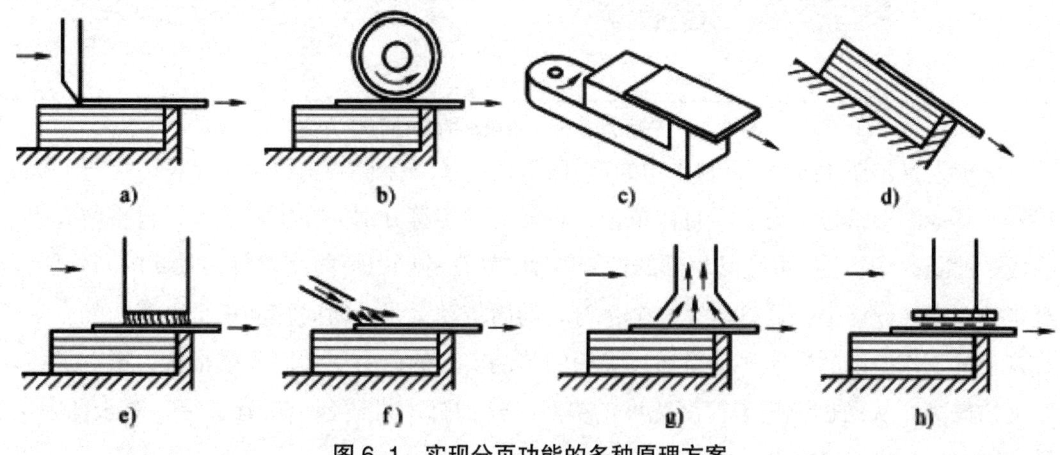

图 6-1　实现分页功能的多种原理方案

设计需要实现的功能是将输入量（物质、能量、信息）转变为输出量（物质、能量、信息），对于多数设计，原理方案设计面对的问题不在于无法找到能够实现这种转变的原理方案，而是可以找到太多的原理方案。

例如，图 6-1a ~ h 为可以实现将薄板或纸张分页传送功能（分页功能）的多种原理方案，各自适用不同的应用条件。例如，方案 a 适用于较厚的材料；方案 b 适用于较轻、较薄的材料；方案 c 利用离心力将材料甩出料仓；方案 d 利用材料自身的重力使材料从料仓中滑落；方案 e 通过黏结的方法将分页材料粘起；方案 f 通过气流将分页材料吹离料仓；方案 g 通过真空吸附的方法将分页材料吸起并移出料仓；方案 h 通过静电力将分页材料吸起并移动。

图 6-2a ~ c 为可以不需要输入能量而清除船舱积水的多种原理方案。其中，方案 a 是通过重锤与船体的相对摆动驱动柱塞泵的原理来清除船舱积水；方案 b 是通过置于船外水面上的浮子与船体的相对摆动驱动柱塞泵，进而清除船舱积水；方案 c 是在涨潮时通过虹吸原理将船舱积水排入岸边的水槽，待落潮时再将积水排入海水中。

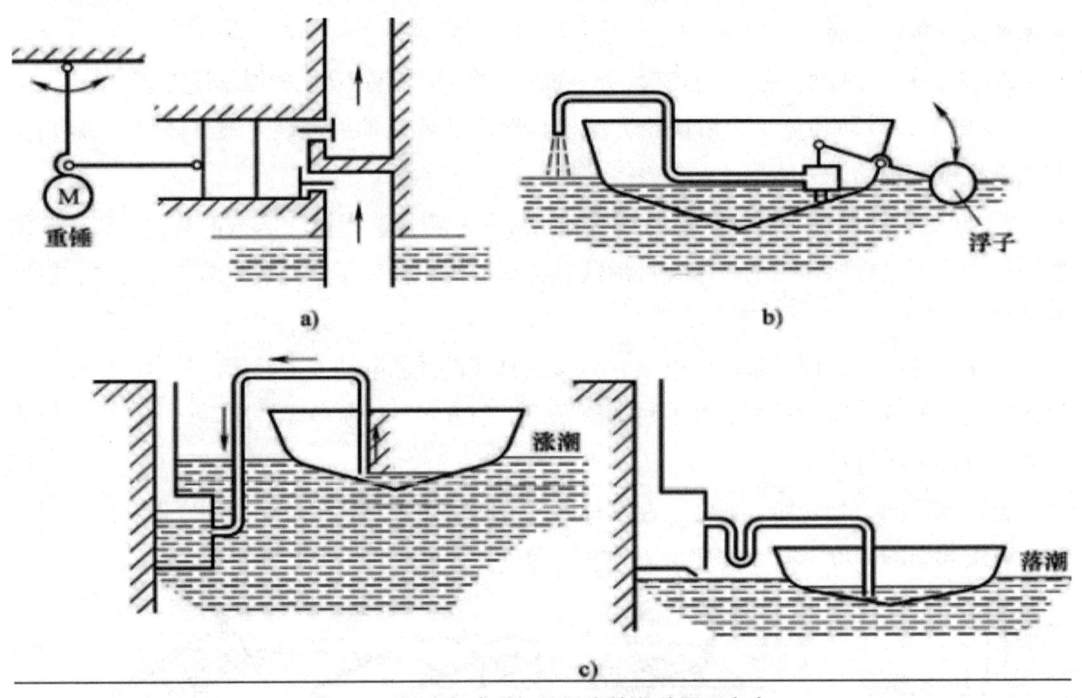

图 6-2　无动力清除船舱积水的多种原理方案

美国人肖尔斯 1867 年研制成功的字杆式打字机（见图 6-3）以单个字符（字母、标点符号或其他图形符号）为基本打印单位，将所有的字符分别铸在字杆端部，再将所有字杆围成半圆圈，每个字杆可绕其根部的铰链转动，转动的同时可将字符打在卷筒的同一位置。纸张被固定在卷筒上，每打印完一个字符，卷筒带动纸张沿横向移动一个字符间隔。字杆式打字机工作中纸的横向移动是通过卷筒的移动实现的，由于卷筒质量很大，影响了移动速度的提高，从而也影响了打字速度的提高。这种打字机适合于拼音文字，对于像中文、日文等大字符集的文字是不可行的。

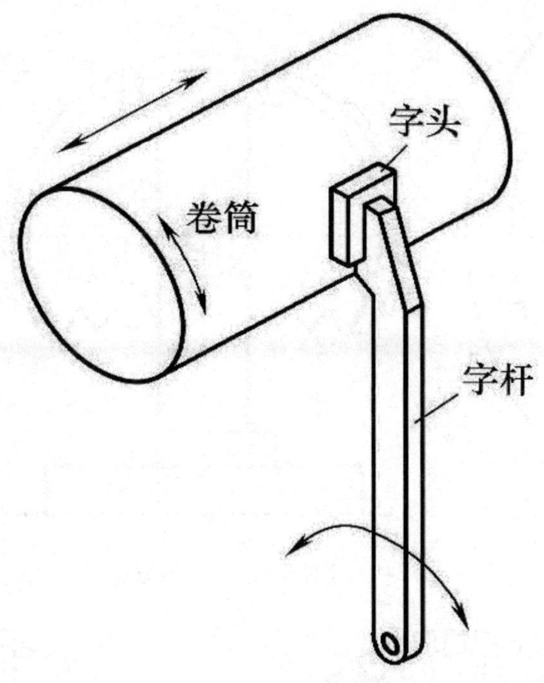

图 6–3　字杆式打字机原理

1920 年日本人发明了用于日文打字的拣字式打字机。这种打字机将几千个字头摆放在字盘上，字头的形状与印刷用的铅字相似。打字员要记忆每个字头在字盘上的位置，打字时先将机械手移动到字头所在位置，通过字盘下的顶杆将字头从字盘中顶出，位于字盘上面的机械手将字头抓住、抬起，打到卷在卷筒上的纸上，然后再将字头放回原位，同时卷筒向前移动一个字符间隔。这种打字方法实现了大字符集文字的打字功能，但是工作效率很低。

为了提高打字速度，人们开始研究电动打字机。因为字杆式打字机的卷筒重量大，移动速度慢，即使采用电动方式也很难提高移动速度。

20 世纪 60 年代初，美国国际商用机器公司研制出字球式英文打字机（见图 6-4）。这种打字机将所有打印字符做在一个重量较小、可以绕两个轴自由转动，并可以方便更换的铝制球壳表面。打字时，重量较大的卷筒不再做横向移动，只在打印完一行后带动打印纸转动，实现换行运动，而改由重量较小的字球做横向移动，使得电动打字机能以较高的速度进行打印。这以后出现的各种打字机（包括打印机）也都不再采用通过滚筒移动的方法实现字头与纸之间的相对运动。

20 世纪 80 年代初，德国西门子公司推出一种菊花瓣式打字机。这种打字机将字头安装在花瓣的端部（见图 6-5），打字时，用小锤敲击字头背面，使字符印到卷在卷筒表面的纸上。这种字盘比字球更轻，进一步减轻了打字机中移动部分的重量。

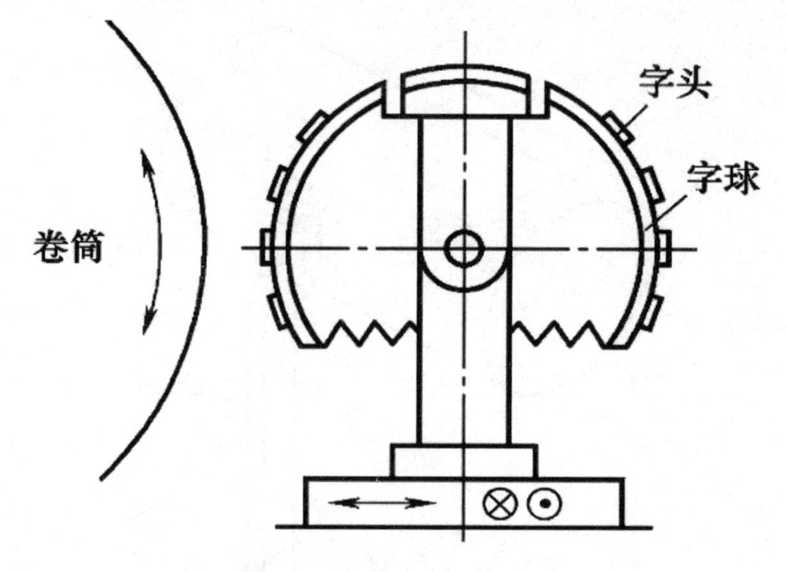

图 6-4　字球式英文打字机原理

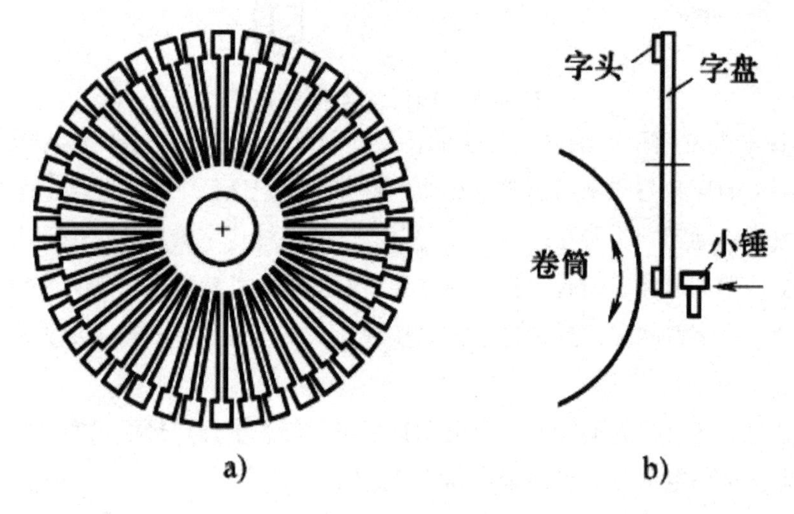

图 6-5　菊花瓣式打字机原理

计算机出现以后，最初与计算机配套使用的打字机仍采用字杆式结构，这种打印方式既限制了打印速度，又限制了如汉字这样的大字符集在计算机中的使用。随着计算机的发展，出现了一种针式打印机，同时推出了一种全新的点阵式打印，引起了打印功能原理设计领域的一场革命。它不再以字符为单位进行打印，而是将每个字符都作为由众多的按一定方式排列的点阵组成的平面图形符号。这种打印功能原理将字符打印与图形打印的功能统一起来，充分利用计算机在存储与检索能力方面的优势，同时彻底改变了汉字在计算机应用领域中的地位，彻底解决了像中文这样的大字符集字形的存储、处理、打印问题及图形与文字混合排版打印的技术问题。

针式打印机的打印头由多根打印针（最初只有 9 根，以后逐渐增加到 16 根、24 根）及固定于打印针根部的衔铁组成（见图 6-6a），打印针在打印头内排列成环状（见图 6-6b），针头通过导向板在打印头的头部排列成两排（见图 6-6c）。不打印时，打印头内的永久磁铁吸住衔铁；打印时，逻辑电路发出打印信号，通过驱动电路使电磁铁线圈通电，产生与永久磁铁磁场方向相反的磁场，抵消永久磁铁对衔铁的吸引，衔铁被弹出，带动打印针实现打印动作，通过多个打印针的配合动作可以实现任意字符或图形的打印。

在针式打印机发展的同时，德国有人提出了喷墨打印的设想。最初提出的喷墨打印原理是模仿显示器中电子束扫描荧光屏的方法，由 3 个喷头将 3 种不同颜色的墨水喷射到纸上，组成任意图形，但是这种喷射方法很难获得较高的打印质量。以后人们改变了思路，借鉴针式打印机的设计思想，用很多小喷头组成点阵，直接将墨水喷到纸上。打印时需对与特定喷头相对应的毛细管中的墨水加热，使墨水汽化，由于汽化过程中蒸汽体积的膨胀，及蒸汽冷却过程中气泡体积的收缩，使毛细管端部的墨水形成墨滴，喷出管端，实现打印功能（见图 6-7）。现在喷墨式打印机的打印质量已经远远超过了针式打印机。由于喷墨过程中不包含零部件的机械动作，使得喷墨打印机的结构得到简化。通过使用各种不同颜色的墨水，很容易实现彩色喷墨打印。

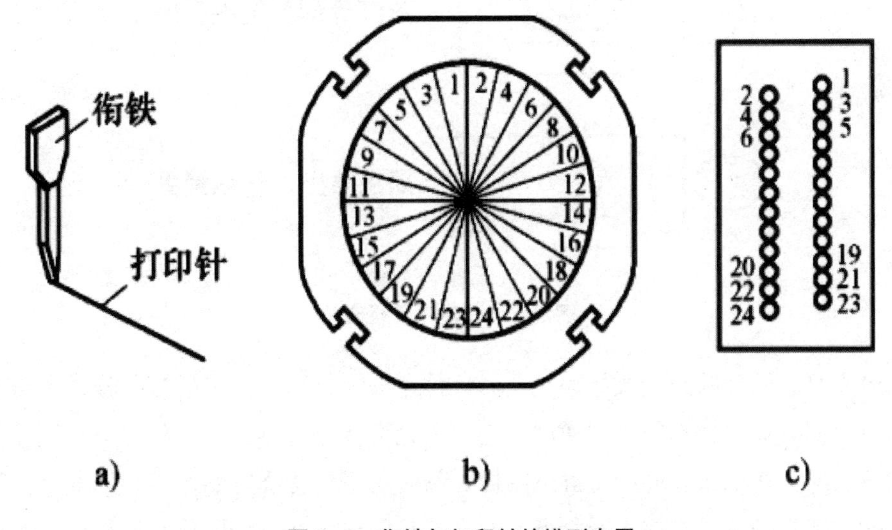

图 6–6 衔铁与打印针的排列布置

以上两种点阵式打印机在打印时都需要打印头做横向扫描运动，同时打印纸做纵向进给（换行）运动，这种工作方式限制了打印速度的进一步提高。在传真机打印机的设计中，为减少传真机对电话线路的占用时间，需要设计一种没有横向扫描运动的打印机。需要在整行纸宽方向上并排布置大量的打印元件，要用针式打印方式和喷墨打印方式实现这种设计都比较困难，为此人们设计出一种不需要打印头做横向扫描运动的热敏式打印机。这种打印机沿横向并排布置有几千个加热元件，打印时只需要打印纸沿纵向做进给运动，即可完成打印，打印速度快，但需要涂有热敏材料的专用打印纸，因而费用较高。

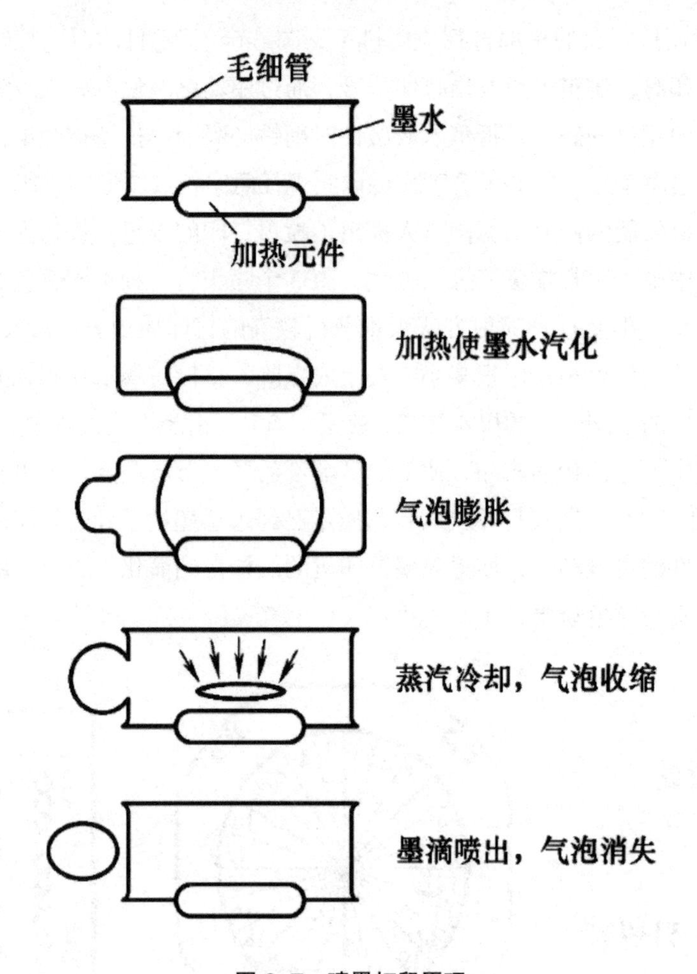

图 6–7 喷墨打印原理

采用激光复印原理的激光式打印机是另一种点阵式打印机，它的打印分辨率高于其他几种打印机，同时具有较高的打印速度。它用激光束代替打印头，以包含图文信息的激光束扫描硒鼓表面，在硒鼓表面产生静电图像，然后用墨粉将静电图像转印到纸上，实现图文打印功能。随着制造成本的不断降低，激光式打印机正在逐步取代其他打印机而成为打印机市场中的主角。

通过以上实例可以看到，可以通过多种不同的方法实现同一种功能。功能原理设计的任务是在众多可用的功能原理中选择最适合于所开发产品的原理。

功能原理设计对产品设计起着非常重要的作用。

1）功能原理设计的创新会使产品的品质发生质的变化。电子表取代机械表的设计对提高计时器的计时精度和降低产品成本都起到了重要作用；晶体管代替电子管使各种电子产品的体积和成本大幅度降低，功能极大增强；计算机外部存储设备从卡片、纸带、磁芯、软盘发展到现在使用的光盘和 U 盘，不但极大地提高了信息存储能力和存取速度，而且提高了信息存储的安全性。功能原理的改变给产品性能带来的是本质的改变。

2）功能原理设计是提高产品竞争力的重要手段。通过选择适当的功能原理，可以使产品具有其他产品所不具有的功能，或使产品具有优于其他同类产品的性能，或低于其他同类产品的价格。所有这些都有助于提高产品的市场竞争力。

在过去很长时间里，功能原理设计的重要性被人们忽视，早就有人预言：一般机电产品的功能原理已经定型，今后关于这些产品设计的任务就是改进结构，改进工艺，提高性能。事实表明，随着消费者消费水平和消费观念的进步，会对已经实现了的功能提出更新的、更高的要求，科学技术的发展对已经实现的功能提供新的、可供使用的新技术、新原理、新材料、新方法，使已经实现的功能在新的技术背景下可以实现得更好。

功能原理设计的基本方法是：首先通过发散思维的方法，尽可能广泛、全面地探索各种可能的功能原理方案，然后通过收敛思维的方法，对这些方案进行分析、比较、评价，从中选择最适宜的功能原理方案。

针对不同类型的功能原理设计问题，人们通过总结成功的创新设计实践，提出了一些有效的方法。以下各节分析一些主要的功能原理创新设计方法。

第二节　工艺功能设计方法

工艺功能是指对被加工对象实施加工的功能。通过加工，可以改变被加工对象的形状、体积、表面形貌、材料状态和内在品质。

对被加工对象实施加工的过程就是对其施加某种作用，这种作用要以某种场作为媒介施加给被加工对象，而这种场的建立与边界条件有关。在功能分析中，将用于构造场所需边界条件的实体称为工作头。

针对工艺功能的创新设计问题，苏联的一些科学家提出了一种分析方法，称为物—场（substance—field）分析法。物—场分析法认为：在任何一个最基本的工艺功能类技术系统中，至少存在一种被加工对象（物质 2）、一种工作头（物质 1）和一种作用方式（场），工作头（物质 1）通过某种作用方式（场）对被加工对象（物质 2）施加作用，实现对加工对象的加工功能。工作头也称为工艺功能的主体，例如常见工艺系统中的刀具、工具等。被加工对象也称为工艺功能的客体，例如常见工艺系统中的工件、物料等。场是工作头对被加工对象实施作用的媒介，可以是重力场、引力场、电场、磁场、声场、光场、温度场、应力场等物理场，也可以是化学反应、生物作用等方式。

构建工艺功能需要首先选择作用方式，即选择作用场的类型，然后确定施加场作用的工作头，包括确定工作头的材料、形状、运动轨迹和运动速度。工艺系统中的作用场、工作头形状和工作头运动方式称为工艺系统的三要素。由于工艺功能系统原理方案设计中可以选择和变换的因素多，所以具有很大的创造空间。

在设计工艺功能时，由于问题的前提条件和设计所追求的目标不同，应采用不同的求解方法。

一、为新的工艺系统选择作用场和工作头

当需要构造的是尚不存在的新的工艺系统时，首先应广泛探索可能对被加工对象实施作用的各种场的形式。例如，当需要构造用于消除空气中有害物质成分的工艺系统时，应首先广泛探索对有害物质成分施加电场、磁场、声、光、加热，冷却、过滤及诱发化学反应等方法的可能性及方便程度，同时构思施加这种作用场的工作头的形状及运动方式。

美国人卡尔逊在发明复印机的过程中曾经历过多次失败，通过总结自己和前人的失败经历后发现，大家的探索努力都试图通过化学反应的方法实现复印功能，探索的失败说明在化学功能领域很难找到适合于实现复印功能的效应。卡尔逊转而在物理效应领域中探索复印功能的求解，最终发明了现在被广泛使用的静电复印技术。

卡尔逊发明的静电复印技术首先利用某些物质在光照条件下导电性质的改变（光导电性）形成静电图像，再通过静电对墨粉的静电吸引形成墨粉图像，最后将墨粉图像转印到纸张上，形成复印件。图 6-8 所示为卡尔逊发明的静电复印方法的简图。

在图 6-8 中，图 a 为在接地的锌板表面设置硫黄薄膜。图 b 为使用羊毛布摩擦硫黄表面，使表面携带静电。由于硫黄在这种状态下不导电，使得静电可以保持。图 c 为用强光透过印有图像的玻璃板照射布有静电的硫黄表面，由于硫黄具有光导电性，被光照射位置的静电荷通过接地的锌板而流失，未被光照射位置的静电荷保持不变，形成不可见的静电图像。图 d 为向锌板表面撒墨粉，再把多余的墨粉倒掉，有静电荷的位置处由于静电荷吸引墨粉，形成可见的墨粉图像。图 e 为通过加热蜡纸，将墨粉转印到蜡纸上。现代的复印机在光导电材料的选择及其他工艺细节上都有了很大进步，但是基本的工艺功能仍采用光导电性原理。

在为新的工艺系统选择作用场和工作头时，既要积极地在相近似的工艺系统中寻求有益的技术要素，又要注意避免过分地受到这些已有的工艺系统解决问题方法的约束，限制设计者探索新方法的范围。例如，当需要用机械装置实现以前用手工完成的工艺功能时，不要将探索的范围局限在以前手工工艺系统的范围内，要充分发挥机械装置的优势条件，选择更适合于机械装置工作的作用场、工作头形状和运动方式。

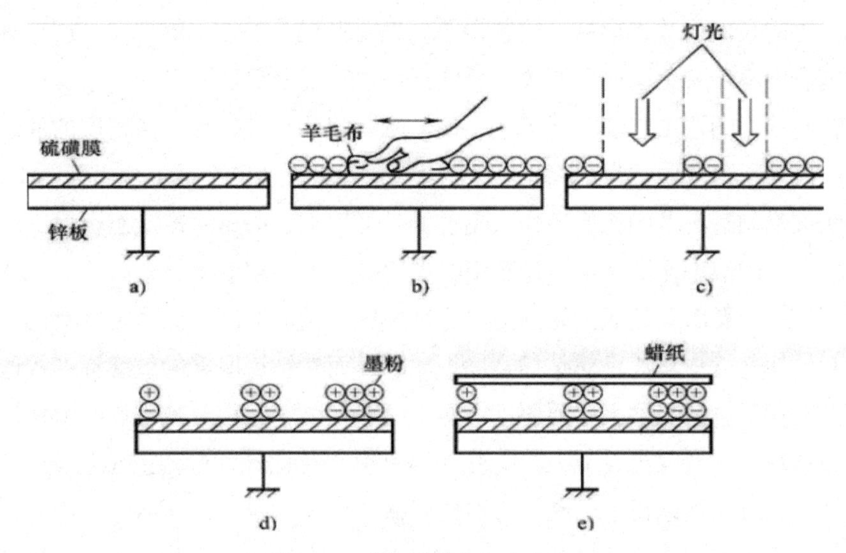

图 6–8 卡尔逊静电复印方法

例如，在人手工完成缝制布料的工艺过程中，一直采用的是头部有尖、尾部带孔的针作为工作头，通过用针尖反复穿透并穿过缝料的方法，引导缝线连接在缝料上。人类在发明缝纫机的过程中，最初也试图模仿人手工缝制缝料的方法，采用尾部穿孔的针引导缝线，但是由于这种设计方法无法解决机针的夹持问题，经过很长时间的探索都没有成功。实践表明，模仿人手工缝制缝料的方法构思机械缝纫工艺系统不一定是好的选择。现在普遍使用的缝纫机是通过针头穿孔的缝针所引导的面线与位于缝料底部的、由摆梭引导的底线互相绞合的方法实现缝纫工艺功能的。

人手工切碎不同种类的食物时，大都通过人手驱动刀具进行直线往复的切削运动和进给运动完成，但是通过机械装置实现直线往复运动的成本和难度远大于实现连续的旋转运动的成本和难度，所以人类发明的绞肉机、食品切碎机、切肉片机等机械都更多采用连续旋转运动代替直线往复运动。

作用场和工作头的选择还与设计者所追求的设计目标紧密相关。例如，在垃圾减量化处理设备中，有以减小垃圾体积为目的的垃圾压缩装置，也有以减少垃圾重量为目的的垃圾烘干装置。

二、改善已有工艺系统中的作用场和工作头

在对已经存在的工艺系统进行改进设计时，可以针对工艺系统在使用中表现出来的缺陷，通过改变工作头的材料、尺寸、形状、运动方式，以及作用场的各种作用参数，完善已有的工艺过程，改善工艺性能。

在平板玻璃制造工艺中，长期采用的是垂直引上法完成平板玻璃成形的工艺过程。这种方法将处于熔融状态的玻璃从熔池中不断地向上牵引，使玻璃一边不断上升一边不断凝固，并通过轧辊的间距控制平板玻璃成形后的形状和尺寸，如图 6-9a 所示。

由于轧辊的表面尺寸、形状、位置误差、表面形貌及工作中的振动，用这种方法制造的平板玻璃表面不可避免地存在波纹、厚度不均匀等表面缺陷。

现在普遍采用的浮法玻璃制造工艺，使熔融的玻璃在低熔点、高密度的液态金属表面上一边向前流动一边凝固，如图 6-9b 所示。用这种方法制造的平板玻璃表面既平整又光洁。

在浮法玻璃制造工艺中充当工作头角色的是低熔点、高密度的液态金属，作用场是重力场，重力场中的液态金属为凝固过程中的玻璃提供了非常平整、光洁的支承平面。

在使用钻头钻孔时，钻头的切削力与钻削速度、钻屑厚度和钻屑宽度有关，切削力与钻屑厚度和钻屑宽度成正比，对钻屑宽度更敏感，而对钻屑厚度的敏感程度较低，在切削效率相同的条件下，适当增大钻屑厚度，减小钻屑宽度，有利于减小切削力和切削热。对于传统的普通麻花钻头（见图 6-10a），切屑宽度就等于两条切削刃的总长度。图 6-10b 所示的分屑钻头通过在切削刃上刃磨出分屑槽，使切屑长度减小，切屑厚度增大，对于提高钻孔的效率和质量有明显的效果。

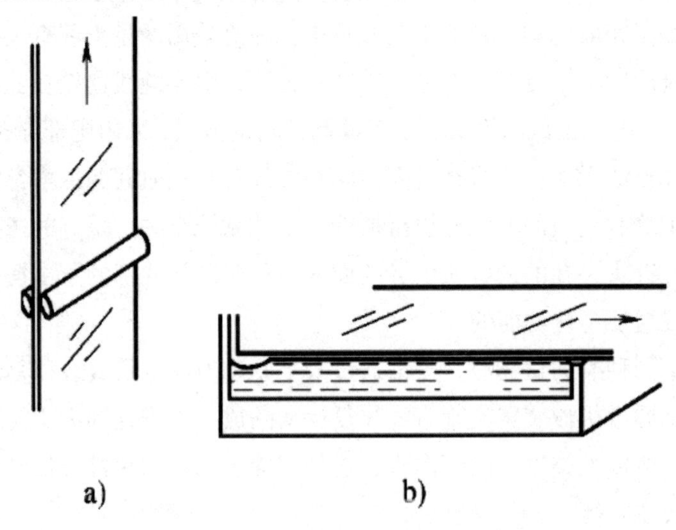

图 6-9　平板玻璃制造工艺的完善

a）垂直引上法；b）浮法

修建公路时使用的普通压路机通过自身重量可将路基和路面压实、压平，在路面维修时使用的小型压路机体积小，自身重量轻，单靠自身重量的作用无法保证压实路面的质量。通过改变压路机工作头的运动方式，将静态碾压改为振动式碾压（见图 6-11），可以通过较小的自身重量实现压实路面的功能要求。

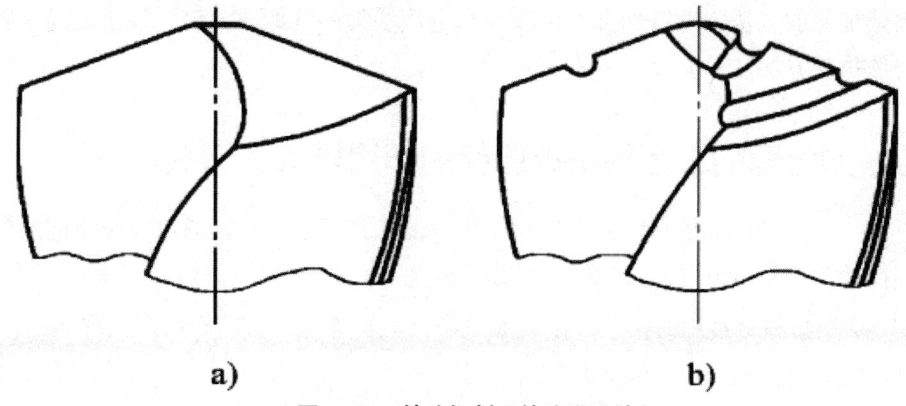

图 6-10 钻头切削刃的改进设计

a）普通麻花钻钻头；b）分屑钻头

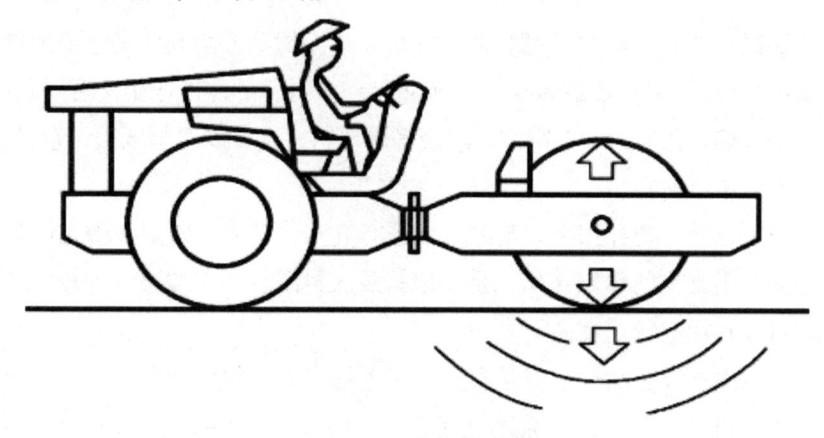

图 6-11 振动式压路机

三、为已有的工艺系统添加新的作用场和工作头

为了改善已有工艺系统的性能，可以采用在同一个工艺系统中使用多种工作头、施加多种作用场的方法。

例如，在金属切削过程中，刀具的切削刃将切削力作用于工件，构成一个最小工艺系统。如果在这个已有工艺系统的基础上再增加另一种物质——切削液，由于切削液的作用，对切削过程起到润滑和冷却作用，可以有效改善切削工艺条件，减小切削力，提高切削质量。在这个工艺系统中，切削液是除刀具以外的另一种工作头，它通过温度场作用于被加工的工件，同时在刀具与工件之间形成润滑膜，改善润滑状态。

在铆接操作中，通过工作头对铆钉头部施加力的作用，使铆钉头部发生塑性变形，实现连接功能。对直径较大的金属铆钉，在低温状态下铆接，铆钉材料的变形阻力较大，有些材料（如塑料）在低温状态下的塑性较差。如果在施加力作用的同时对铆钉头进行加温，可以改善工件（铆钉）的塑性，减小铆钉的变形阻力，改善铆接工艺性能，使铆接操作更容易。由于铆接后铆钉在冷却过程中的体积收缩，也有利于提高铆接结构的承载能力。可以通过火焰加热的方法为铆钉加温，可以通过电流场为铆钉加温，也可以直接通过铆接工具向铆钉传热的方法加温。

四、为已有的工艺系统选用新的作用场或工作头

通过对工艺系统的分析可以发现，对于同样的工艺要求，可以通过完全不同的作用场实现，同样的作用场也可以通过不同的工作头施加力。

例如，切割材料最常用的工艺方法是通过刀具对工件施加力的作用来实现切割，但是，应用这种方法设计的便携式割草机使操作过程不安全。新型便携式割草机将工作头改为尼龙线，通过高速旋转的尼龙线的抽打，实现割草的功能，如图 6-12 所示。这种方法既快捷又安全。

利用刀具切割一些硬、脆材料也会遇到困难。水刀切割方法利用高速喷射的水流（水流中可以携带细沙粒，喷射速度达 800 ~ 1000m / s）对材料的冲击作用实现对材料的切割，它可以用来切割玻璃、花岗岩、不锈钢、陶瓷等硬材料，也可以切割纸板、布料等软材料，还可以用来切割低熔点材料。

除了水刀切割以外，现在用来切割的方法还有气割、等离子切割、激光切割等。

膨化食品是一类常见的休闲食品，是将原料放入封闭容器中加温、加压，然后迅速释放，即可得到可以食用的膨化食品。

这种方法虽然生产设备简单，但是不适合于大规模工业化生产。

膨化食品挤压机（见图 6-13）通过上部的入口加入待加工的、生的食品原料，原料在挤压机轴外表面和孔内表面螺旋槽的作用下向出口（见图 6-13 左侧）移动，由于入口处的螺旋槽比较深，而出口端的螺旋槽比较浅，原料从入口向出口移动的过程中体积被压缩，由于体积压缩引起原料的温度迅速升高，处于高温高压环境下的食品原料从出口端的小孔中被挤出，由于环境压力减小，食品体积迅速膨胀，形成熟的膨化食品。这种方法可以连续性生产，具有很高的生产效率。

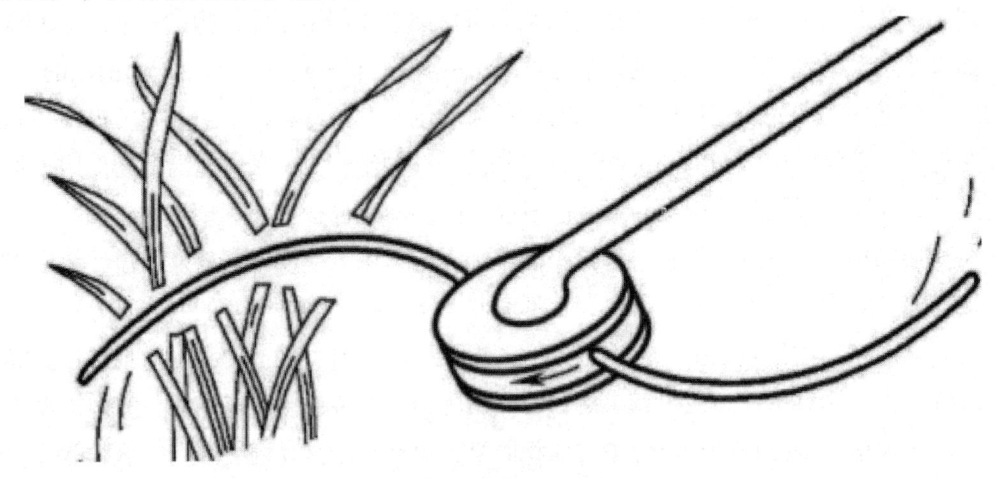

图 6-12　便携式割草机

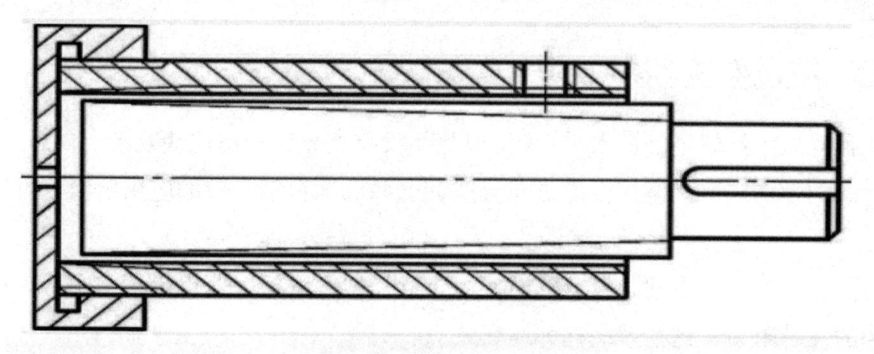

图 6–13　膨化食品挤压机

第三节　综合技术功能设计方法

机械系统功能原理设计中不应将探索功能原理的目光限制在机械功能的范围内，而应在更宽广的范围内，探索各种可以实现给定功能的自然效应，并从中选择较好的功能原理解法。

通过采用新的功能原理解法，可以使系统功能发生本质变化，极大地提升系统的性能。例如，电子表通过采用石英晶体振荡器取代机械擒纵机构作为计时基准，使计时器的计时精度发生本质性改变。通过将计算机控制引入机械系统设计，使得机械系统的控制可以很方便地实现很复杂的控制功能，使机械系统智能化。利用热胀冷缩效应设计的双金属片，可以很容易地测定系统的工作温度，对系统进行控制或实施保护。

很多被我们所熟知的功能已经通过某种效应实现了，但是同样的功能还有可能通过完全不同的物理效应去实现。广泛地探索更新颖的物理效应，有可能以更高的效率、更经济的方式、更可靠地实现已有的功能。

例如，要实现改变物体空间位置的功能，最常见的方法是应用车辆，通过轮轴运动的方式移动物体。除了轮轴运动方式以外，很多动物通过爬、蠕动、跳跃、喷水、滑水等方式移动自身位置，还有一些机械装置通过履带、磁悬浮、电悬浮等方式移动位置，通过广泛的探索，可能发现更新颖、更有效的物体移动方式。

针对给定的功能，探索自然效应的常用方法可以分为以下几类。

一、在已知的自然效应中探索可用的自然效应

人类在长期探索实践中，已经积累了大量关于自然效应的知识，在进行功能原理设计时，可以首先在这些已知的自然效应中进行广泛的查询，探索各种可能应用的自然效应，并通过科学的分析和评价，选择最适当的原理解法，并进行详细的细节设计。

二、发现新的自然效应

有些自然效应虽然早已被人类知晓，但是却没有充分地利用这些效应实现有用的功能，或只在有限的范围内得到应用。通过充分发掘这些已知自然效应的应用价值，可以获得意外收获。

飞行器在低空飞行、起飞及着陆时，由于靠近地面，可以获得比高空飞行大得多的升力和更小的飞行阻力，这种效应称为地面效应。

20 世纪 60 年代开始，苏联科学家开始研究将这种效应用于飞行器设计的可能性，并在 20 世纪 70 年代研制成功应用这种效应进行低空飞行的地效飞行器。地效飞行器既能在天空飞翔，也可以在水面上滑行。地效飞行器在承载能力方面比普通飞机具有更大的优势。例如，波音 747 客机的有效载荷仅为其自重的 20%，而地效飞行器的有效载荷可达自重的 50%。地效飞行器的应用可以大幅度地降低运输成本，提高飞行器的安全性。

在核反应堆中驱动控制棒升降的传动机构对反应堆的链式反应过程起控制作用，传动机构工作在超高温、超高压、超强辐射的恶劣环境中，一般的机械传动装置在这种环境下无法长时间正常工作，现有的一些传动装置设计方案常因为润滑和密封等问题使装置无法可靠地工作。清华大学核研院研制的水力驱动控制棒通过流动的水驱动控制棒运动，支承控制棒，使其长时间保持正确位置，较好地解决了控制棒控制的安全性问题。

三、创造新的自然效应

有些自然效应只能在特殊的条件下才能发生，而这种特殊条件在自然环境中并不存在，如果人为地创造这种特殊的环境条件，就可以创造出在自然界中不存在的自然效应。

电饭锅的温度控制功能要求在高于 100℃时切断加热线路。磁钢限温器中的感温软磁与永磁体吸合后使触点 K 闭合，加温线路导通。当锅内无水时，锅底温度迅速升高，当温度达到 103℃时达到感温软磁材料的“居里点”，感温软磁材料失去磁性，弹簧力将感温软磁与永磁体分开，触点 K 断开，电饭锅停止加热。控温装置中的感温软磁是一种能够在 103℃时失去磁性的、特殊的铁磁物质，自然界中并不存在具有这种特性的物质，只能通过人工合成方法制成。

第四节 功能组合设计方法

求解机械设计问题的重要特征之一是设计问题的多解性。为了能够在众多可行解中寻求较优的解答，首先需要广泛探索各种可行解，然后通过科学的评价、筛选，得到较优秀的解答。功能组合设计方法就是一种使设计者可以广泛探索各种可行解的设计方法。

复杂机械装置的总功能需要通过装置中各部分的组合与协调来实现，装置各部分所完成的功能称为隶属于总功能的分功能。

求解机械功能过程中，首先将机械装置的总功能分解成一组分功能，各项分功能的组合可以恰好完成总功能，各项分功能之间没有重复，各项分功能的组合不超出对总功能要求的范围，也不遗漏任何一项功能。

由于对各项分功能的要求比总功能更简单，所以逐个求解分功能的难度通常比直接求解总功能的难度更小，一旦所有的分功能都得到适当的解答，对总功能的解答也就被确立了。如果某项分功能无法直接求解，可以仿照前面的方法将其进一步分解，直至所有的分功能都得到有效解答。

通常每项分功能的解答都是不唯一的，通过将各项分功能的不同解答进行充分组合，就可以得到大量的关于总功能的解答。只要对功能的分解和对分功能的求解过程是适当的，求解过程就不会遗漏可行解。通过对这些可行解的分析、评价和筛选，可以得到较优秀的总功能解。

有些分功能解之间是不相容的，有些组合的结果明显不合理，将这些无效的组合删除后仍可以得到大量有效解答，通过对这些解答的可行性、经济性、先进性、竞争性进行评价，可以得到较优秀的方案。

第五节　设计目录方法

如果将机械装置通常所完成的基本功能解加以整理，汇集成为可以方便检索的数据库，在对机械设计问题进行求解时，就可以在对总功能进行功能分解的同时，借助对基本功能解数据库的检索，构造功能解法。这种利用基本功能解法数据库进行功能原理方案设计的方法称为设计目录方法。

设计目录方法认为，设计过程是对设计信息进行获取、存储、提取、组合等处理的过程，如何全面、正确、合理地利用信息是提高设计效率和设计质量的关键。

设计目录包含关于设计问题基本解法信息的数据库。设计目录利用计算机技术将这些信息数据分类、排列、存储，以便在设计中可以根据设计功能要求方便地进行检索和调用。在智能设计软件系统中，科学、完备、使用方便的设计信息数据库是解决设计问题的重要基本条件。

设计目录不同于设计手册和图册，它是根据智能设计软件系统工作过程的需要编制的，关于相关设计问题的所有基本功能解法的各方面特征都提供完整、明确的描述信息，信息的描述方式考虑调用的方便和相互比较的需要。

在用功能组合设计法进行原理方案设计的过程中，基本功能解法是进行原理方案组合的基础。机械工程系统的基本功能元可以分为物理功能元、逻辑功能元和数学功能元三大类。

基本逻辑功能元包括“与”“或”和“非”，主要用于控制功能设计。

同样的逻辑功能可以分别通过机械、强电、电子、射流、气动、液压等多种不同的物理方法实现。数学功能元包括加、减、乘、除、乘方、开方、微分与积分等，也可以通过多种不同的物理解法实现。

物理功能元是反映对系统中能量、物质及信息变化的基本物理作用，常见的基本物理作用有变换、缩放、连接与分离、传导、存储等。

变换作用包括使能量、物质及信息在不同形式、不同形态之间的转变；缩放作用指改变能量、物质及信息的大小；连接、分离指同类或不同类的能量、物质及信息在数量上的结合与分离；传导指能量、物质及信息的位置变化；存储指对能量、物质及信息在一定时间范围内的保存。

为了实现相同的功能，可以采用多种不同的物理解法。例如，对于将力放大的功能，分别可以采用增力机构及二次增力机构。

设计目录根据系统工程的方法编制，使得设计者可以根据设计的功能要求，方便、快捷地检索到所需要的功能元。

设计目录除包括功能元库以外，还包括组合方法库，可以根据设计的功能要求，通过选择各种基本功能元，并将其进行合理的组合，得到满足功能要求的设计方案。

设计问题具有多解性，通常针对同一组设计要求，设计目录可以提供多组可行的设计方案。设计目录还包含用于对设计方案进行评价和筛选的专家知识库，通过调用这些专家知识，可以对多组设计方案进行评价，并根据评价结果对方案进行筛选，删除其中明显不合理的方案，将其他方案及其评价结果提供给设计者作为选用的参考。

第六节　功能元素方法

对于复杂的功能原理设计问题，可以通过功能分解的方法将复杂的总功能分解为较简单的分功能加以求解，使问题求解的难度降低。设想如果将常用的机械功能预先充分简化，得到一组完备的基本功能，并预先求得它们的若干种解法，那么在求解一般机械设计问题时，就可以通过将这些已经被求解的基本功能进行充分组合，得到任意复杂的特殊功能。这是一些学者提出的关于求解机械设计问题方法的一种设想，这种方法称为功能元素方法。

功能元素方法得以应用的条件是预先得到一组完备的功能元素的解法，这组功能元素应具有以下特征。

1）基本，即它们不能被继续分解。

2）完备，即用它们可以组合成任意复杂的机械功能。

3）可解，即对每一项功能元素至少存在一种解法。

一些学者总结出以下的一些基本功能元素组：

放出—吸收；传导—绝缘；集合—扩散；引导—阻碍；

转变—恢复；放大—缩小；变向—定向；调整—激动；

连接—断开；结合—分离；接合—拆开；储存—取出。

如果功能元素方法可行，求解机械设计问题就可以像求解电子电路设计问题那样，通过一系列集成功能单元的组合实现要求的机械功能。

现在这种方法仍处于研究阶段。

第七节　发明问题解决理论

发明问题解决理论（TRIZ）是苏联一批科学家提出的一种创新设计理论。

苏联学者阿利特舒列尔（G.S.Altshuler）及其领导的一批研究人员，从 1946 年开始，花费了 1500 人 · 年的工作量，在分析、研究世界各国的 250 余万件专利文献的基础上，提出了用于解决创新设计问题的发明问题解决理论。这一理论的提出与传播对全世界的创新设计领域产生了重要影响。

产品设计问题分为新产品设计问题和已有产品的改进设计问题。发明问题解决理论特别适用于求解已有产品的改进设计问题。

发明问题解决理论认为，所有的技术系统都是不断进化的，技术系统进化的动力是不断解决出现在系统中的冲突。发明问题解决理论的重点内容在于如何确定出现在技术系统中的冲突种类、如何表达冲突及如何确定解决冲突的方法。它的基本方法是建立在对已有技术系统中所存在的工程冲突的分析基础之上的。在设计中解决冲突的最一般的方法是折中（互相妥协）。发明问题解决理论提出了消除冲突的发明原理，建立了消除冲突的基于知识的逻辑方法。

发明问题解决理论将工程中遇到的冲突划分为两大类：一类称为技术冲突；另一类称为物理冲突。

技术冲突是指在技术系统的一个子系统中引入有益功能的同时，会在另一个子系统中引入有害功能。物理冲突是指对同一个子系统提出相反的要求。

发明问题解决理论是解决进化设计问题的一般性方法，不专门针对某个具体的应用领域。应用该理论解决具体应用领域的设计问题时，需要首先将待解决的设计问题表达（翻译）为发明问题解决理论所能接受的标准问题，然后利用该理论所提供的求解方法，求得针对标准问题的标准解，再将标准解表达（翻译）为具体应用领域的解答，得到领域解。

为了表达技术冲突，发明问题解决理论抽象出表达技术系统冲突常用的 39 个工程参数。

发明问题解决理论将发明原理与发生技术冲突的工程参数之间的对应关系编制成表，称为冲突问题解决矩阵。

一、发明问题解决理论原理

发明问题解决理论提出的 40 条发明原理介绍如下。

原理 1：分割

（1）将一个物体分割为几个独立的部分。

例如，不同品牌的家用电冰箱中冷冻箱和冷藏箱的上下位置有不同的安排，有些产品将冷冻箱和冷藏箱设计为两个独立的部分，可以由用户根据喜好自行安排。

货运汽车完成货运功能需要进行装卸和运输。在装卸过程中，车头部分闲置，造成浪费。若将货车分解为动力部分（机车）和装载部分（拖车），在对拖车进行装卸操作的过程中可以使机车去拖动其他拖车，则可使货车各部分发挥更高的使用效率。

（2）将一个物体分割为几个容易组装和拆卸的部分。

机械设计中将独立的运动单元称为构件。在结构设计中，经常需要将一个构件拆分为多个独立的零件，分别制造，这样可以使制造更容易，加工成本更低。或者是为了使装配更容易，或为了使得结构的某个参数可以更方便地调整，或者是为了满足设计功能对同一个构件的不同部位的材料提出的不同要求。

（3）提高物体的可分性。

例如，机械切削加工所用刀具的刀头部分会在切削过程中发生磨损，将刀杆和刀头设计为可拆卸结构，既可以方便更换刀具，又有利于提高刀杆的使用效率。

原理 2：分离

（1）将一个物体中的有害部分与整体分离。

例如，家用空调器的散热器部分工作噪声很大，将散热器从空调器中分离出来，作为一个单独部件，并安装在室外，可以最大限度地减少噪声对工作和生活环境的干扰。

（2）将一个物体中起某种专门作用的部分与整体分离。

例如，将激光复印机中的成像功能从整体中分离出来，作为一项独立的功能，将其与扫描功能组合，可以构成复印机，与计算机组合可以构成打印机，和通信功能组合可以构成传真机。

原理 3：局部质量

将零件由均匀结构改为非均匀结构，按照零件不同位置的不同功能设计局部结构，使零件的每个局部都能够发挥出最佳效能。

例如，对零件的不同部位采用不同的热处理方式，或表面处理方式，使其具有特殊的功能特征，以适应设计功能对这个局部的特殊要求。

原理 4：不对称

机械零件多为对称结构，对称原则使结构设计更简单。

机械零件可以采用非对称的结构，非对称原则使机械结构设计可以有更多的选择。

机械传动中使用的轮毂结构多为两侧对称的结构。带轮和链轮的轮毂结构设计中，为解决轮毂与轴、轮毂与轮缘的定位问题，采用了非对称的轮毂结构。

原理 5：合并

（1）将空间上相同或相近的物体合并在一起。

例如，在收音机和录音机中有很多子功能可以共用，收录机的设计将二者的功能合并在一起，使总体结构更简单。电子表和电子计算器的合并可以共用电源、晶振、显示器等部件。

（2）将时间上相关的物体合并。

例如，将铅笔和橡皮合并在一起，可以使人们使用铅笔写错字时很方便地使用橡皮进行修改；将制冷和加热功能集成在家用空调器中，可以使以前只能在夏季使用的空调在多个季节发挥作用，改善生活质量。

原理 6：多用性

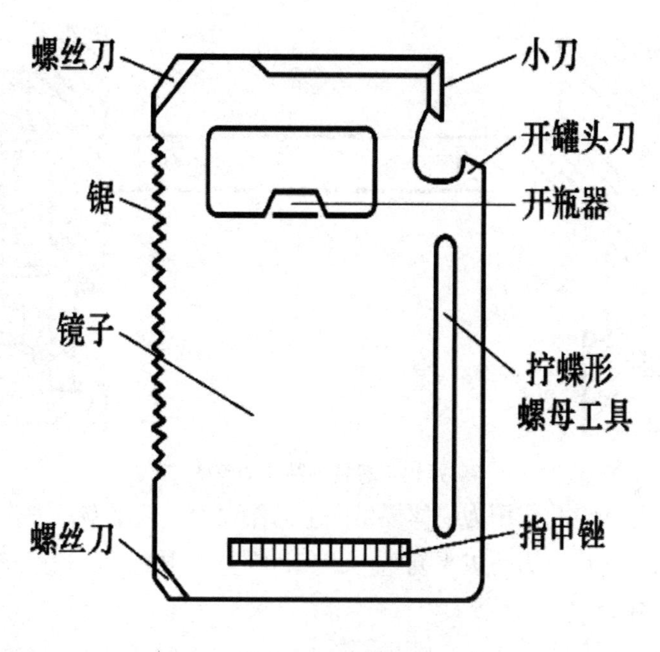

图 6-14　多用工具

例如，图 6-14 所示的多用工具集多种常用工具的功能于一身，为旅游和出差人员带来了方便；现在手机设计中将很多功能集成在一起，拓展了用途，性价比得到提升。

原理 7：套装

（1）将某个物体放入另一个物体的空腔内。

例如，地铁车厢的车门开启时，门体滑入车厢壁中，不占用多余空间；将电线嵌入墙体内；将加热或制冷部件嵌入住房的地板或天花板中；汽车安全带在闲置状态下将带卷入卷收器中。

（2）将第一个物体嵌入第二个物体内，将第二个物体嵌入第三个物体内……

例如，多层伸缩式天线通过多层嵌套结构极大地减少了对空间的占用。使用相同结构的还有多层伸缩式鱼竿、多层伸缩式液压缸、多层梯子等。

原理 8：质量补偿

对于很多机械装置，物体的重力是主要负载。如果能够用某种力与物体的重力相平衡，就可以减小机械装置的负载。

（1）使一个向上的力与向下的重力相平衡。

例如，可以利用氢气球悬挂广告牌。电梯、立体车库等起重类机械装置设计中需要根据最大起重能力选择动力及传动装置，如果通过滑轮为起重负载配置配重，使配重等于轿厢重量与最大载重量的一半，可以将对动力及传动装置的工作能力要求降低很多。

对于精密滑动导轨，为了减小导轨的载荷，提高精度，降低摩擦阻力，可以采用图 6-15 所示的机械卸载导轨，通过弹性支承的滚子承担大部分载荷，通过精密滑动导轨为零件的直线运动提供精密的引导。

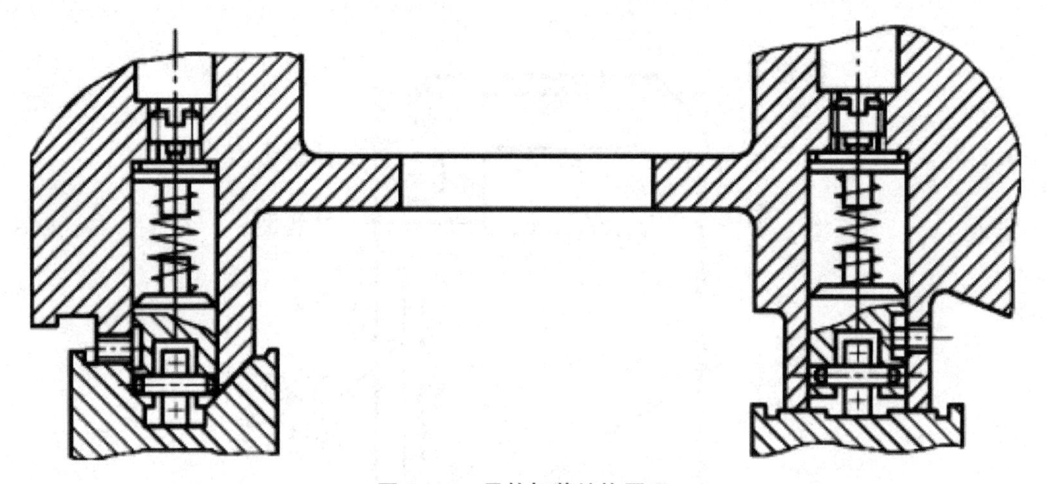

图 6–15　导轨卸载结构原理

（2）通过物体与环境的作用为物体提供向上的作用力，以平衡重力作用。

例如，船在水中获得浮力，以平衡重力；飞机在空气中运动，通过机翼与空气的相互作用，为飞机提供升力。

原理 9：预加反作用

在有害作用出现之前，预先施加与之相反的作用，以抵消有害作用的影响。

例如，梁受弯矩作用时，受拉伸的一侧材料容易失效。如果在梁承受弯曲应力作用之前，通过某些技术措施对其施加与工作载荷相反的预加载荷，使得梁在受到预加载荷和工作载荷共同作用时应力较小，则有利于避免梁的失效。

机床导轨磨损后中部会下凹，为延长导轨使用寿命，通常将导轨做成中部凸起形状。

原理 10：预操作

在正式操作开始之前，为防止某些（不利的）意外事件发生，预先进行某些操作。

例如，为防止被连接件在载荷作用下松动，在施加载荷之前将对螺纹连接进行预紧；为防止螺纹连接在振动作用下发生反转，使连接松动，在预紧的同时对螺纹连接采取防松措施；为提高滚动轴承的支承刚度，可以在工作载荷作用之前对轴承进行预紧；为防止零件受腐蚀，在装配前对零件表面进行防腐处理。

原理 11：预补偿（事先防范）

事先准备好应急防范措施，以提高系统的可靠性。

例如，为了在瞬时过载的条件下保护重要零部件不被破坏，可以在机械装置中设置一些低承载能力单元，当系统出现过载时，通过这些单元的破坏使得载荷传递路径中断，起到保护其他零件的作用。电路中的熔断器、机械传动中的安全离合器等就是起这种作用的单元。

原理 12：等势性

使物体在传送过程中处于等势面中，不需要升高或降低，可以减少不必要的能量消耗。

例如，电子线路设计中，避免电势差大的线路相邻；在两个不同高度水域之间的运河上的水闸相等。

原理 13：反向

用与原来相反的动作达到相同的目的，即不实现条件规定的作用而实现相反的作用；使物体或外部介质的活动部分成为不动的，而使不动的成为可动的，将物体颠倒。

例如，为了松开粘连在一起的物体，不是加热外部件，而是冷却内部件；为了实现工件和刀具的相对运动，使工件旋转，而刀具固定。

原理 14：球形原则

由直线、平面向曲线、球面化方向或功能转变，实现充分利用，提高效率。

例如，把管子焊入管栅的装置具有滚动球形电极。

原理 15：动态原则

使不动的物体变成可动的或将物体分成彼此相互移动的几个部分。

例如，用带状电焊条进行自动电弧焊的方法，其特征是，为了能大范围地调节焊池的形状和尺寸，把电焊条沿着母线弯曲，使其在焊接过程中成曲线形状。

原理 16：局部作用或过量作用原则

如果难以取得百分之百所要求的功效，则应当取得略小或略大的功效。此时可能把问题大大简化。

例如，测量血压时，先向气袋中充入较多的空气，再慢慢排出：注射器抽取药液时先抽入较多的药液，再排至适量。

原理 17：维数原则

如果物体做线性运动（或分布）有困难，则使物体在二维度（平面）上移动。相应地，在一个平面上的运动（或分布）可以过渡到三维空间；利用多层结构替代单层结构；将物体倾斜或侧置；利用指定面的反面；利用投向相邻面或反面的光流。

例如，越冬圆木在圆形停泊场水中存放，其特征是，为了增大停泊场的单位容积和减小受冻木材的体积，将圆木扎成捆，其横截面的宽和高超过圆木的长度，然后立着放。

原理 18：机械振动原则

使静止的振动，使振动的加强振动或者形成共振，以提高效率。

例如，无锯末断开木材的方法，其特征是，为减少工具进入木材的力，使用脉冲频率与被断开木材的固有振动频率相近的工具。

原理 19：周期作用原则

由连接作用过渡到周期作用或改变周期作用。

例如，用热循环自动控制薄零件的触点焊接方法是基于测量温差电动势的原理。其特征是，为提高控制的准确度，用高频率脉冲焊接时，在焊接电流脉冲的间隔测量温差电动势；警车的警笛利用周期性原理避免噪声过度，并使人更敏感；电锤利用周期性脉冲使钻孔更容易。

原理 20：有效作用的连续性

消除空转和间歇运转，连续工作，实现事半功倍的效果。

例如，加工两个相交的圆柱形的孔如加工轴承分离环的槽的方法，其特征是，为提高加工效率，使用在工具的正反行程均可切削的钻头（扩孔器）。

原理 21：紧急行动（快速原理）

缩短执行一个危险或有害作业的时间，减少危害。

例如，生产胶合板时用烘烤法加工木材，其特征是，为保持木材的本性，在生产胶合板的过程中直接用 300℃～600℃的燃气火焰短时作用于烘烤木材；闪光灯采用瞬间闪光，节省能源，同时避免对人造成伤害；焊接元件时，要尽量缩短接触时间，避免过热对元件造成伤害。

原理 22：变害为利原则

将有害因素组合来消除有害因素；利用有害的因素得到有益的结果；增加有害因素的幅度直至有害性消失。

例如，恢复冻结材料的颗粒状的方法，其特征是，为加速恢复材料的颗粒和降低劳动强度，使冻结的材料经受超低温作用；潜水时用氦氧混合气体，避免造成昏迷或中毒；森林灭火有时先炸开火即将通过的地方，防火烧出隔离带，达到阻止火势蔓延的目的。

原理 23：反馈

不易掌握的情况可通过信息系统进行反映或控制。

例如，自动调节硫化物沸腾层焙烧温度规范的方法是随温度变化改变所加材料的流量，其特征是，为提高控制指定温度值的动态精度，随废气中硫含量的变化而改变材料的供给量；车上的仪表，钓鱼用的浮标等。

原理 24："中介" 原则

把一物体与另一容易去除的物体结合在一起，使用中介物实现所需动作。

例如，校准在稠密介质中测量动态张力仪器的方法是在静态条件下装入介质样品及置入样品中的仪器。其特征是，为提高校准精度，应利用一个柔软的中介元件把样品及其中的仪器装入；化学反应中的催化剂。

原理 25：自我服务原则

物体应当为自我服务，完成辅助和修理工作，或将废料（能量的和物质的）再利用。

例如，一般都是利用专门装置供给电焊枪中的电焊条，建议利用电焊电流工作的螺旋管供给电焊条；数码相机中的超声波除尘系统可以自动清除感光元件上的灰尘。

原理 26：复制原则

用简单而便宜的复制品代替难以得到的、复杂的、昂贵的、不方便的或易损坏的物体，用光学拷贝（图像）代替物体或物体系统以达到节省时间、资金、便于观察等目的。

例如，医学上用摄影方法“复制”病变部位诊断病情；采用虚拟驾驶系统训练驾驶员。

原理 27：替代原理

用廉价的不持久性代替昂贵的持久性原则，用一组廉价物体代替一个昂贵物体，放弃某些品质（如持久性）。

例如，用一次性纸杯替代玻璃杯，以降低成本；用人造金刚石替代钻石制作玻璃刀的刀头，以降低成本。

原理 28：机械系统的替代

用新的系统替代现有的系统，用光学、声学、热学、电场等系统替代机械系统。

例如，在热塑材料上涂金属层的方法是将热塑材料同加热到超过它的熔点的金属粉末接触，其特征是，为提高涂层与基底的结合强度及密实性，在电磁场中进行此过程。

原理 29：气动液压原理

用气体结构和液体结构代替物体的固体的部分，从而可以用气体、液体产生的膨胀或利用气压和液压起到缓冲作用。

例如，充气和充液的结构（气枕、橡皮艇、电动按摩水床）、静液的和液体反冲的结构。

原理 30：利用软壳和薄膜原则

利用软壳和薄膜代替一般的结构或用软壳和薄膜使物体同外部介质隔离。

例如，充气混凝土制品的成型方法是在模型里浇注原料，然后在模中静置成型。其特征是，为提高膨胀程度，在浇注模型里的原料上罩以不透气薄膜。用塑料薄膜替代玻璃建造大棚；水上步行球。

原理 31：利用多孔材料原则

把物体做成多孔的或利用附加多孔元件（镶嵌、覆盖等）改变原有特性；如果物体是多孔的，事先用某种物质填充空孔。

例如，电动机蒸发冷却系统的特征是，为了消除给电动机输送冷却剂的麻烦，活动部分和个别结构元件由多孔材料制成，如渗入了液体冷却剂的多孔粉末钢，在机器工作时冷却剂蒸发，因而保证了短时、有力和均匀的冷却；多孔沥青路面，可降噪，渗水性好。

原理 32：改变颜色原则

改变物体或外部介质的颜色、透明度、可视性；在难以看清的物体添加有色或发光物质。通过辐射加热改变物体的辐射性。

例如，透明绷带不必取掉便可观察伤情；变色眼镜；养路工人的工作服色彩艳丽并有荧光，保证安全；钞票上的荧光防伪图案。

原理 33：一致原则

同指定物体相互作用的物体应当用同一（或性质相近的）材料制成，防止化学反应和一物对另一物的损害。

例如，获得固定铸模的方法是用铸造法按芯模标准件形成铸模的工作腔。其特征是，为了补偿在此铸模中成型的制品的收缩，芯模和铸模用与制品相同的材料制造；焊接用的焊条和焊件为形同的金属；在旧内胎上剪取橡胶片修补自行车内胎。

原理 34：抛弃与修复

采用溶解、蒸发等手段废弃已完成功能的零部件，或在工作过程中直接变化；在工作过程中迅速补充消耗或减少的部分。

例如，检查焊接过程的高温区的方法是向高温区加入光导探头。其特征是，为改善在电弧焊和电火花焊接过程中检查高温区的可能性，利用可熔化的探头，它以不低于自己熔化速度的速度被不断地送入检查的高温区；药物胶囊，自动铅笔，冰灯在过季后不必消除，让其自动融化。

原理 35：参数变化

这里包括的不仅是简单的过渡，例如从固态过渡到液态，还有向“假态”（假液态）和中间状态的过渡，比如采用弹性固体，通过这些转变以实现性能的优化和改变。

例如，降落跑道的减速地段建成“浴盆”形式，里面充满黏性液体，上面再铺上厚厚一层弹性物质；制作巧克力时，先将酒冷冻成一定形状，再在巧克力中蘸下；铝合金比单质的铝强度更高，更耐用；洗手液代替香皂，浓度更高且易于定量使用。

原理 36：相变原则

利用相变时发生的现象（如体积改变、放热或吸热）。

例如，密封横截面形状各异的管道和管口的塞头，其特征是，为了规格统一和简化结构，塞头制成杯状，里面装有低熔点合金。合金凝固时膨胀，从而保证了结合处的密封性。

干冰升华时吸收大量的热，可以用于速冻、灭火、清洗、在舞台上产生云雾等效果；煤气加压后呈现液体状态，便于储存和运输，通过阀门控制，减压呈气体状态，便于使用。

原理 37：热膨胀原理

利用材料的热膨胀（或热收缩）或利用一些热膨胀系数不同的材料。

例如，温室盖用铰链连接的空心管制造，管中装有易膨胀液体。温度变化时，管子重心改变，因此管子自动升起和降落；通过加热空气使其膨胀给热气球充气并升空：利用不同金属膨胀系数不同制成双金属片温控开关。

原理 38：加速强氧化

利用从一级向更高一级氧化的转换特性防止或加速氧化。

例如，利用在氧化剂媒介中化学输气反应法制取铁箔，其特征是，为了增强氧化和增大镜泊的均一性，该过程在臭氧煤质中进行；中国人发明的风箱是一种鼓风工具，可往灶台中吹入空气助燃，利用臭氧发生器净化空气。

原理 39：惰性环境

用惰性气体环境代替通常环境；在物体中添加惰性或中性添加剂；使用真空环境。

例如，用氩气等惰性气体填充灯泡，防止发热的金属灯丝氧化；在粉末状的清洁剂中添加惰性成分，以增加其体积，这样更易于用传统的工具来测量；在真空中完成过程，如在真空中包装；用松软的吸声板处理演播室、礼堂等的墙壁，并改变反射角，最大限度地消除回声。

原理 40：混合材料

利用不同物质的不同构造和特性，根据需要，用几种物质制成一种新的材料而替代单一材料。

例如，在热处理时，为保证规定的冷却速度，采用介质做金属冷却剂，其特征是冷却剂由气体在液体中的悬浮体构成；在瓷器中加入铁胎，既保持了瓷器的优良特性，又克服了其易碎的缺点；用玻璃纤维制成的冲浪板，比木质板更轻，且易于制成各种形状。

二、公理化设计方法

设计是在“我们要达到什么”和“我们要如何达到它”之间的映射。设计过程从明确“我们要达到什么”开始，直到得到一个关于“我们要如何达到它”的清楚的描述为止。

以往的设计过程主要是依靠设计人员的经验和聪明才智，通过反复尝试迭代方法完成的。

公理设计理论试图通过为设计过程创立一套基于逻辑的理想思维过程及工具的理论基础来改进设计过程，使得设计过程成为一个更加科学化的思维过程，而不是完全艺术化的思维过程。

公理设计理论认为，设计过程由四个“域”构成，它们分别是用户域、功能域、物理域和过程域。用户域是对用户需求的描述（也称需求域），在功能域中用户需求用功能需求和约束来表达，为了实现需求的功能，在物理域中形成设计参数，最后通过在过程域中由过程变量所描述的过程制造出具有给定设计参数的产品。

公理设计理论由一组公理和通过公理推导或证明的一系列的定理和推理组成，公理设计理论的基本假设是存在控制设计过程的基本公理。基本公理通过对优秀设计的共有要素和设计中产生重大改进的技术措施的考证来确认。

公理设计理论确认两条基本公理。

公理 1：独立公理，即表征设计目标的功能需求必须始终保持独立。

公理 2：信息公理，即在满足独立公理的设计中，具有最小信息量的设计是最好的设计。

如果一项设计要求的公差小，精度要求高，则某些零件不符合设计要求，超出公差范围的可能性会增大。设计信息量是设计复杂程度的度量，越是复杂的系统，信息量越大，实现的难度也越大。

成功概率是由设计所确定的，能够满足功能要求的设计范围和规定范围内生产能力的交集。

设计确定的目标值与系数概率密度曲线均值之间的距离称为偏差。为得到可以接受的设计，应设法减小以至消除偏差。对于单一功能的设计，可以通过修改设计参数来消除偏差。对于具有多功能需求的设计，如果设计是耦合的，为消除某项偏差而修改任何一个设计参数的同时，都会引起其他偏差项的改变，使系统无法控制；如果设计是无耦合设计，与各项功能相关的参数可以独立改变；如果设计是解耦设计，所有的偏差可以按三角形矩阵的序列加以消除。

要减小信息量，还应该减小系统概率密度的方差。方差是由一系列的变化因素引起的，这些变化因素有噪声、耦合、环境变化等。

公理设计理论是麻省理工学院机械工程系的 Nam Pyo Snh 等学者自 20 世纪 90 年代以来，在对设计理论进行深入研究的基础上提出的、新的设计理论体系。

第七章　平面连杆机构设计方法

平面连杆机构是由若干构件用低副（转动副、移动副）连接组成的平面机构，又称平面低副机构。

平面连杆机构中构件的运动形式多样，可以实现给定运动规律或运动轨迹；低副以圆柱面或平面相接触，承载能力高，耐磨损，制造简便，易于获得较高的制造精度。因此，平面连杆机构在各种机械、仪器中获得了广泛应用。连杆机构的缺点是：不易精确实现复杂的运动规律，且设计较为复杂；当构件数和运动副数较多时，效率较低。

最简单的平面连杆机构由四个构件组成，称为平面四杆机构。它的应用十分广泛，而且是组成多杆机构的基础。因此，本章着重介绍平面四杆机构的基本类型、特性及其常用的设计方法。

第一节　平面四杆机构的基本类型及其应用

平面四杆机构种类繁多，按照所含移动副数目的不同，可分为全转动副的铰链四杆机构、含一个移动副的四杆机构和含两个移动副的四杆机构。

一、铰链四杆机构

全部用转动副相连的平面四杆机构称为平面铰链四杆机构，简称铰链四杆机构。如图7-1(a)所示，机构的固定构件4称为机架，与机架用转动副相连接的构件1和3称为连架杆，不与机架直接连接的构件2称为连杆。若组成转动副的两构件能做整周相对转动，则称该转动副为整转副，否则称为摆动副。与机架组成整转副的连架杆称为曲柄，与机架组成摆动副的连架杆称为摇杆。

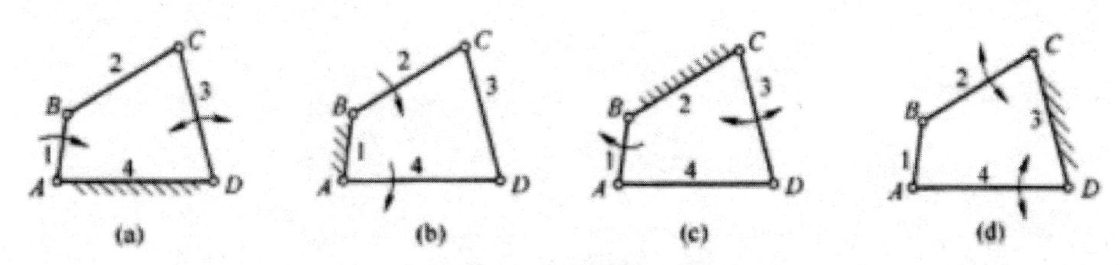

图 7-1　铰链四杆机构

根据两连架杆是曲柄或摇杆的不同，铰链四杆机构可分为三种基本形式：曲柄摇杆机构、双曲柄机构和双摇杆机构。

1. 曲柄摇杆机构

在如图 7-1（a）所示的铰链四杆机构中，若 A 为整转副，D 为摆动副，即连架杆 1 为曲柄，连架杆 3 为摇杆，此铰链四杆机构称为曲柄摇杆机构。由本章第二节整转副存在条件可知，其中 B 必为整转副，C 必为摆动副。通常曲柄为原动件，并做匀速转动；而摇杆为从动件，做变速往复摆动。

图 7-2 为调整雷达天线俯仰角的曲柄摇杆机构。曲柄 1 缓慢匀速转动，通过连杆 2 使摇杆 3 在一定角度范围内摆动，从而调整雷达天线俯仰角的大小。

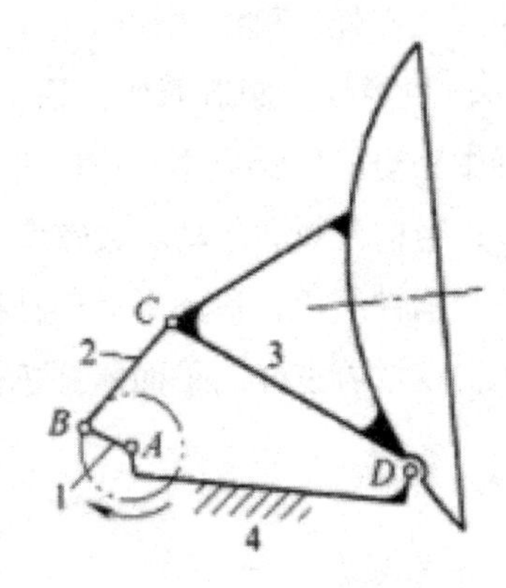

图 7-2　雷达调整机构

2. 双曲柄机构

在如图 7-1（b）所示铰链四杆机构中，若 A、B 为整转副，因 1 为机架，两连架杆 2、4 均为曲柄，此铰链四杆机构称为双曲柄机构。由本章第二节整转副存在条件可知，其中 C、D 可以是整转副或摆动副。

图 7-3（a）为旋转式水泵。它由相位依次相差 90° 的四个双曲柄机构组成，图 7-3（b）是其中一个双曲柄机构运动简图。当原动曲柄 1 等角速顺时针转动时，连杆 2 带动从动曲柄 3 做周期性变速转动，因此相邻两从动曲柄（隔板）间的夹角也周期性地变化。转到右边时，相邻两隔板间的夹角及容积增大，形成真空，于是从进水口吸水；转到左边时，相邻两隔板的夹角及容积变小，压力升高，从出水口排水，从而起到泵水的作用。

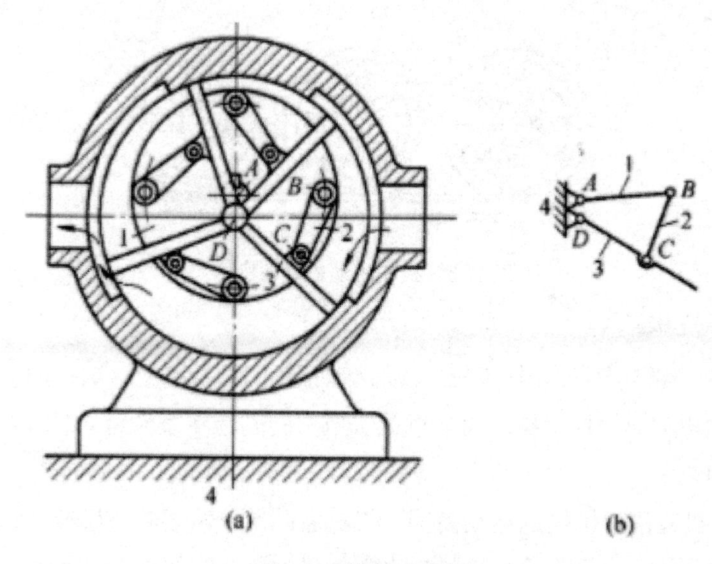

图 7–3　旋转式水泵

双曲柄机构中，用得最多的是平行四边形机构，或称平行双曲柄机构，如图 7-4(a)中的 AB1C1D 所示。这种机构的对边长度相等，组成平行四边形，四个转动副均为整转副。当杆 1 做等角速转动时，杆 3 也以相同角速度同向转动，连杆 2 则做平移运动。必须指出，这种机构当四个铰链中心处于同一直线（如图中 AB2C2D）上时，将出现运动不确定状态。例如，在图 7-4(a) 中，当曲柄 1 由 AB2 转到 AB3 时，从动曲柄 3 可能转到 DC'3，也可能转到 DC"3。为了消除这种运动不确定状态，可以在主、从动曲柄上错开一定角度再安装一组平行四边形机构，如图 7-4(b) 所示。当上面一组平行四边形机构转到 AB'C'D 共线位置时，下面一组平行四边形机构 AB'1C'1D 却处于正常位置，故机构仍然保持确定运动。图 7-5 为机车驱动轮联动机构，它是利用第三个平行曲柄来消除平行四边形机构在这种位置的运动不确定状态。

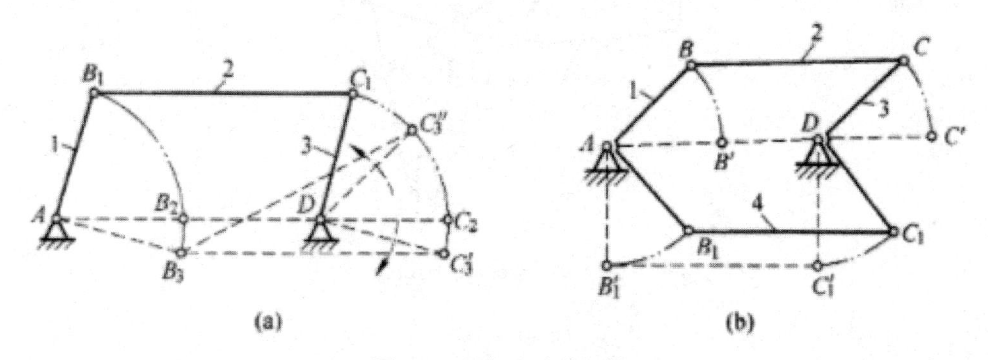

图 7–4　平行四边形机构

图 7–5 机车驱动轮联动机构

3. 双摇杆机构

在图 7-1(d)铰链四杆机构中，若 C、D 为摆动副，因 3 为机架，两连架杆 2、4 均为摇杆，此铰链四杆机构称为双摇杆机构。由本章第二节整转副存在条件可知，其中 A、B 可以是整转副或摆动副。

图 7-6 为飞机起落架机构的运动简图。飞机着陆前，需要将着陆轮 1 从机翼 4 中推放出来（图中实线所示）；起飞后，为了减小空气阻力，又需要将着陆轮收入翼中（图中虚线所示）。这些动作是由原动摇杆 3，通过连杆 2、从动摇杆 5 带动着陆轮来实现的。

两摇杆长度相等的双摇杆机构，称为等腰梯形机构。图 7-7 中的轮式车辆的前轮转向机构就是等腰梯形机构的应用实例。车辆转弯时，与前轮轴固连的两个摇杆的摆角 β 和 δ 不等。如果在任意位置都能使两前轮轴线的交点 P 落在后轮轴线的延长线上，则当整个车身绕 P 点转动时，四个车轮都能在地面上纯滚动，避免轮胎因滑动而损伤。等腰梯形机构就能近似地满足这一要求。

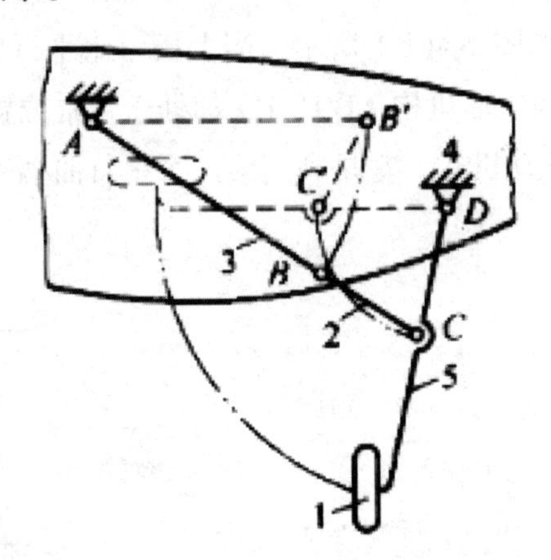

图 7–6 飞机起落架机构

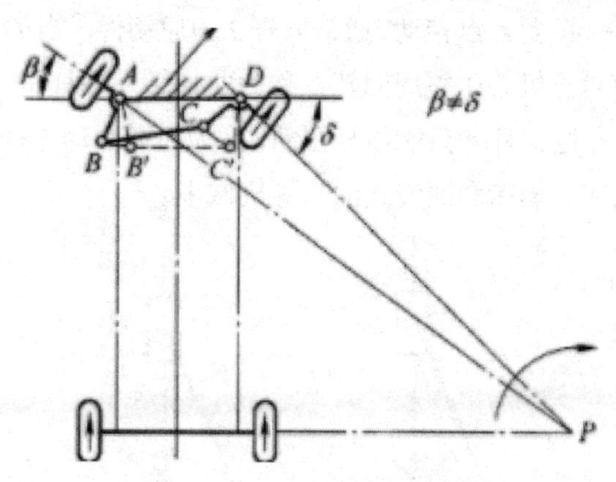

图 7–7　汽车前轮转向机构

改换某一机构的机架可以派生出多种其他机构，所以是机构的一种演化方式。虽然机构中任意两构件之间的相对运动关系不因其中哪个构件是固定构件而改变，但改换机架后，连架杆会随之变更，活动构件相对于机架的绝对运动发生了变化。例如，当将图 7-1（a）曲柄摇杆机构的机架 4 改换为构件 1 时，则成为图 7-1（b）中的双曲柄机构；当取图 7-1（a）中的构件 3 为机架时，则成为双摇杆机构 [图 7-1（d）]；当取图 7-1（a）中的构件 2 为机架时，则仍为曲柄摇杆机构 [图 7-1（c）]。这种通过更换机架而得到的机构称为原机构的倒置机构。

二、含一个移动副的四杆机构

1. 曲柄滑块机构

在如图 7-8 所示机构中，构件 1 为曲柄，滑块 3 相对于机架 4 做往复移动，该机构称为曲柄滑块机构。若 C 点运动轨迹通过曲柄转动中心 A，则称为对心曲柄滑块机构 [图 7-8（a）]；若 C 点运动轨迹 m-m 的延长线与回转中心 A 之间存在偏距 e，则称为偏置曲柄滑块机构 [图 7-8（b）]。

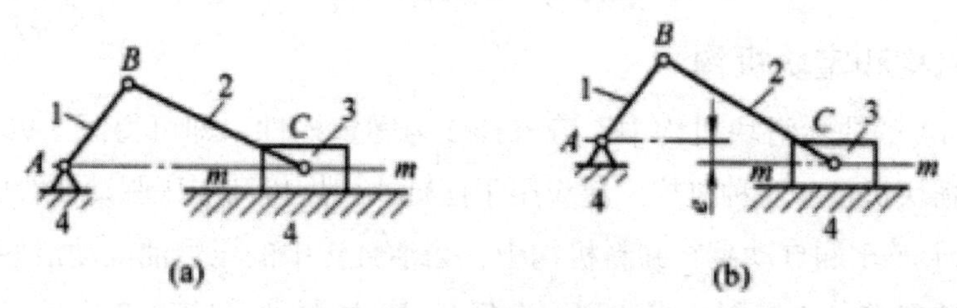

图 7–8　曲柄滑块机构

曲柄滑块机构广泛应用在活塞式内燃机、空气压缩机、冲床等机械中。

2. 导杆机构

导杆机构可看成是改变曲柄滑块机构中的固定构件而演化来的。图 7-9（a）中的曲柄滑块机构，若改取杆 1 为固定构件，即得如图 7-9（b）所示的导杆机构。杆 4 称为导杆，滑块 3 相对导杆滑动并一起绕 A 点转动，通常取杆 2 为原动件。当 11 < 12 时 [图 7-9(b)]，两连架杆 2 和 4 均可相对于机架 1 整周回转，称为曲柄转动导杆机构或转动导杆机构；当 11 > 12 时（见图 7-10），连架杆 4 只能往复摆动，称为曲柄摆动导杆机构或摆动导杆机构。导杆机构常用于牛头刨床、插床和回转式油泵等机械中。

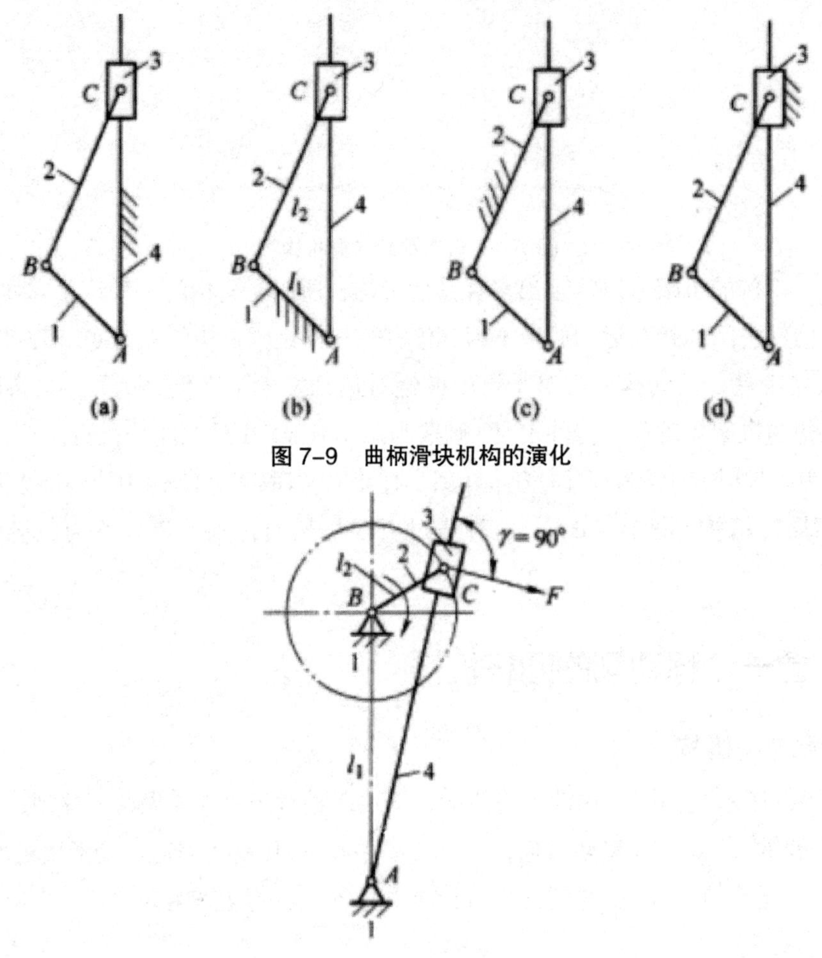

图 7–9　曲柄滑块机构的演化

图 7–10　摆动导杆机构

3. 摇块机构和定块机构

在图 7-9(a) 的曲柄滑块机构中，若取杆 2 为固定构件，即可得图 7-9(c) 的摆动滑块机构，或称摇块机构。这种机构广泛应用于摆缸式内燃机和液压驱动装置中。例如，在如图 7-11 所示卡车车厢自动翻转卸料机构中，当油缸 3 中的压力油推动活塞杆 4 运动时，车厢 1 便绕回转副中心 B 倾斜，当达到一定角度时，物料即可自动卸下。

在如图 7-9(a) 所示曲柄滑块机构中，若取杆 3 为固定构件，即可得如图 7-9(d) 所示固定滑块机构，或称定块机构。这种机构常用于抽水唧筒（见图 7-12）和抽油泵中。

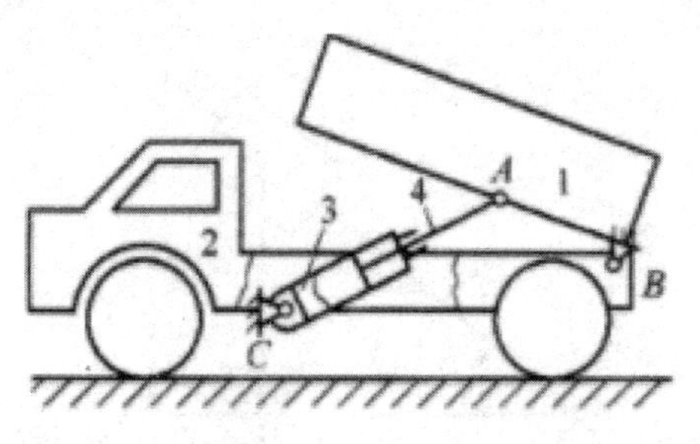

图 7–11　自卸货车

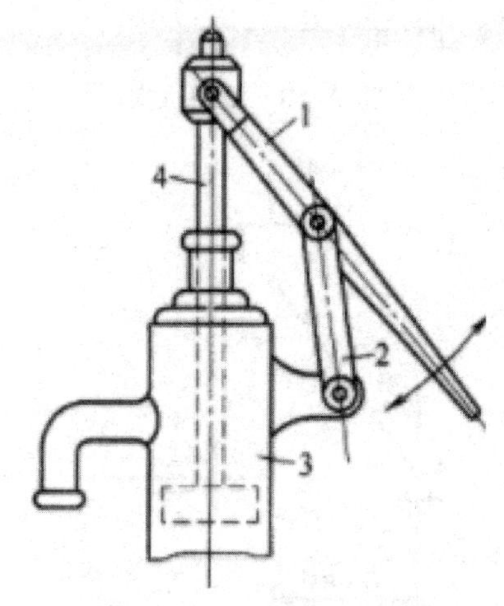

图 7–12　抽水唧筒

三、含两个移动副的四杆机构

含有两个移动副的四杆机构常称为双滑块机构。按照两个移动副所处位置的不同，可分为四种形式：①两个移动副不相邻，如图 7-13 所示，从动件 3 的位移与原动件转角 ϕ 的正切成正比，故称为正切机构；②两个移动副相邻，且其中一个移动副与机架相关联，如图 7-14 所示，从动件 3 的位移与原动件转角 ϕ 的正弦成正比，故称为正弦机构；③两个移动副相邻，且均不与机架相关联，如图 7-15（a）所示，主动件 1 与从动件 3 具有相等的角速度，如图 7-15（b）所示滑块联轴器就是这种机构的应用实例，它可用来连接中心线平行但不重合的两根轴；④两个移动副都与机架相关联，如图 7-16 所示的椭圆仪就用到这种机构，当滑块 1 和 3 沿机架的十字槽滑动时，连杆 2 上的各点便描绘出长、短径不同的椭圆。

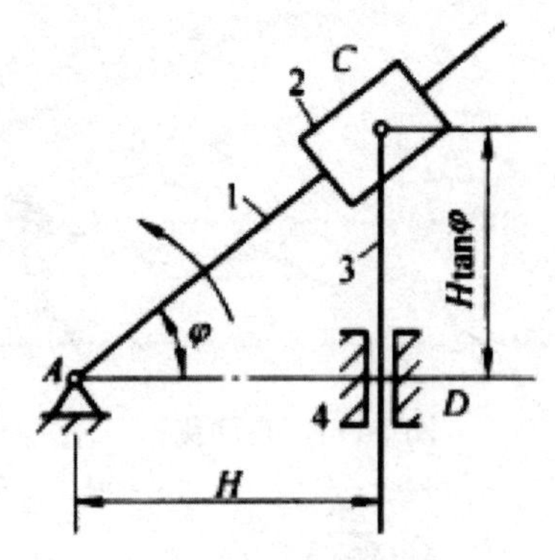

图 7-13　正切机构

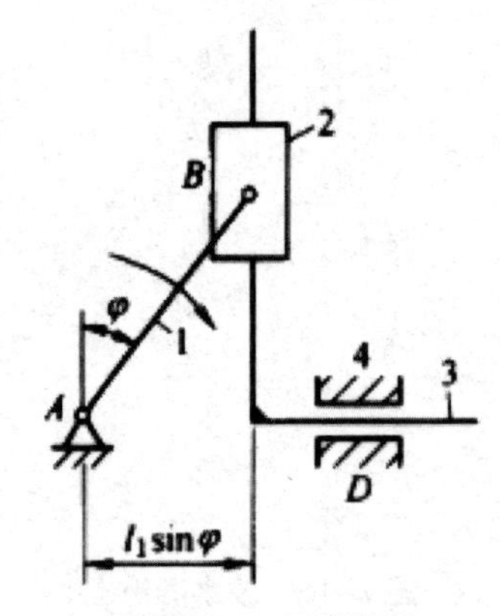

图 7-14　正弦机构

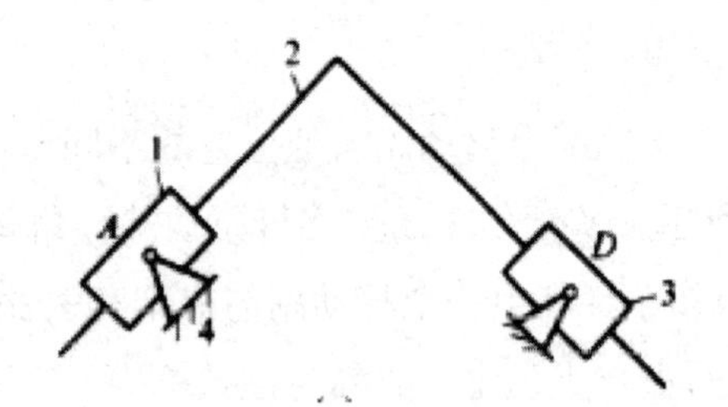

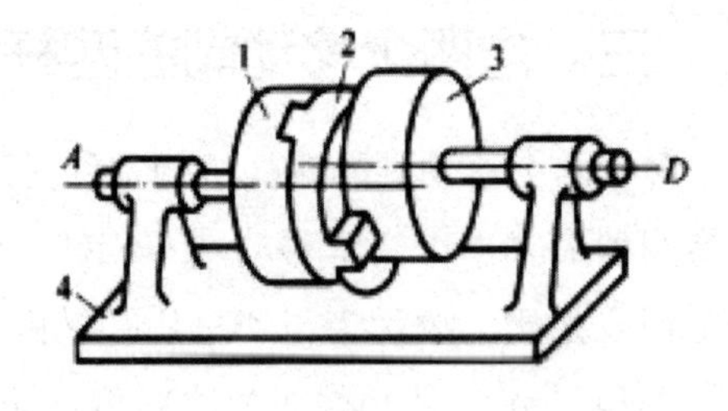

图 7-15　滑块联轴器

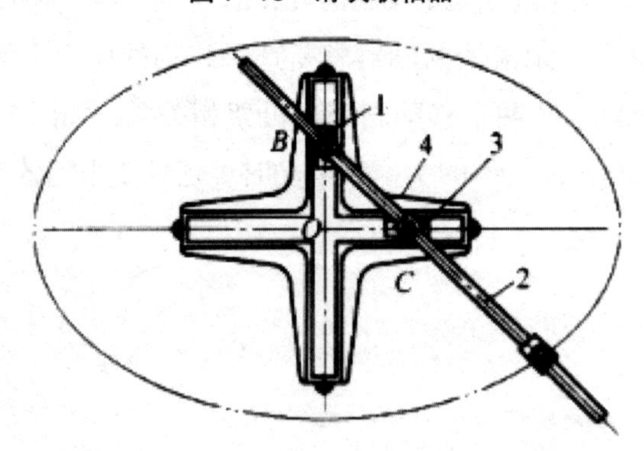

图 7-16　椭圆仪

四、具有偏心轮的四杆机构

如图 7-17（a）所示机构，杆 1 为圆盘，其几何中心为 B。因运动时圆盘绕偏心 A 转动，故称偏心轮。A、B 之间的距离 e 称偏心距。按照相对运动关系，可画出该机构的运动简图，如图 7-17（b）所示。由图可知，偏心轮是转动副 B 结构设计的一种构造形式，偏心距 e 即是曲柄的长度。

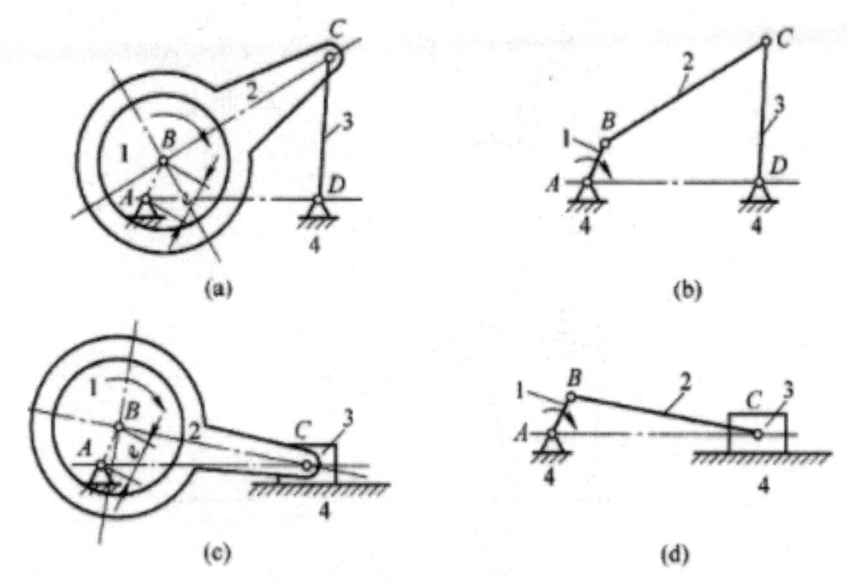

图 7–17　具有偏心轮的四杆机构

同理，如图 7-17（c）所示，具有偏心轮的机构可用图 7-17（d）来表示。

当曲柄长度很小时，通常都把曲柄做成偏心轮，由此可增大轴颈的尺寸，提高偏心轴的强度和刚度。而当曲柄需安装在直轴的两支承之间时，采用偏心轮结构的曲柄，可避免连杆与曲柄之间的运动干涉。因此，偏心轮广泛应用于传力较大的剪床、冲床、颚式破碎机、内燃机等机械中。

五、四杆机构的扩展

除上述四杆机构外，生产中还用到许多多杆机构。其中，有些多杆机构可看成由若干个四杆机构组合扩展形成的。

如图 7-18 所示的手动冲床是一个六杆机构，它可以看成由两个四杆机构组成的。第一个是由原动摇杆（手柄）1、连杆 2、从动摇杆 3 和机架 4 组成的双摇杆机构；第二个是由摇杆 3、小连杆 5、冲杆 6 和机架 4 组成的摇杆滑块机构。其中，前一个四杆机构的输出件被作为第二个四杆机构的输入件。扳动手柄 1，冲杆 6 就上下运动。采用六杆机构，使扳动手柄的力获得两次放大，从而增大了冲杆的作用力。这种增力作用在连杆机构中经常用到。

图 7-19 为筛料机主体机构的运动简图。这个六杆机构也可以看成由两个四杆机构组成。第一个是由原动曲柄 1、连杆 2、从动曲柄 3 和机架 6 组成的双曲柄机构，第二个是由曲柄 3(原动件)、连杆 4、滑块 5(筛子) 和机架 6 组成的曲柄滑块机构。

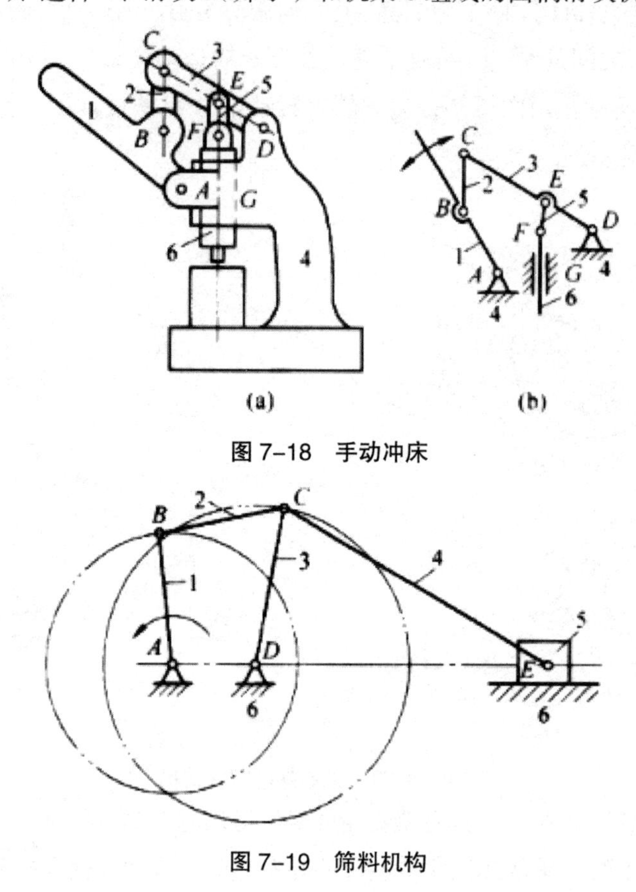

图 7–18　手动冲床

图 7–19　筛料机构

第二节　平面四杆机构的基本特性

平面四杆机构的基本特性包括运动特性和传力特性两个方面，这些特性不仅反映了机构传递和变换运动与力的性能，而且是四杆机构类型选择和运动设计的主要依据。

一、铰链四杆机构有整转副的条件

铰链四杆机构是否具有整转副，取决于各杆的相对长度。下面通过曲柄摇杆机构来分析铰链四杆机构具有整转副的条件。图 7-20 的曲柄摇杆机构，杆 1 为曲柄，杆 2 为连杆，杆 3 为摇杆，杆 4 为机架，各杆长度用 l_1、l_2、l_3、l_4 表示。因杆 1 为曲柄，故杆 1 与杆 4 的夹角 φ 的变化范围为 0° ~ 360°；当摇杆处于左、右极限位置时，曲柄与连杆两次共线，故杆 1 与杆 2 的夹角 β 的变化范围也是 0° ~ 360°；杆 3 为摇杆，它与相邻两杆

的夹角 ψ、γ 的变化范围小于 360°。显然，A、B 为整转副，C、D 不是整转副。为了实现曲柄 1 整周回转，AB 杆必须顺利通过与连杆共线的两个位置 AB' 和 AB''。

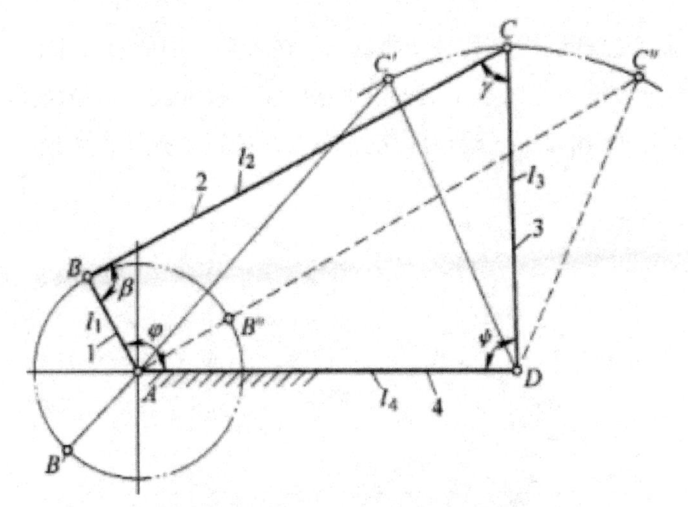

图 7-20　铰链四杆机构有整转副的条件

从上述分析可得结论：①铰链四杆机构有整转副的条件是最短杆与最长杆长度之和小于或等于其余两杆长度之和；②整转副是由最短杆与其相邻杆组成的。

曲柄是连架杆，整转副处于机架上才能形成曲柄，因此具有整转副的铰链四杆机构是否存在曲柄，还应根据选择哪一个杆为机架来判断。

（1）取最短杆为机架时，机架上有两个整转副，故得双曲柄机构。

（2）取最短杆的邻边为机架时，机架上只有一个整转副，故得曲柄摇杆机构。

（3）取最短杆的对边为机架时，机架上没有整转副，故得双摇杆机构。这种具有整转副而没有曲柄的铰链四杆机构常用作电风扇的摇头机构，如图 7-21 所示。其中，电动机安装在摇杆 4 上，连杆 1 上安装一个回转轴线与转动副 A 轴线重合的蜗轮，蜗轮与电动机轴上的蜗杆相啮合。当电动机转动时，通过蜗杆和蜗轮使连杆 1 和摇杆 4 做整周相对转动，从而使连架杆 2 和 4 做往复摆动，达到电风扇摇头的目的。

如果铰链四杆机构中的最短杆与最长杆长度之和大于其余两杆长度之和，则该机构中不存在整转副，无论取哪个构件作为机架，都只能得到双摇杆机构。

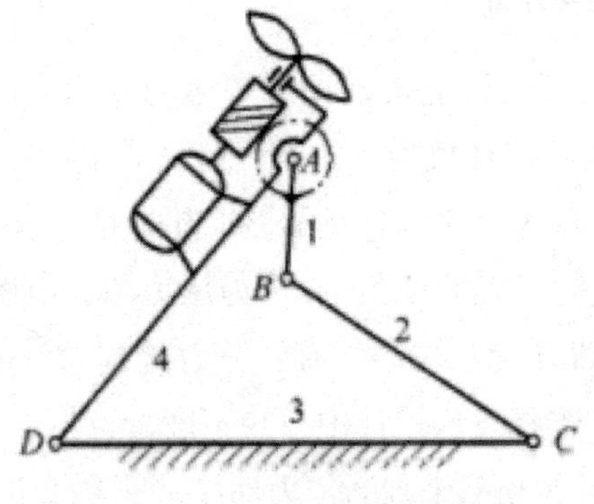

图 7-21　电风扇摇头机构

二、急回特性

图 7-22 为一曲柄摇杆机构，其原动曲柄 AB 在转动一周的过程中，有两次与连杆 BC 共线。在这两个位置铰链中心 A 与 C 之间的距离 AC1 和 AC2 分别为最短和最长，因而从动摇杆 CD 的位置 C1D 和 C2D 分别为其左、右极限位置。摇杆在两极限位置间的夹角 ψ 称为摇杆的摆角。

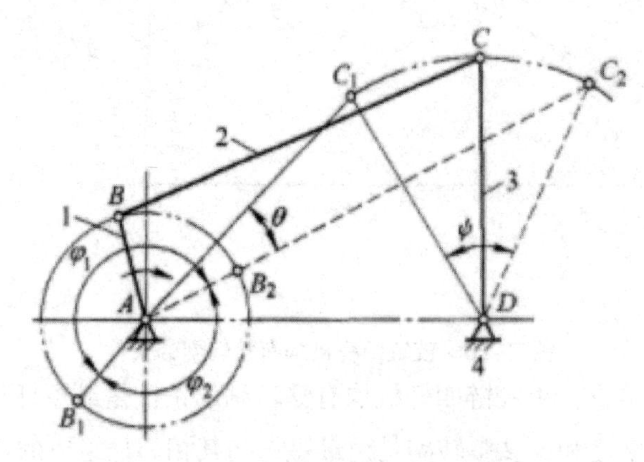

图 7–22　曲柄摇杆机构的急回特性

当曲柄由位置 AB1 顺时针转到位置 AB2 时，曲柄转角 $\phi 1 = 180° + \theta$，其中 $\theta = \angle C1AC2$，这时摇杆由左极限位置 C1D 摆到右极限位置 C2D，摇杆摆角为 ψ；而当曲柄顺时针再转过角度 $\phi 2 = 180° - \theta$ 时，摇杆由位置 C2D 摆回到位置 C1D，其摆角仍然是 ψ。虽然摇杆来回摆动的摆角相同，但对应的曲柄转角不等（$\phi 1 > \phi 2$）；当曲柄匀速转动时，对应的时间也不等（$t1 > t2$），从而反映了摇杆往复摆动的快慢不同。令摇杆自 C1D 摆至 C2D 为工作行程，这时摇杆 CD 的平均角速度是 $\omega 1 = \psi/t1$；摇杆自 C2D 摆回至 C1D 是其空回行程，这时摇杆的平均角速度是 $\omega 2 = \psi/t2$，显然 $\omega 1 < \omega 2$，它表明摇杆具有急回运动的特性。牛头刨床、往复式输送机等机械就是利用这种急回特性来缩短非生产时间，提高生产率。

三、压力角和传动角

在生产中，不仅要求连杆机构能实现预定的运动规律，而且希望运转轻便，效率较高。如图 7-23(a) 所示的曲柄摇杆机构，如不计各杆质量和运动副中的摩擦，则连杆 BC 为二力杆，它作用于从动摇杆 3 上的力 F 是沿 BC 方向的。作用在从动件上的驱动力 F 与该力作用点绝对速度 vC 之间所夹的锐角 α 称为压力角。由图可见，力 F 在 VC 方向的有效分力为 $F' = F\cos^{\alpha}$，即压力角越小，有效分力就越大。也就是说，压力角可作为评价机构传力性能的指标。在连杆机构设计中，为了度量方便，习惯用压力角 α 的余角 γ（连杆和从动摇杆之间所夹的锐角）来判断传力性能，γ 称为传动角。因 $\gamma = 90° - \alpha$，所以 α 越小，γ 越大，机构传力性能越好；反之，α 越大，γ 越小，机构传力越费劲，传动效率越低。

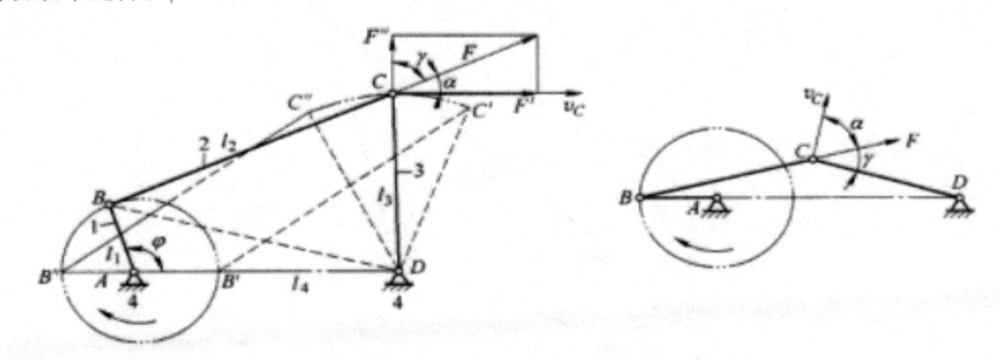

图 7–23　连杆机构的压力角和传动角

机构运转时，传动角是变化的，为了保证机构正常工作，必须规定最小传动角 γmin 的下限。对于一般机械，通常取 γmin ≥ 40°；对于颚式破碎机、冲床等大功率机械，最小传动角应当取大一些，可取 γmin ≥ 50°；对于小功率的控制机构和仪表，γmin 可略小于 40°。

当 ϕ = 0° 时，得∠ BCDmin；当 ϕ = 180° 时，得∠ BCDmax。传动角是用锐角表示的。若∠ BCD 在锐角范围内变化，则如图 7-23（a）所示，传动角 γ =∠ BCD，显然∠ BCDmin 即为传动角极小值，它出现在 ϕ = 0° 的位置。若∠ BCD 在钝角范围内变化，则如图 7-23（b）所示，其传动角 γ = 180° −∠ BCD，显然∠ BCDmax 对应传动角的另一极小值，它出现在曲柄转角 ϕ = 180° 的位置。

综上所述，曲柄摇杆机构的最小传动角必出现在曲柄与机架共线（ϕ = 0° 或 ϕ = 180°）的位置。校核压力角时只需将 ϕ = 0° 和 ϕ = 180° 代入式（7-6）求出∠ BCDmin 和∠ BCDmax。

四、死点位置

对于如图 7-24 所示的曲柄摇杆机构，如以摇杆 3 为原动件，而曲柄 1 为从动件，则当摇杆摆到极限位置 C1D 和 C2D 时，连杆 2 与曲柄 1 共线，从动件的传动角 γ = 0°（α = 90°）。若不计各杆质量，则这时连杆加给曲柄的力将经过铰链中心 A，此力对点 A 不产生力矩，因此不能使曲柄转动。机构的这种传动角为零的位置称为死点位置。死点位置会使机构从动件出现卡死或运动不确定现象。为了消除死点位置的不良影响，可以对从动曲柄施加外力，或利用飞轮及构件自身的惯性作用，使机构通过死点位置。

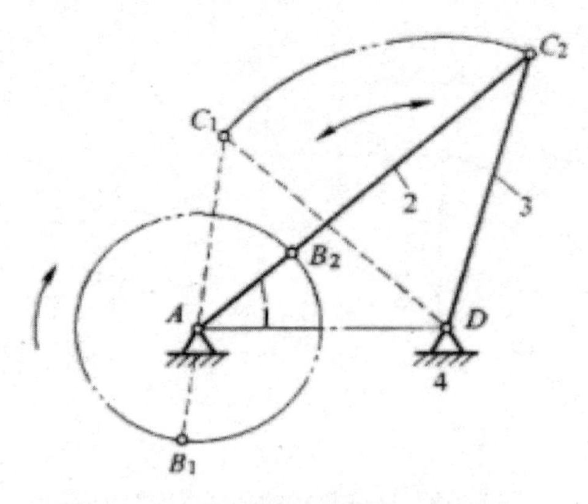

图 7–24　曲柄摇杆机构的死点位置

图 7-25（a）为缝纫机的踏板机构，图 7-25（b）为其机构运动简图。踏板 1（原动件）往复摆动，通过连杆 2 驱使曲柄 3（从动件）做整周转动，再经过带传动使机头主轴转动。在实际使用中，缝纫机有时会出现踏不动或倒车现象，这是由于机构处于死点位置引起的。正常运转时，借助安装在机头主轴上的飞轮（上带轮）的惯性作用，可以使缝纫机踏板机构的曲柄冲过死点位置。

死点位置对传动虽然不利，但是对某些夹紧装置却可用于防松。例如，如图 7-26 所示的铰链四杆机构，当工件 5 被夹紧时，铰链中心 B、C、D 共线，工件加在杆 1 上的反作用力 Fa 无论多大，也不能使杆 3 转动。这就保证在去掉外力 F 之后，仍能可靠地夹紧工件。当需要取出工件时，只需向上扳动手柄，即能松开夹具。

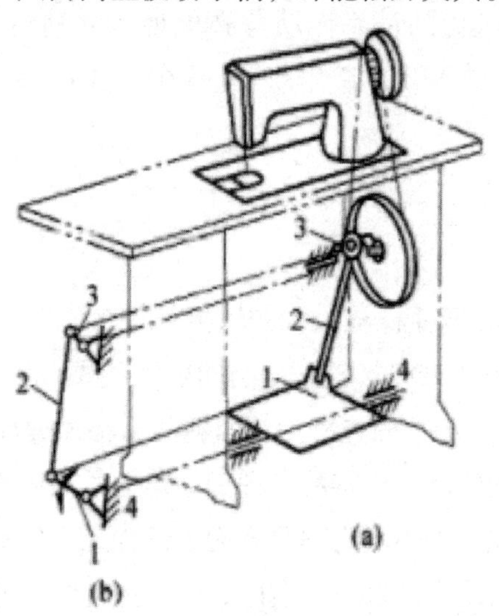

图 7–25　缝纫机踏板机构

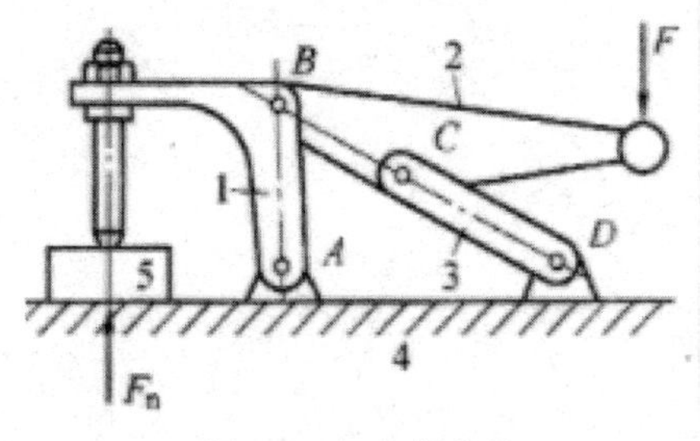

图 7-26　夹紧机构

第三节　平面四杆机构的设计

平面四杆机构设计的主要任务是：根据给定的运动条件确定机构运动简图的尺寸参数。有时为了使机构设计得可靠、合理，还应考虑几何条件和动力条件（如最小传动角 γ min）等。

生产实践中的要求是多种多样的，给定的条件也各不相同，归纳起来，主要有以下两类问题：①按照给定从动件的运动规律（位置、速度、加速度）设计四杆机构；②按照给定点的运动轨迹设计四杆机构。

四杆机构设计的方法有解析法和几何作图法。几何作图法直观，解析法精确。下面介绍这两种方法的具体应用。

一、按照给定的行程速度变化系数设计四杆机构

在设计具有急回运动特性的四杆机构时，通常按实际需要先给定行程速度变化系数 K 的数值，然后根据机构在极限位置的几何关系，结合有关辅助条件来确定机构运动简图的尺寸参数。

1. 曲柄摇杆机构

已知条件：摇杆长度 13、摆角 ψ 和行程速度变化系数 K。

设计的实质是确定铰链中心 A 点的位置，定出其他三杆的尺寸 11、12 和 14。其设计步骤如下。

（1）由给定的行程速度变化系数 K，按式（7-5）求出极位夹角 θ。

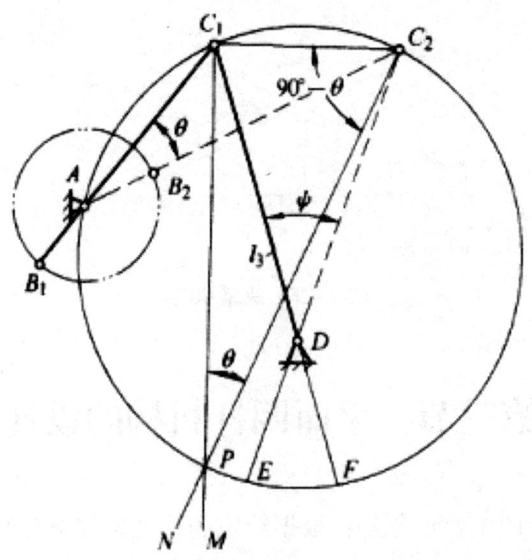

图 7–27　按 K 值设计曲柄摇杆机构

（2）如图 7-27 所示，选取适当比例，任选固定铰链中心 D 的位置，由摇杆长度 $l3$ 和摆角 ψ，做出摇杆两个极限位置 $C1D$ 和 $C2D$。

（3）连接 $C1$ 和 $C2$，并作 $C1M$ 垂直于 $C1C2$。

（4）作$\angle C1C2N = 90° - \theta$，$C2N$ 与 $C1M$ 相交于 P 点，由图可见，$\angle C1PC2 = \theta$。

（5）作$\triangle PC1C2$ 的外接圆，在此圆周（弧 $C1C2$ 和弧 EF 除外）上任取一点 A 作为曲柄的固定铰链中心。连 $AC1$ 和 $AC2$，因同一圆弧的圆周角相等，故$\angle C1AC2 = \angle C1PC2 = \theta$。

（6）因极限位置处曲柄与连杆共线，故 $AC1 = l2 - l1$，$AC2 = l2 + l1$，从而得曲柄长度 $l1 =（AC1 - AC1）/2$，连杆长度 $l2 =（AC2 + AC1）/2$。由图得 $AD = l4$。

由于 A 点是$\triangle C1PC2$ 外接圆上任选的点，所以若仅按行程速度变化系数 K 设计，可得无穷多的解。A 点位置不同，机构传动角的大小也不同。如欲获得良好的传动质量，可按照最小传动角最优或其他辅助条件来确定 A 点的位置。

2. 摆动导杆机构

已知条件：机架长度 $l4$ 和行程速度变化系数 K。

由图 7-28 可知，摆动导杆机构的极位夹角 θ 等于导杆的摆角 ψ，所需确定的尺寸是曲柄长度 $l1$。其设计步骤如下。

（1）由已知行程速度变化系数 K，按式（7-5）求得极位夹角 θ（也就是摆角 ψ）。

（2）选取适当比例，任选固定铰链中心 C，以夹角 ψ 做出导杆两极限位置 Cm 和 Cn。

（3）作摆角 ψ 的平分线 Ac，并在线上取 $AC = l4$，得固定铰链中心 A 的位置。

（4）过 A 点作导杆极限位置的垂线 $AB1$（或 $AB2$），即得曲柄长度 $l1 = AB1$。

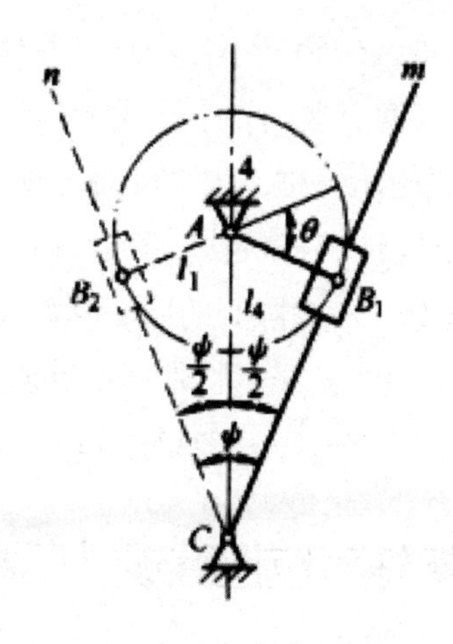

图 7-28　按 K 值设计摆动导杆机构

二、按给定连杆位置设计四杆机构

如图 7-29 所示为铸工车间翻台振实式造型机的翻转机构。它是用一个铰链四杆机构来实现翻台的两个工作位置的。在图中实线位置Ⅰ，砂箱 7 与翻台 8 固连，并在振实台 9 上振实造型。当压力油推动活塞 6 移动时，通过连杆 5 使摇杆 4 摆动，从而将翻台与砂箱转到虚线位置Ⅱ。然后，托台 10 上升接触砂箱，解除砂箱与翻台间的紧固连接并起模。

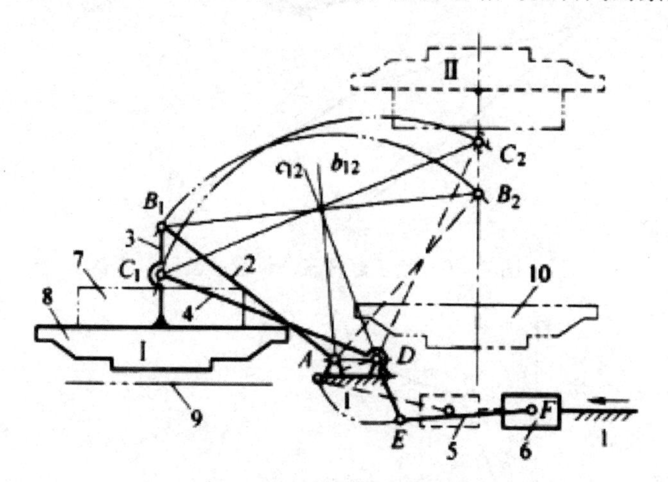

图 7-29　造型机翻转机构

今给定与翻台固连的连杆 3 的长度 $l3 = BC$ 及其两个位置 $B1C1$ 和 $B2C2$，要求确定连架杆与机架组成的固定铰链中心 A 和 D 的位置，并求出其余三杆的长度 $l1$、$l2$ 和 $l4$。由于连杆 3 上 B、C 两点的轨迹分别为以 A、D 为圆心的圆弧，所以 A、D 必分别位于 $B1B2$ 和 $C1C2$ 的垂直平分线上。故可得设计步骤如下。

（1）选取适当比例，根据给定条件，绘出连杆 3 的两个位置 $B1C1$ 和 $B2C2$。

（2）分别连接 $B1$ 和 $B2$、$C1$ 和 $C2$，并作 $B1B2$、$C1C2$ 的垂直平分线 $b12$、$c12$。

（3）由于 4 和 D 两点可分别在 $b12$ 和 $c12$ 两直线上任意选取，故有无穷多解。在实际设计时，还可以考虑其他辅助条件，例如最小传动角、各杆尺寸所允许的范围或其他结构上的要求，等等。本机构要求 A、D 两点在同一水平线上，且 $AD = BC$。根据这一附加条件，即可唯一确定 A、D 的位置，并作出位于位置 I 的所求四杆机构 $AB1C1D$。

若给定连杆三个位置，要求设计四杆机构，其设计过程与上述基本相同。如图 7-30 所示，由于 $B1$、$B2$、$B3$ 三点位于以 A 为圆心的同一圆弧上，故运用已知三点求圆心的方法，作 $B1B2$ 和 $B2B3$ 的垂直平分线，其交点就是固定铰链中心 A。用同样方法，作 $C1C2$ 和 $C2C3$ 的垂直平分线，其交点便是另一固定铰链中心 D。$AB1C1D$ 即为所求的四杆机构。

三、按照给定两连架杆对应位置设计四杆机构

在如图 7-31 所示的铰链四杆机构中，已知连架杆 AB 和 CD 的三对对应位置 $\varphi1$、$\psi1$，$\varphi2$、$\psi2$ 和 $\varphi3$、$\psi3$，要求确定各杆的长度 $l1$、$l2$、$l3$ 和 $l4$。现以解析法求解。此机构各杆长度按同一比例增减时，各杆转角间的关系不变，故只需确定各杆的相对长度。取 $l1 = 1$，则该机构的待求参数只有三个。

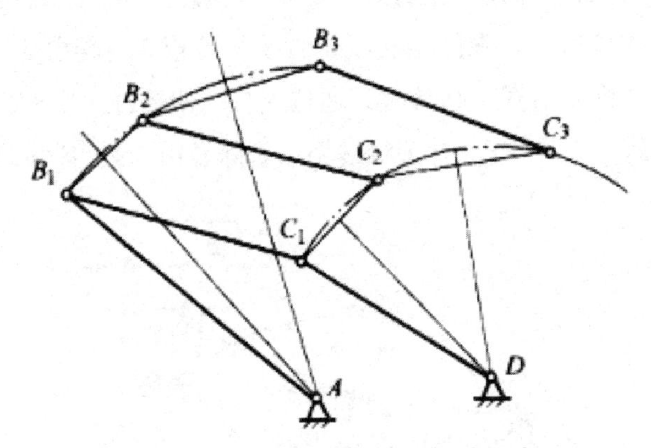

图 7-30 给定连杆三个位置的设计

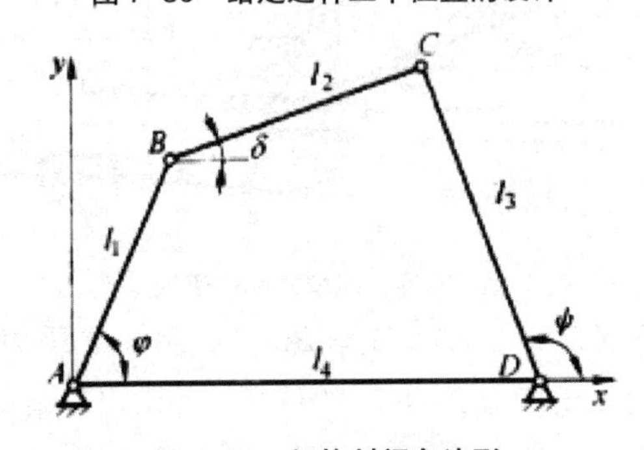

图 7-31 机构封闭多边形

若给定两连架杆的位置超过三对，则不可能有精确解，只能用优化或试凑的方法求其近似解。

四、按照给定点的运动轨迹设计四杆机构

1. 连杆曲线

四杆机构运动时，其连杆做平面复杂运动，连杆上一点将描出一条封闭曲线，称为连杆曲线。连杆曲线的形状随点在连杆上的位置和各杆相对尺寸的不同而变化。连杆曲线形状的多样性使它有可能用于描绘复杂的轨迹。

图 7-32 为自动生产线上的步进式传送机构。它包含两个相同的铰链四杆机构。当曲柄 1 整周转动时，连杆 2 上的 E 点沿虚线进行卵形曲线运动。若在 E 和 E' 上铰接推杆 5，则当两个曲柄同步转动时，推杆也按此卵形轨迹平动。当 E(E') 点行经卵形曲线上部时，推杆做近似水平直线运动，推动工件 6 前移。当 E(E') 点行经卵形曲线的其他部分时，推杆脱离工件沿左面轨迹下降、返回和沿右面轨迹上升至原位置。曲柄每转一周，工件就前进一步。

2. 运用连杆曲线图谱设计四杆机构

平面连杆曲线是高阶曲线，所以设计四杆机构使其连杆上某点实现给定的任意轨迹是十分复杂的。为了便于设计，工程上常常利用事先编就的连杆曲线图谱。从图谱中找出所需的曲线，便可直接查出该四杆机构的各尺寸参数。这种方法称为图谱法。

图 7-33 为描绘连杆曲线的模型。这种装置的各杆长度可以调节。在连杆 2 上固连一块薄板，板上钻有一定数量的小孔，代表连杆平面上不同点的位置。机架 4 与图板 S 固连。转动曲柄 1，即可将连杆平面上各点的连杆曲线记录下来，得到一组连杆曲线。依次改变 2、3、4 相对杆 1 的长度，就可得出许多组连杆曲线。将它们顺序整理编排成册，即成连杆曲线图谱。例如，图 7-34 就是已出版的《四连杆机构分析图谱》中的一张。图中取原动曲柄 1 的长度等于 1，其他各杆的长度以相对于原动曲柄长度的比值来表示。图中每一连杆曲线由 72 根长度不等的短线构成，每一短线表示原动曲柄转过 5° 时连杆上该点的位移。若已知曲柄转速，即可由短线的长度求出该点在相应位置的平均速度。

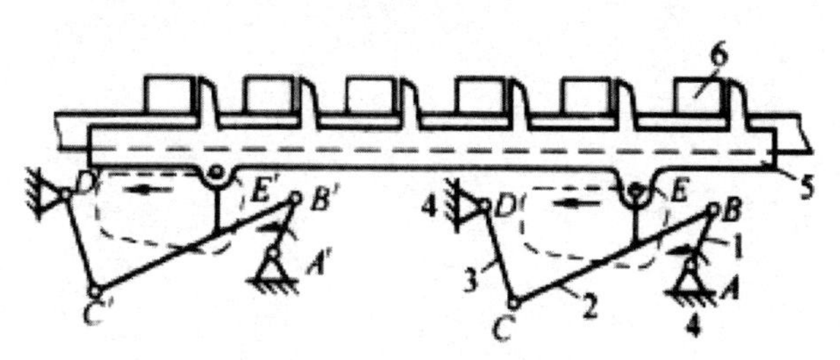

图 7-32　步进式传送机构

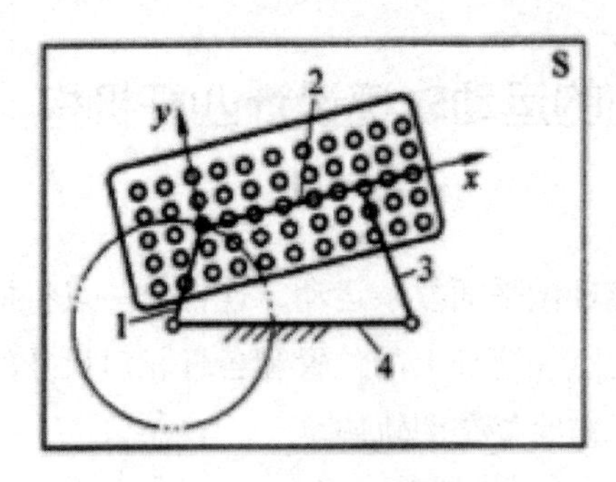

图 7–33　连杆曲线的绘制

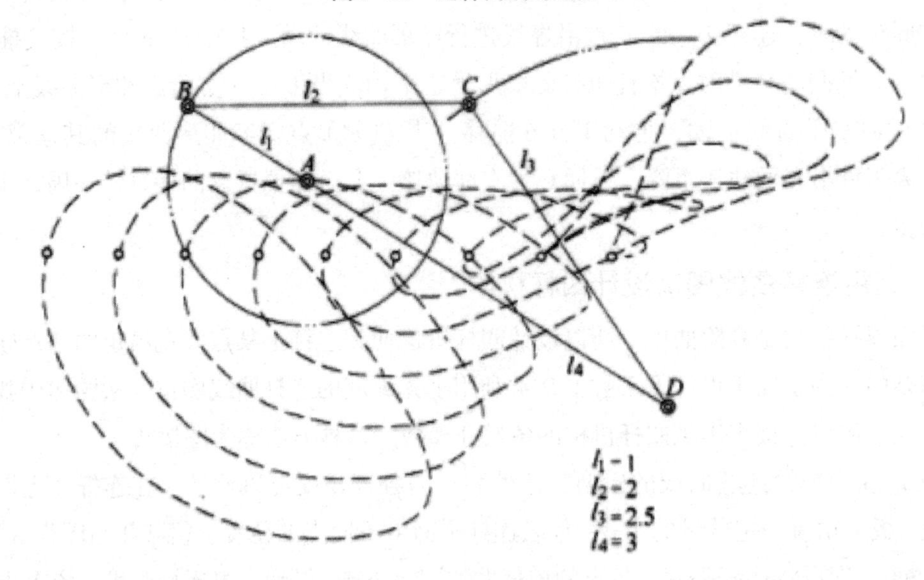

图 7–34　连杆曲线图谱

运用图谱设计可按以下步骤进行：首先，从图谱中查出形状与要求实现的轨迹相似的连杆曲线；其次，按照图上的文字说明，得出所求四杆机构各杆长度的比值；再次，用缩放仪求出图谱中的连杆曲线和所要求轨迹之间相差的倍数，并由此确定所求四杆机构各杆的真实尺寸；最后，根据连杆曲线上的小圆圈与铰链 B、C 的相对位置，即可确定描绘轨迹之点在连杆上的位置。

第八章　凸轮机构设计的方法

第一节　凸轮机构的应用和分类

当需要主动件做连续等速运动，而从动件能按任意要求的预期运动规律运动时，则以采用凸轮机构最为简便。所以，凸轮机构是机械中的一种常用机构，尤其是在自动化和半自动化机械中获得广泛的应用。

一、应用

图 8-1 为内燃机的配气机构。当凸轮 1 等速转动时，其曲线的轮廓驱使从动件 2（阀杆）按预期的运动规律启闭阀门。

图 8-2 为绕线机中用于排线的凸轮机构。当绕线轴 3 快速转动时，经齿轮带动凸轮 1 缓慢地转动，通过凸轮轮廓与尖顶 A 之间的作用，驱使从动件 2 往复摆动，因而使线均匀缠绕在绕线轴上。

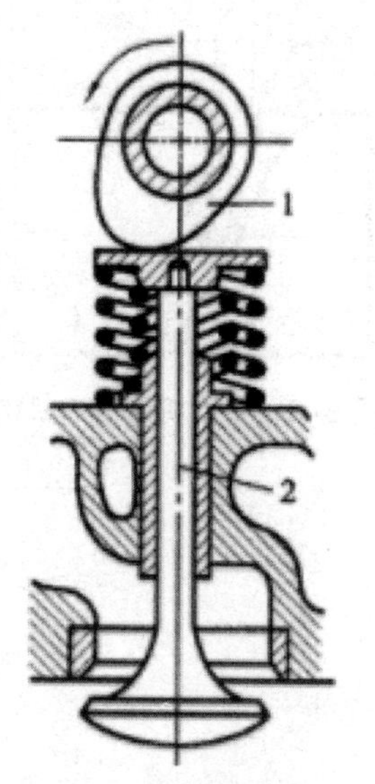

图 8–1　内燃机配气机构

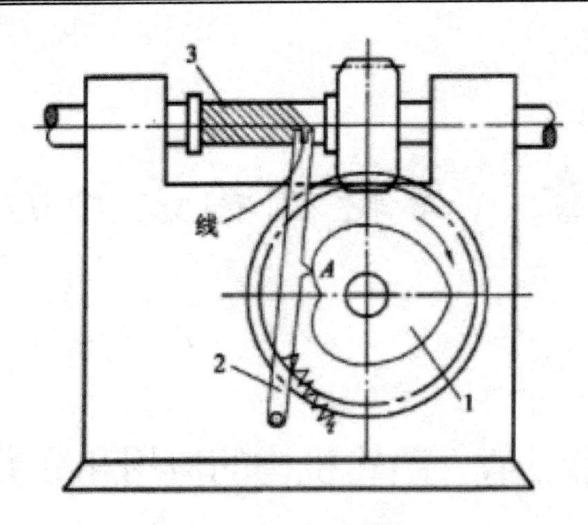

图 8-2　绕线机构

图 8-3 为一自动机床的进刀机构。当具有凹槽的凸轮 1 等速转动时，通过槽中的滚子，驱使从动件 2（扇形齿轮）往复摆动，从而推动装在刀架上的齿条 3 移动，实现自动进刀或退刀运动。

图 8-4 是利用移动凸轮作的仿形刀架图。图中凸轮 1 被固定在床身上，滚子从动件 2 在弹簧作用下与凸轮轮廓紧密接触。当刀架 3 纵向移动时，从动件 2 末端紧靠着凸轮 1 移动，和从动件相连的刀头便走出与凸轮轮廓相同的轨迹，车削出与凸轮轮廓相同的旋转曲面。这里的移动凸轮起着靠模的作用。

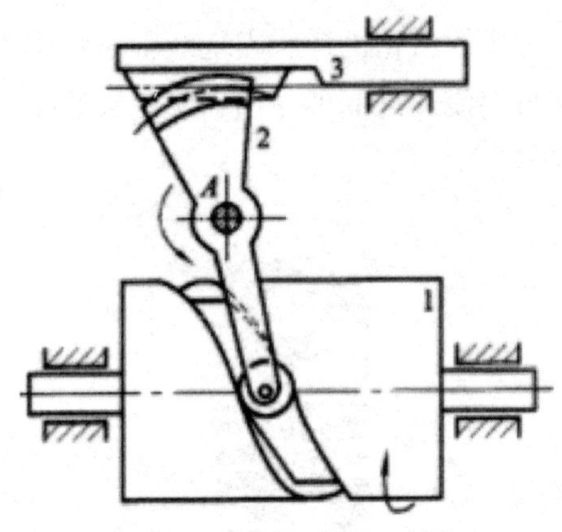

图 8-3　自动机床进刀机构

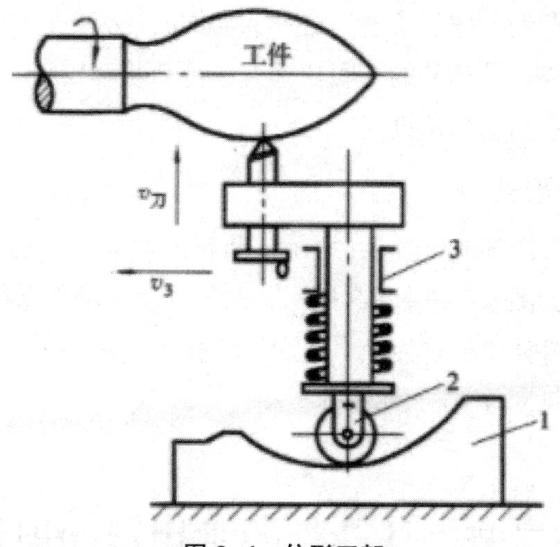

图 8–4　仿形刀架

由以上四例可见，凸轮机构是由凸轮（图中构件 1）、从动件（图中构件 2）和机架三部分组成。凸轮机构的优点是正确地设计凸轮轮廓曲线，便能实现从动件任意复杂的预期运动规律，而且结构简单、紧凑和设计方便。缺点是凸轮和从动件的高副接触容易磨损，进而影响运动精度。此外，凸轮轮廓加工比较困难。因此，凸轮机构适用于实现特殊要求运动规律的各种机械、仪器和操纵控制装置中传力不大的场合。

二、分类

根据凸轮和从动件的不同形状和形式，凸轮机构可按以下方法分类。

1. 按凸轮的形状分

（1）盘形凸轮。它是凸轮的最基本形式。这种凸轮是一个绕固定轴转动并且具有变化向径的盘形零件，如图 8-1 和图 8-2 所示。

（2）移动凸轮。当盘形凸轮的回转中心趋于无穷远时，凸轮相对机架做直线运动，这种凸轮称为移动凸轮，如图 8-4 所示。

（3）圆柱凸轮。将移动凸轮卷成圆柱体即成为圆柱凸轮，如图 8-3 所示。

2. 按从动件的形式分

（1）尖顶从动件，如图 8-2 所示。尖顶能与复杂的凸轮轮廓保持接触，因而能实现任意预期的运动规律。但尖顶与凸轮是点接触，磨损快，所以只宜用于受力不大的低速凸轮机构。

（2）滚子从动件，如图 8-3 和图 8-4 所示。为了克服尖顶从动件的缺点，在从动件的尖顶处安装一个滚子，即成为滚子从动件。滚子和凸轮轮廓之间为滚动摩擦，耐磨损，可以承受较大载荷，所以是从动件中最常用的一种形式。

（3）平底从动件，如图 8-1 所示。这种从动件与凸轮轮廓表面接触的端面为一平面。

显然，它不能与凹陷的凸轮轮廓相接触。这种从动件的优点是：当不考虑摩擦时，凸轮与从动件之间的作用力始终与从动件的平底相垂直，传动效率较高，且接触面间易于形成油膜，利于润滑，故常用于高速凸轮机构。

3. 按从动件运动形式分

（1）移动从动件。如图 8-1 和图 8-4 所示，凸轮推动从动件做往复移动。

（2）摆动从动件。如图 8-2 和图 8-3 所示，凸轮推动从动件做往复摆动。

为了使凸轮与从动件始终保持接触，可以利用重力、弹簧力（图 8-1、图 8-2 和图 8-4）或依靠凸轮上的凹槽（见图 8-3）来实现。

第二节　从动件的常用运动规律

一、凸轮机构的工作情况及常用名词

图 8-5(a) 为一对心尖顶移动从动件盘形凸轮机构。图中以凸轮轮廓的最小向径 rmin 为半径所绘的圆称为基圆。当从动件尖顶与凸轮轮廓上的 A 点接触时，从动件处于上升的起始位置。当凸轮以等角速度 ω1 沿逆时针方向回转 δt 时，凸轮轮廓上 AB 段推动从动件按一定运动规律由离回转中心最近位置 A 到达最远位置 B′，这个过程称为推程。这时从动件所走过的距离 h 称为从动件的升程，而与推程对应的凸轮转角 δt 称为推程运动角。当凸轮继续回转 δs 时，从动件尖顶与凸轮轮廓 BC 段接触。由于 BC 段轮廓是以 O 点为中心向径不变的圆弧，因此从动件在最远位置停留不动，这个过程称为远停留，对应的凸轮转角 δs 称为远休止角。凸轮继续回转 δh 时，从动件在弹簧力或重力作用下与凸轮轮廓 CD 保持接触，按一定运动规律回到起始位置，这个过程称为回程，对应的凸轮转角 δh 称为回程运动角。当凸轮继续回转 δs′ 时，从动件与以 rmin 为半径的圆弧 DA 接触，因而从动件在距凸轮回转中心最近位置停留不动，这个过程称为近停留，对应的凸轮转角 δs′ 称为近休止角。当凸轮继续回转时，从动件重复上述运动。

通常，凸轮机构可以有推程—远停留—回程—近停留四个阶段。但根据不同要求，也可只有推程—回程两个阶段。如果以直角坐标系的纵坐标代表从动件位移 s2，横坐标代表凸轮转角 δ1(因通常凸轮等速转动，故横坐标同时也代表时间 t)，则可画出从动件位移 s2 与凸轮转角 δ1 之间的关系曲线，如图 8-5(b) 所示，它称为从动件位移线图。利用从动件位移线图，可进一步分析从动件的运动规律和工作状态。

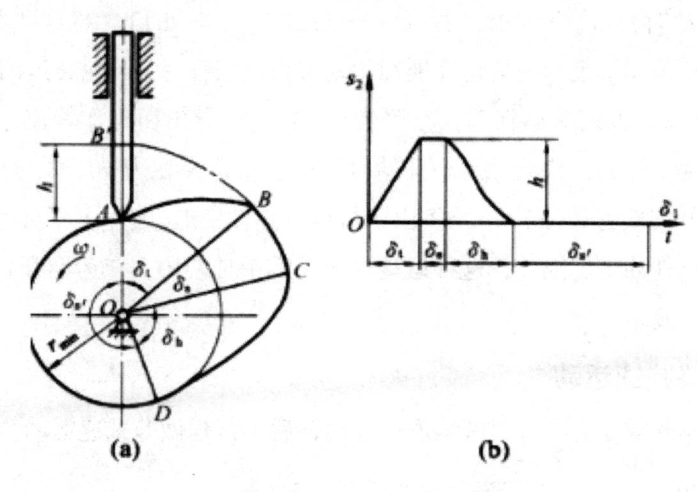

图 8-5 从动件位移线图

二、常用的从动件运动规律

由上述可知，从动件实现不同的运动规律，就要求凸轮具有不同形状的轮廓曲线。所以，根据工作要求，选择合适的从动件运动规律是凸轮轮廓曲线设计的重要步骤之一。下面介绍几种常用的从动件运动规律。

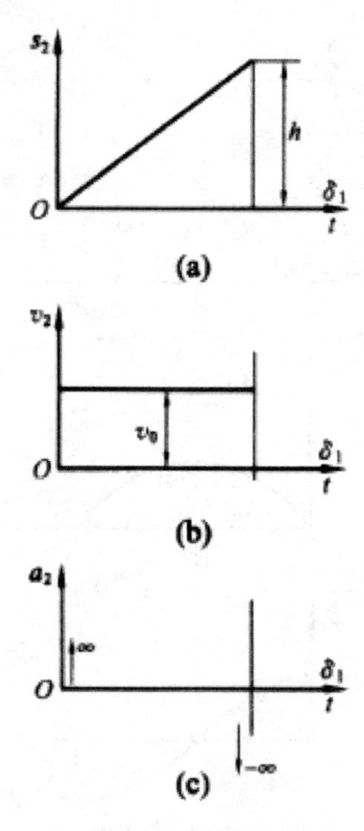

图 8-6 等速运动

1. 等速运动

推程时，凸轮转过推程运动角 δt，从动件升程为 h。若以 T 表示推程运动时间，则等速运动时，从动件的速度；从动件位移；从动件的加速度。其运动线图如图 8-6 所示。

凸轮等速转动时，ω1 为常数，故 δ1 = ω1t，δt = ω1T。将这些关系代入上式，便可得出以凸轮转角 δ1 表示的从动件推程运动方程。回程时，凸轮转过回程运动角 δh，从动件相应由 s2 = h 逐渐减小到零。参照式（8-1），可导出回程作等速运动时从动件的运动方程。由图 8-6 可见，从动件运动开始时，速度由零突变为 v0，故 a2 = +∞；运动终止时，速度由 v0 突变为零，a2 = −∞（由于材料有弹性变形，实际上不可能达到无穷大），其惯性力将引起刚性冲击。因此，这种运动规律不宜单独使用，在运动开始和终止段应当用其他运动规律过渡。

2. 等加速等减速运动

这种运动规律通常令前半行程做等加速运动，后半行程做等减速运动。

3. 简谐运动

质点在圆周上做匀速运动时，它在这个圆的直径上的投影所构成的运动称为简谐运动。简谐运动规律位移线图的做法如下：把从动件的升程 h 作为直径画半圆，将此半圆分成若干等分 [如图 8-7（a）所示]，得 1″、2″、3″ …点。再把凸轮推程运动角 δt 也分成相应等分，并作垂线 11′、22′、33′ …然后将圆周上的等分点投影到相应的垂直线上得 1′、2′、3′ …点。用光滑曲线连接这些点，即得到从动件的位移线图，其方程为

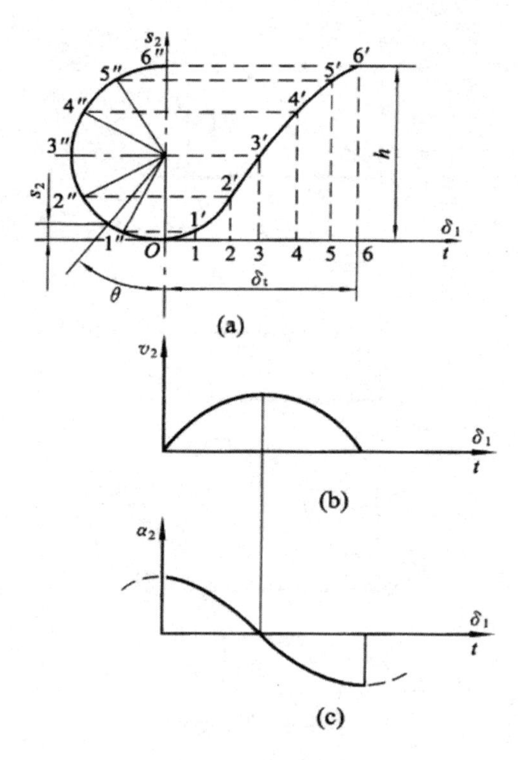

图 8–7 简谐运动

由加速度线图可见，一般情况下，这种运动规律的从动件在推程的始点和终点有柔性

冲击。只有当加速度曲线保持连续时[如图8-7(c)虚线所示],这种运动规律才能避免冲击。

除上述几种运动规律之外，为了使加速度曲线保持连续而避免冲击，工程上还应用正弦加速度、高次多项式等运动规律，或者将几种曲线组合起来加以应用。

第三节　凸轮轮廓的设计

从动件的运动规律和凸轮基圆半径确定后，即可进行凸轮轮廓设计。其设计方法有图解法和解析法两种。图解法简便易行，而且直观，但作图误差大、精度较低，适用于低速或对从动件运动规律要求不高的一般精度凸轮设计。对于精度要求高的高速凸轮、靠模凸轮等，必须用解析法列出凸轮轮廓曲线的方程式，借助计算机辅助设计，精确设计凸轮轮廓。具体方法可查阅有关书籍。本节主要介绍常用的图解法设计凸轮轮廓。

用图解法设计凸轮轮廓时，首先需要做出从动件运动规律的位移线图，并按照结构所允许的空间和具体要求，初步确定凸轮的基圆半径 rmin，然后绘制凸轮的轮廓。

当凸轮机构工作时，凸轮是运动的，而我们绘制凸轮轮廓时，却需要凸轮与图纸相对静止。为此，在设计中采用“反转法”。图 8-9 为一对心尖顶移动从动件盘形凸轮机构，其中以 rmin 为半径的圆是凸轮的基圆。当凸轮以等角速度 ω1 绕轴心 O 转动时，从动件按预期运动规律运动。现设想给整个凸轮机构加上一个绕凸轮轴心 O 转动的等值反向角速度——ω1，显然，机构中各构件间的相对运动关系不变。但此时凸轮将静止不动，而从动件一方面随机架和导路以角速度——ω1 绕轴心 O 转动，另一方面又以原有的运动规律在导路中往复移动。又由于从动件在这种复合运动中尖顶始终与凸轮轮廓相接触，所以反转后尖顶的运动轨迹就是凸轮轮廓。下面以实例具体介绍用“反转法”绘制凸轮轮廓的方法和步骤。

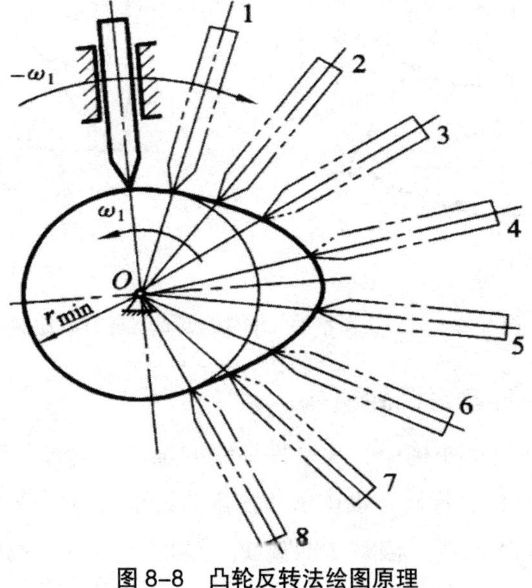

图 8–8　凸轮反转法绘图原理

一、移动从动件盘形凸轮轮廓的绘制

1. 对心移动从动件盘形凸轮机构

图 8-9(a)为从动件导路通过凸轮回转中心的对心尖顶移动从动件盘形凸轮机构。设已知从动件的位移线图 [图 8-9(b)]、凸轮的基圆半径 rmin 以及凸轮以等角速度顺时针回转，要求绘出该凸轮的轮廓。

应用“反转法”绘制凸轮轮廓的步骤如下。

（1）以 rmin 为半径作基圆。此基圆与导路的交点 A0 便是从动件尖顶的起始位置。

（2）自 OA0 沿 ω1 的相反方向取角度 δt、δh、δs′，并将它们各分成与图 8-10(b)对应的若干等分，得 A′ 1、A′ 2、A′ 3…点。连接 OA′ 1、OA′ 2、OA′ 3…它们便是反转后从动件导路的各个位置。

（3）量取各个位移量，即取 A1A′ 1 = 11′ 、A2A′ 2 = 22′ 、A3A′ 3 = 33′ …得反转后尖顶的一系列位置 A1、A2、A3…。

（4）将 A0、A1、A2、A3…连成光滑的曲线，便得到所要求的凸轮轮廓。

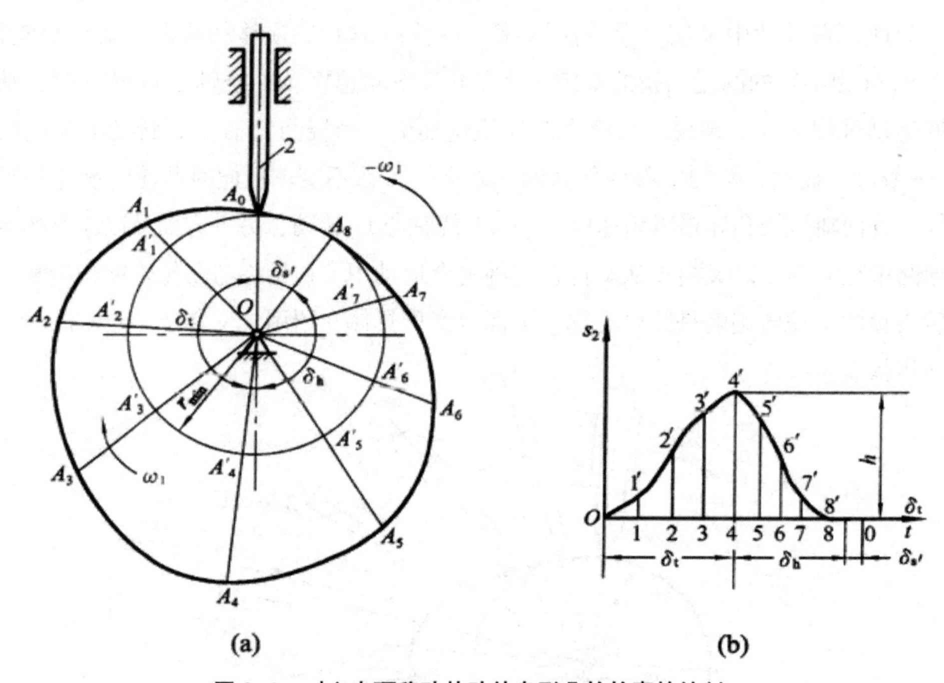

图 8–9　对心尖顶移动从动件盘形凸轮轮廓的绘制

2. 偏置移动从动件盘形凸轮机构

如图 8-10 所示，在这类机构中，从动件导路的轴线不通过凸轮的回转中心 O，而是有一偏距 e。此时，从动件在反转运动中依次占据的位置将不再是由凸轮回转中心 O 做出的径向线，而是始终与 O 保持一偏距 e 的直线。因此，若以凸轮回转中心 O 为圆心，以偏距 e 为半径作圆（称为偏距圆），则从动件在反转运动中依次占据的位置必然都是偏距圆的切线，从动件的位移也应沿这些切线自基圆向外量取，这是与对心移动从动件不同的地方。至于其余的作图步骤与对心移动尖顶从动件时凸轮轮廓的作法相同，此处不再重复。

把尖顶从动件改为滚子从动件时，其凸轮轮廓设计方法如图 8-11 所示。首先，把滚子中心看作尖顶从动件的尖顶，按照上面的方法求出一条轮廓曲线 β0，再以 β0 上各点为中心，以滚子半径为半径，画一系列圆，最后作这些圆的包络线 β，即为使用滚子从动件时凸轮的实际轮廓，而 β0 称为此凸轮的理论轮廓。由作图过程可知，滚子从动件凸轮的基圆半径 rmin 应当在理论轮廓上度量。

平底从动件的凸轮轮廓的绘制方法也与上述相似。如图 8-12 所示，首先在平底上选一固定点 A0，按照尖顶从动件凸轮轮廓绘制的方法，求出理论轮廓上一系列点 A1、A2、A3…；其次，过这些点画出各个位置的平底 A1B1、A2B2、A3B3…然后作这些平底的包络线，便得到凸轮的实际轮廓曲线。图中位置 1、6 是平底分别与凸轮轮廓相切于平底的最左位置和最右位置。为了保证平底始终与轮廓接触，平底左侧长度应大于 m，右侧长度应大于 l。

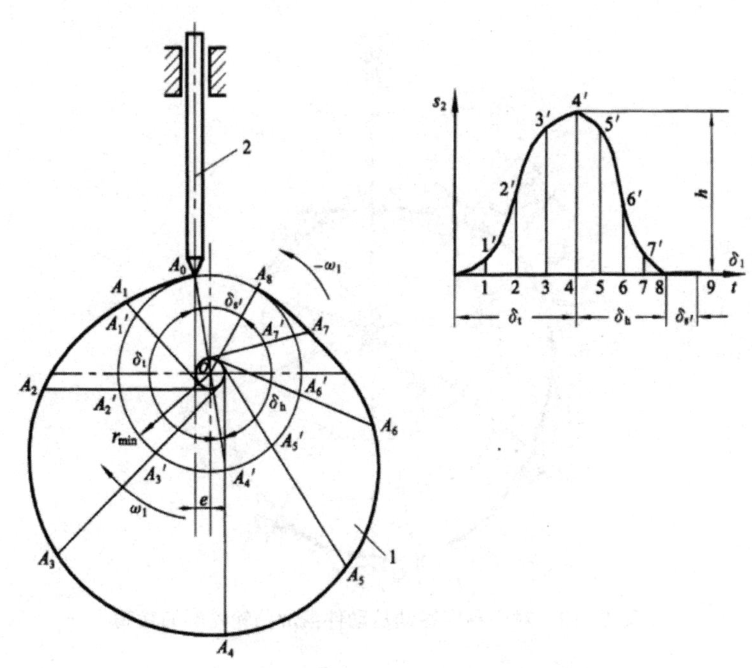

图 8–10　偏置尖顶移动从动件盘形凸轮轮廓的绘制

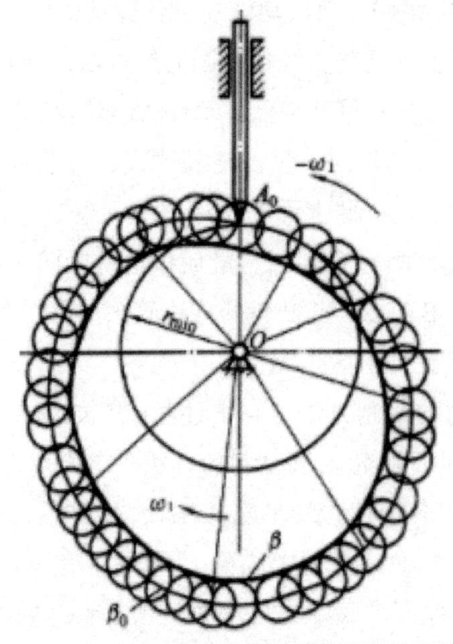

图 8-11 对心滚子移动从动件盘形凸轮轮廓的绘制

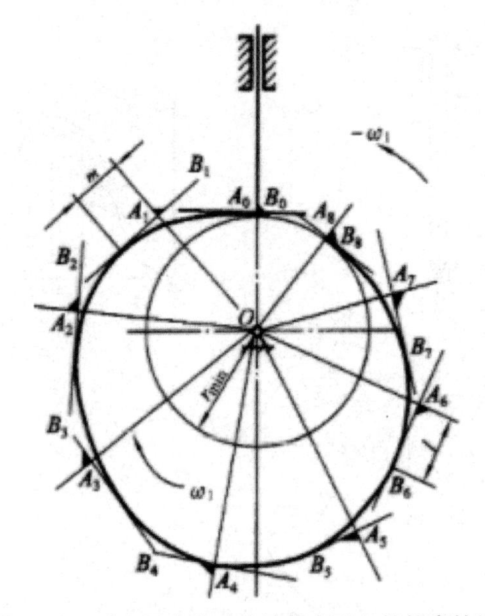

图 8-12 对心平底移动从动件盘形凸轮轮廓的绘制

二、摆动从动件盘形凸轮轮廓的绘制

已知从动件的角位移线图 [图 8-13(b)]，凸轮与摆动从动件的中心距 lOA，摆动从动件的长度 lAB，凸轮的基圆半径 rmin，以及凸轮以等角速度 ω1 逆时针回转，要求绘出此凸轮的轮廓。

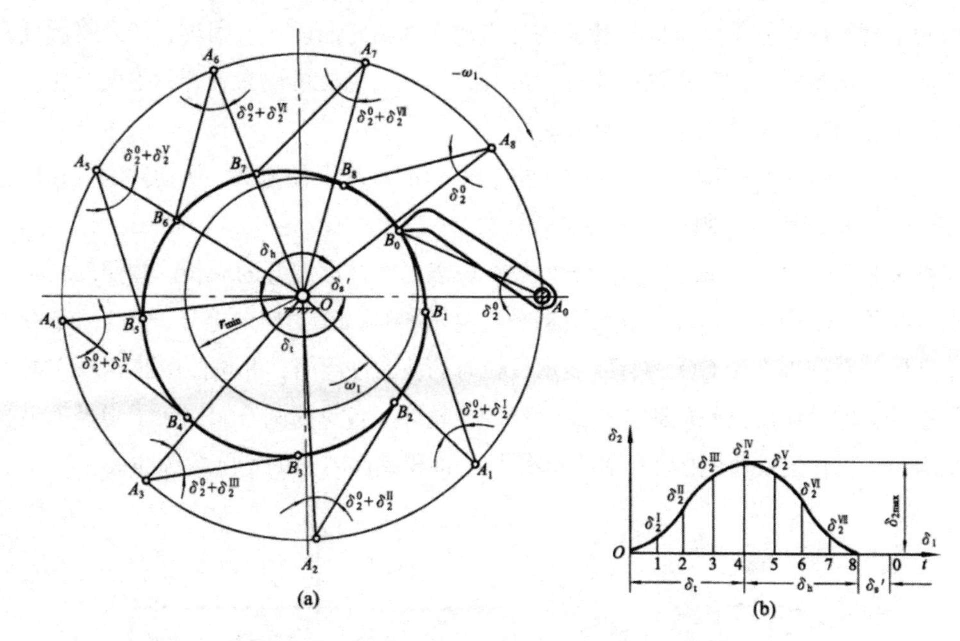

图 8–13　尖顶摆动从动件盘形凸轮轮廓的绘制

仍用“反转法”求凸轮轮廓。令整个凸轮机构以角速度——ω1 绕 O 点回转，结果凸轮不动，而摆动从动件一方面随机架以等角速度——ω1 绕 O 点回转，另一方面又绕 A 点摆动。因此，尖顶摆动从动件盘形凸轮轮廓曲线的绘制可按以下步骤进行。

（1）根据 lOA 定出 O 点与 A0 点的位置，以 O 为圆心及以 rmin 为半径作基圆，再以 A0 为中心及 lAB 为半径作圆弧交基圆于 B0 点，该点即为从动件尖顶的起始位置，称为从动件的初位角。

（2）以 O 点为圆心及 OA0 为半径画圆，并沿——ω1 的方向取角 δt、δh、δs′，再将 δt、δh 各分为与图 8-14(b) 相对应的若干等分，得径线 OA1、OA2、OA3…，这些线即为机架 OA0 在反转过程中所占的各个位置。

（3）由图 8-14(b) 求出从动件摆角 δ2 在不同位置的数值。据此画出摆动从动件相对于机架的一系列位置 A1B1、A2B2、A3B3…，即∠ OA1B1 =＋、∠ OA2B2 =＋、∠ OA3B3 =＋…。

（4）以 A1、A2、A3…为圆心、lAB 为半径画圆弧截 A1B1 于 B1 点，截 A2B2 于 B2 点，截 A3B3 于 B3 点…。最后将 B0、B1、B2、B3…点连成光滑曲线，便得到尖顶从动件的凸轮轮廓。

如上所述，如果采用滚子或平底从动件，则上述凸轮轮廓即为理论轮廓，只要在理论轮廓上选一系列点作滚子或平底，最后作它们的包络线，便可求出相应的实际轮廓曲线。

三、圆柱凸轮展开轮廓的绘制

图 8-14(a) 为移动从动件圆柱凸轮机构。在该机构中，从动件运动的导路与凸轮的运

动平面相垂直，所以它属于空间凸轮机构。表达空间凸轮曲面比较困难，如果将圆柱凸轮的圆柱面沿平均半径（凹槽深度一半处）展开，圆柱凸轮便可视为展开的平面凸轮，因而可用设计平面凸轮的方法来绘制其展开轮廓。

设已知凸轮以等角速度 ω1 顺时针回转，凸轮的平均半径为 R，从动件的位移线图如图 8-15（c）所示，要求绘制此凸轮的展开轮廓。

如图 8-14（b）所示，取长度为 2πR 的线段表示圆柱面展开的周长。按照反转法，将其上水平线段 OO 沿 v1 = Rω1 相反方向分成与图 8-14（c）对应的等分，得 1、2、3…点，过这些点作一系列垂直于 OO 的直线表示反转时的从动件导路，并按照图 8-14（c）截取对应的位移量，即可做出凸轮的理论轮廓。以理论轮廓上各点为圆心，以滚子半径为半径作许多小圆，然后作这些小圆的上下两条包络线，即得此凸轮槽的实际轮廓曲线。

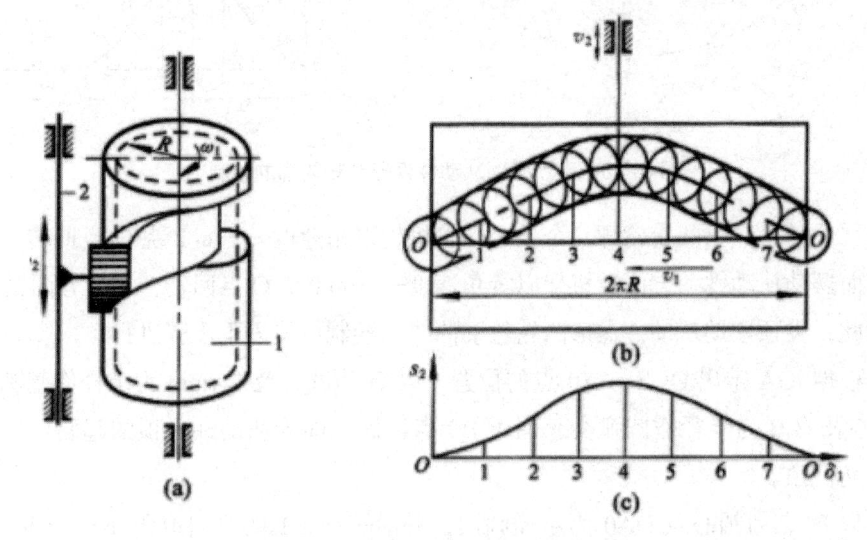

图 8-14　圆柱凸轮的展开轮廓的绘制

第四节　设计凸轮机构应注意的问题

设计凸轮机构时，不仅要保证从动件实现预期的运动规律，还应考虑凸轮机构工作时受力状态的良好性和结构的紧凑性。另外，上节在讲述凸轮轮廓设计时，其基圆半径和滚子半径均以已知条件给出。而在实际设计中，这些参数需要设计者综合考虑，自行选定。恰当地选定这些参数对凸轮机构设计是极为重要的。因此，在设计凸轮机构时应注意下述问题。

一、滚子半径的选择

从减小凸轮与滚子间的接触应力来看，滚子半径越大越好。但是，必须注意，滚子半径增大后对凸轮实际轮廓曲线有很大影响。如图 8-15 所示，设理论轮廓外凸部分的最小曲率半径以 ρ min 表示，滚子半径用 rT 表示，则相应位置实际轮廓的曲率半径 ρ′ = ρ min − rT。

当 ρ min > rT 时，如图 8-15(a) 所示，这时，ρ′ > 0，实际轮廓为一平滑曲线。

当 ρ min = rT 时，如图 8-15(b) 所示，这时，ρ′ = 0，在凸轮实际轮廓曲线上产生了尖点，这种尖点极易磨损，磨损后就会改变原定的运动规律。

当 ρ min < rT 时，如图 8-15(c) 所示，这时，ρ′ < 0，实际轮廓曲线发生相交，图中阴影部分的轮廓曲线在实际加工时将被切去，使这一部分运动规律无法实现。为了使凸轮轮廓在任何位置既不变尖更不相交，滚子半径必须小于理论轮廓外凸部分的最小曲率半径 ρ min(理论轮廓的内凹部分对滚子半径的选择没有影响)。如果 ρ min 过小，按上述条件选择的滚子半径太小而不能满足安装和强度要求，就应当把凸轮基圆尺寸加大，重新设计凸轮轮廓曲线。

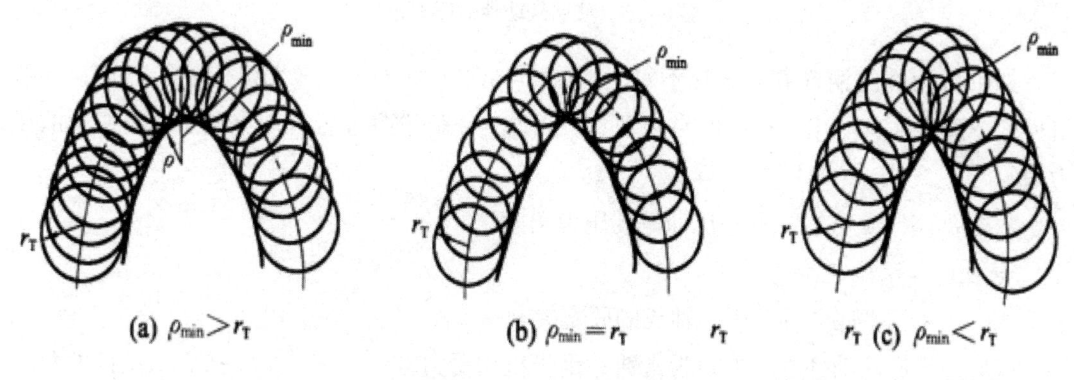

图 8–15　滚子半径的选择

二、压力角及其许用值

凸轮机构的压力角是指从动件在高副接触点所受的法向压力与从动件在该点的线速度方向所夹的锐角，常用 α 表示。凸轮机构的压力角是凸轮设计的重要参数。

1. 移动从动件的压力角

如图 8-16 为移动从动件的压力角，图 8-16(a) 为尖顶从动件的压力角，图 8-16(b) 为滚子从动件的压力角，图 8-16(c) 为平底与导路成 γ 角的平底从动件的压力角。

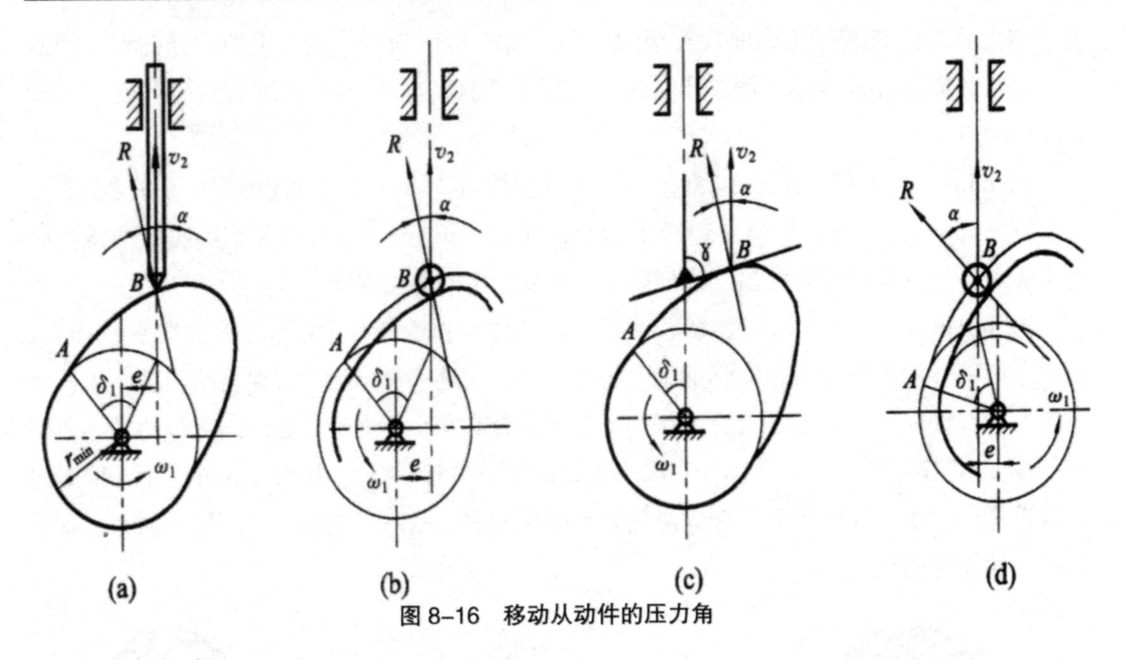

图 8-16　移动从动件的压力角

如果从动件的偏置方向选择不对，如图 8-16(d) 所示，会增大机构的压力角，导致机械效率降低，甚至出现机构的自锁现象。因此，正确选择偏置方向有利于减小机构的压力角。

由图 8-16(c) 可知，平底从动件的压力角为

$\alpha=90° - \gamma$

式中：γ 为平底与导路中心轴线的固定夹角。

可见，平底从动件的压力角为常数，由于机构受力方向不变，采用平底从动件的凸轮机构运转平稳性好。如平底与导路方向线之间的夹角 $\gamma = 90°$，则 $\alpha = 0$。

2. 摆动从动件的压力角

图 8-17(a) 为摆动从动件盘形凸轮机构的压力角示意图。摆杆长 AB = l，机架长 AO = a。

对于如图 8-17(b) 所示的摆动平底从动件盘形凸轮机构，接触点 B 处的速度方向垂直 AB，B 点的受力方向垂直于平底。压力角 α 可通过式 $\sin\alpha = e/AB$ 求解，如摆杆偏距 e = 0，则其压力角也为零。

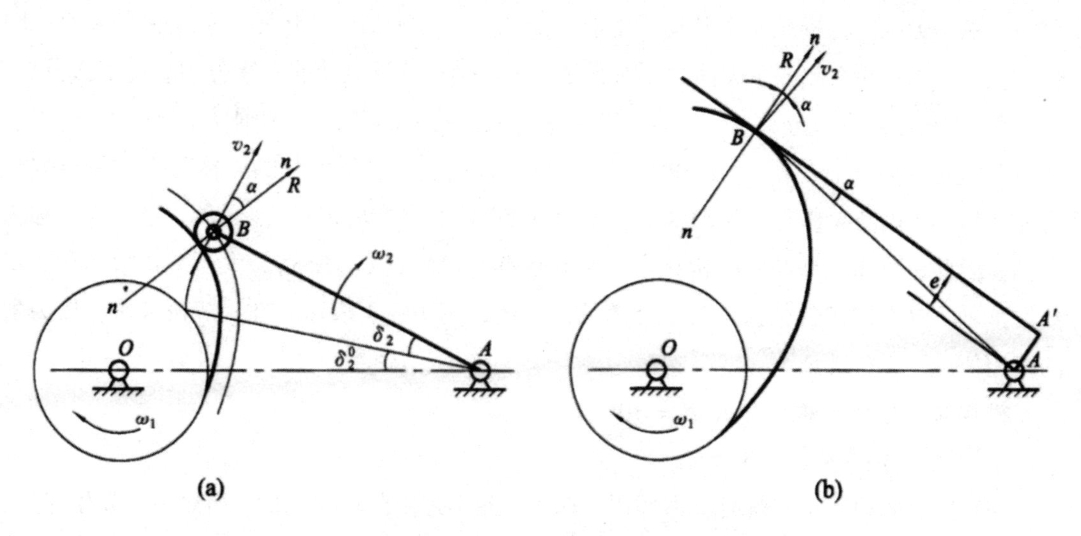

图 8–17　摆动从动件盘形凸轮机构的压力角

3. 许用压力角

图 8-18 为对心尖顶移动从动件盘形凸轮机构在推程中的一个位置。当不考虑摩擦时，凸轮作用在从动件上的推力 R 是沿法线方向的，从动件的运动方向与力 R 方向之间的夹角 α 即为压力角。将力 R 分解为沿从动件运动方向的分力 R′ 和垂直于从动件运动方向的分力 R″，其大小分别为

R′ =Rcos α

R″ =Rsin α

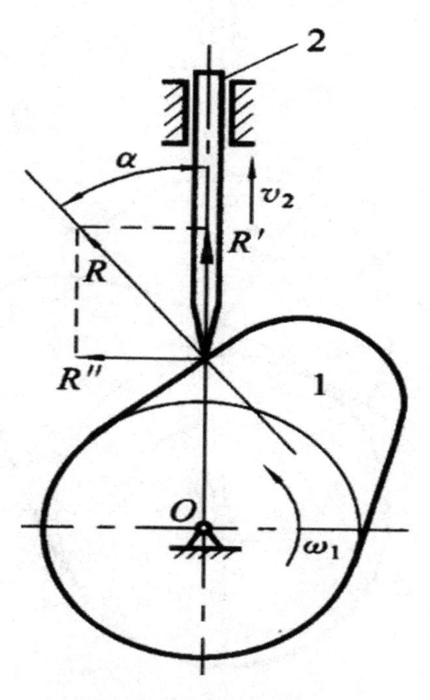

图 8–18　凸轮机构压力角

显然，力 R′ 为推动从动件运动的有效分力。由于力 R″ 的作用，从动件与导路之间将产生侧压力，并由此产生摩擦力，因而 R″ 是阻碍从动件运动的有害分力。由上式可见，压力角 α 是衡量有效分力 R′ 和有害分力 R″ 大小的重要参数。α 越大，R′ 越小，R″ 越大，机构的效率越低。当 α 增大到一定程度，以至 R′ 所引起的摩擦阻力大于有效分力 R″ 时，无论凸轮作用在从动件上的推力 R 有多大，从动件都不能运动，这种现象称为自锁。因此，为了保证凸轮机构正常工作并具有一定的效率，需将最大压力角限制在一定数值范围。这个限定的数值称为压力角的许用值，用〔α〕表示。在一般设计中，压力角的许用值〔α〕推荐如下：

推程时，移动从动件：〔α〕= 30° ~ 35°

摆动从动件：〔α〕= 45°

回程时，从动件在弹簧或重力作用下返回，而不是由凸轮驱动的，所以不会发生自锁，故压力角的许用值可取大些，通常取〔α〕= 70° ~ 80°。

凸轮轮廓设计好以后，为了确保运动性能，必须检验凸轮轮廓上最大压力角是否在许用值范围之内。用图解法检验时，可在凸轮理论轮廓曲线比较陡的地方选几个点，分别作这些点的压力角，然后用量角器进行测量（见图 8-19），检查其中最大值是否超过许用值。用解析法设计凸轮时，只需在源程序中设置推程压力角的比较变量，便可求得推程压力角的最大值。如果 α_{max} 超过许用值，则应考虑修改设计。通常可用加大凸轮基圆半径的方法使 α_{max} 减小。

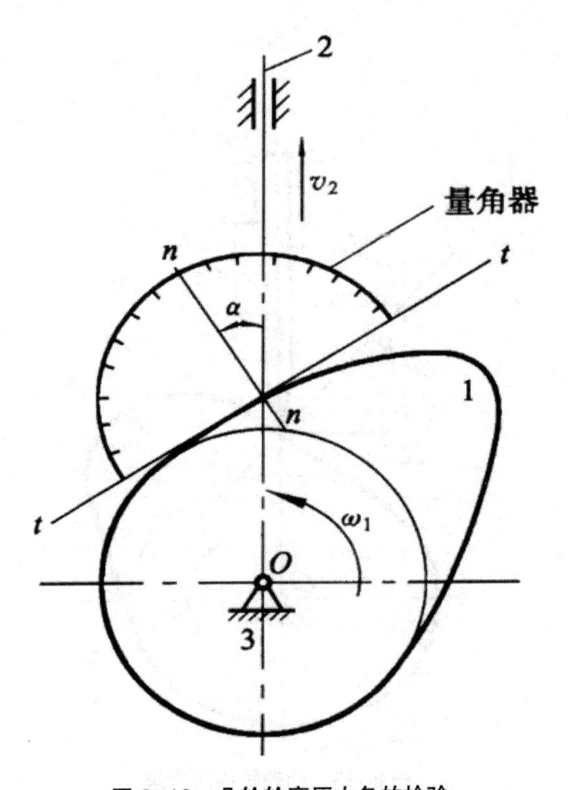

图 8-19　凸轮轮廓压力角的检验

三、基圆半径对凸轮机构的影响

不言而喻，在设计凸轮机构时，凸轮的基圆半径取得越小，所设计的机构越紧凑。但是，必须指出，基圆半径过小会引起压力角增大，致使机构工作情况变坏。这可以从压力角的计算公式中清楚看出。

当从动件的运动规律给定后，凸轮机构任一瞬时的 s2、v2、ω2 均为已知，由式（8-10）可知，基圆半径越小，压力角越大，机构越紧凑。但基圆半径过小，压力角会超过许用值，而使机构传力性能变差，效率降低，甚至发生自锁。通常在保证最大压力角不超过许用值的前提下，对受力较小而要求结构紧凑的凸轮取较小的基圆半径，对于受力较大而对结构尺寸又没有严格限制的凸轮选较大的基圆半径。

第九章　齿轮传动设计方法

第一节　齿轮传动的特点与分类

一、齿轮传动的特点

齿轮传动是应用最广的传动机构，目前已达到的技术水平如下：传递功率 1 × 106kW，圆周速度 300m/s，转速 1 × 105r/min，直径 33m。按照工作条件，齿轮传动可分为闭式传动、开式传动两种。闭式传动，齿轮被封闭在刚性的箱体内，密封润滑条件好，重要的齿轮传动大多采用闭式传动。开式传动，齿轮外露，不能保证良好的润滑，且易落入灰砂、异物等，轮齿齿面易磨损，一般用于低速场合。齿轮传动主要优点如下：①效率高；②传动比准确；③寿命长；④工作可靠；⑤可实现平行轴、任意角相交轴或交错轴之间的传动；⑥直径、圆周速度和功率的适用范围大。主要缺点如下：①制造和安装精度要求高；②成本较高；③不适宜远距离两轴之间的传动。

二、齿轮传动的分类

按照两齿轮轴线的相对位置和齿向，齿轮传动分为以下几种（见图 9-1）。

（1）圆柱齿轮传动，用于两平行轴间的运动和动力传动。按照齿向和轴的位置不同，又可分为以下几种：①直齿圆柱齿轮传动，包括外啮合 [图 9-1(a)]、内啮合 [图 9-1(b)]、齿轮与齿条啮合 [图 9-1(c)]；②斜齿圆柱齿轮传动，包括外啮合 [图 9-1(d)]、内啮合、齿轮与齿条啮合；③人字齿圆柱齿轮传动 [图 9-1(e)]。

（2）两轴相交的齿轮传动，也称为锥齿轮传动，用于相交轴间的运动和动力传动。按照齿向和轴的位置不同，又可分为直齿锥齿轮传动 [图 9-1(f)]、曲线齿锥齿轮传动 [图 9-1(g)]。

（3）两轴交错的齿轮传动，用于交错轴间的运动和动力传动，如交错轴斜齿轮传动 [图 9-1(h)]、准双曲面齿轮传动 [图 9-1(i)]。

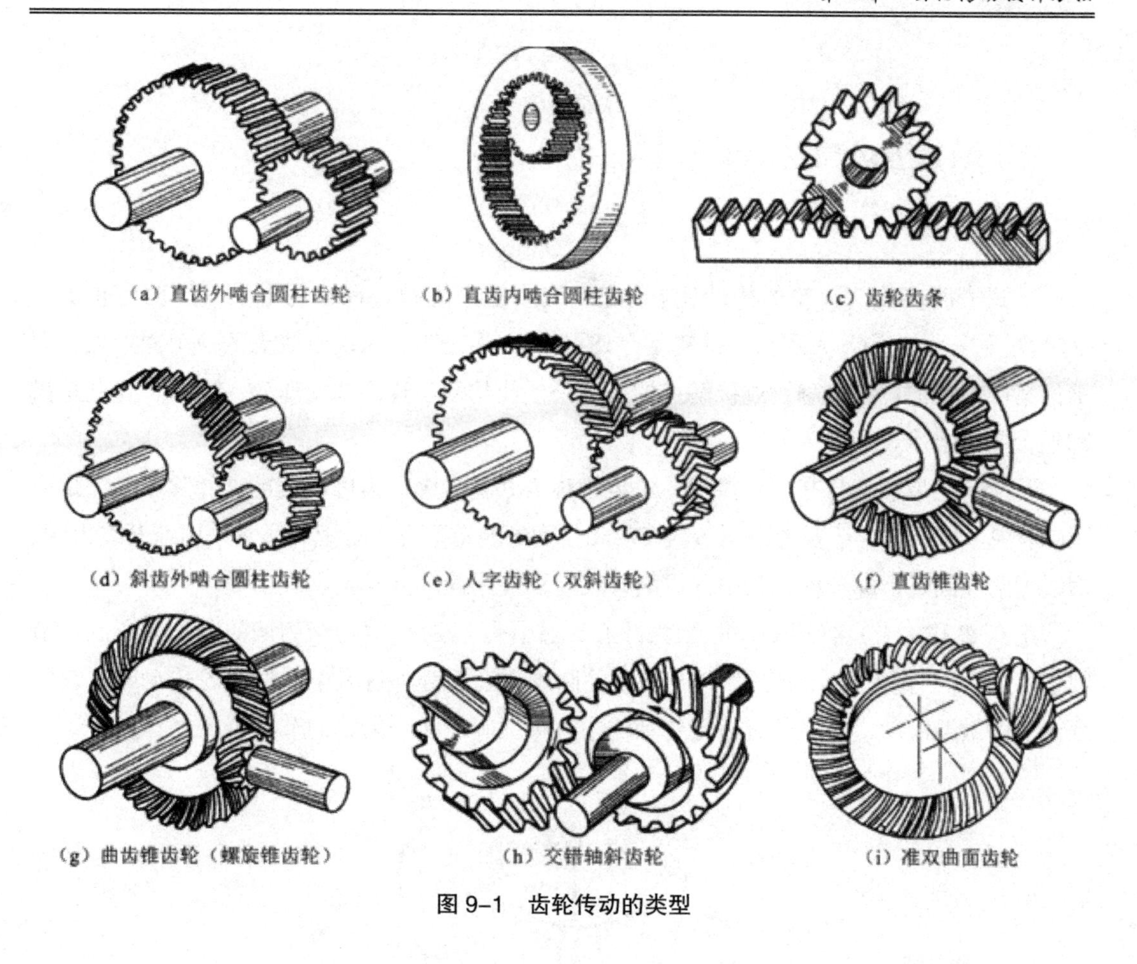

(a) 直齿外啮合圆柱齿轮　(b) 直齿内啮合圆柱齿轮　(c) 齿轮齿条

(d) 斜齿外啮合圆柱齿轮　(e) 人字齿轮（双斜齿轮）　(f) 直齿锥齿轮

(g) 曲齿锥齿轮（螺旋锥齿轮）　(h) 交错轴斜齿轮　(i) 准双曲面齿轮

图 9–1　齿轮传动的类型

第二节　齿廓啮合基本定律

对齿轮传动的基本要求之一是其瞬时角速度之比(传动比,用 i 表示)保持不变。否则，当主动轮以等角速度回转时，从动轮的角速度是变化的，从而产生惯性力，影响齿轮的寿命，引起振动、噪声，降低工作精度。

图 9-2 为两啮合齿轮的齿廓 E_1、E_2 在点 K 接触，两轮角速度分别为 ω_1、ω_2，齿廓 E_1 和齿廓 E_2 上点 K 的速度分别为 $vk_1=\omega_1 O_1K$ 和 $vK_2=\omega_2 O_2K$。过点 K 作两齿廓的公法线，nn 与连心线 Q_1Q_2 交于点 C，vK_1、$vK2$ 在公法线 nn 上的分速度应相等（否则两齿廓将互相嵌入或分离），故 $ab\perp nn$。过 O_2 作 $O_2Z\parallel nn$，与 O_1K 延长线交于点 Z，由 $\triangle Kab\backsim\triangle KO_2Z$，有

$$\frac{\upsilon_{k1}}{\upsilon_{k2}}=\frac{KZ}{O_2K}\cdot\frac{\upsilon_{k1}}{\upsilon_{k2}}=\frac{\omega_1 O_1K}{\omega_2 O_2K}$$

由 $\triangle O_1O_2Z\backsim\triangle O_1CK$，有

$$\frac{KZ}{O_1Z}=\frac{O_2C}{O_1C}$$

由上述两式整理得传动比为

$$i=\frac{\omega_1}{\omega_2}=\frac{O_2C}{O_1C}=\frac{r_2'}{r_1'}$$

上式表明要使两齿轮的传动比 i 恒定，则应使比值 O_2C/O_1C 为常数。因两齿轮中心 O_1、O_2 为定点，O_1O_2 为定长，欲满足上述要求，须使点 C 为连心线上的一个固定点，即不论齿廓在任何位置接触，过接触点的齿廓公法线均须与连心线交于这一定点，这就是齿廓啮合基本定律。

凡能满足齿廓啮合基本定律的一对齿廓称为共轭齿廓。齿廓曲线的选择除要求满足齿廓啮合基本定律外，还要考虑制造、安装和强度等要求。在工业上，通常采用渐开线齿廓、摆线齿廓和圆弧齿廓三种，其中又以渐开线齿廓应用最广。

定点 C 称为节点，以 O_1 和 O_2 为圆心，过节点 C 所作的两个相切的圆称为节圆，节圆半径用 表示。式（9-1）表明两个节圆的圆周速度相等，这说明一对齿轮传动时，它的两个节圆做纯滚动，外啮合时齿轮传动的中心距恒等于两个齿轮的节圆半径之和。

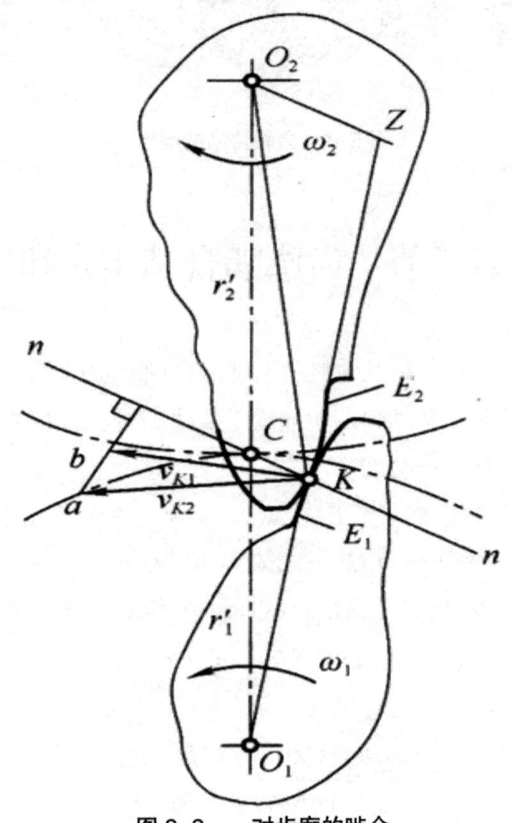

图 9–2　一对齿廓的啮合

第三节　渐开线齿廓的啮合性质

一、渐开线的形成及其特性

当一直线在圆上做纯滚动（见图 9-3）时，此直线上任意一点的轨迹为该圆的渐开线。该圆称为渐开线的基圆，该直线称为发生线。根据渐开线的形成过程，渐开线有下列几个性质。

性质 1：当发生线从位置Ⅰ滚转到位置Ⅱ时，因它与基圆没有相对滑动，所以发生线滚过的一段长度等于基圆上被滚过的一段弧长，即

$$BK = \overset{\frown}{AB}$$

性质 2：当发生线从位置Ⅱ沿基圆做纯滚动时，点 B 为其瞬时转动中心，因此线段 BK 为渐开线上点 K 的曲率半径，点 B 为其曲率中心，而直线 BK 为渐开线上点 K 的法线。又因发生线始终切于基圆，故渐开线上任意一点的法线必与基圆相切。换言之，基圆的切线必为渐开线上某一点的法线。

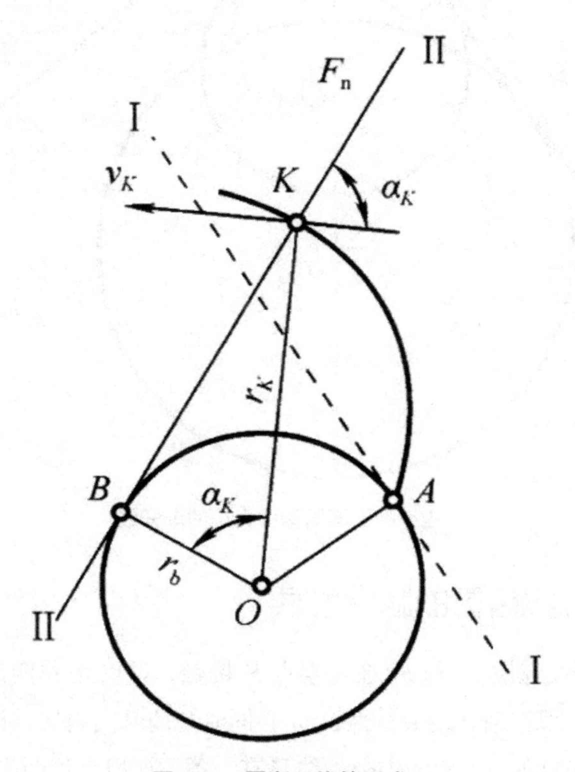

图 9–3　圆渐开线的形成

性质 3：渐开线上某点的法线（压力方向线）与该点速度方向线所夹的锐角 α_K 称为

该点的压力角。由图 9-3 可知

$$\cos a_K = \frac{OB}{OK} = \frac{r_b}{r_K}, \quad a_K = \arccos\frac{r_b}{r_K}$$

式中：rb——基圆半径；

r_K——渐开线上点 K 的半径。

上式表明，渐开线上各点压力角不等，半径 r_K 越大（点 K 离轮心越远），其压力角越大。

性质 4：渐开线的形状取决于基圆的大小。大小不等的基圆其渐开线形状不同。如图 9-4 所示，取大小不等的两基圆使其渐开线上压力角相等的点在点 K 相切，基圆越大，它的渐开线在点 K 的曲率半径越大，即渐开线越趋平直。当基圆半径趋于无穷大时，其渐开线将成为垂直于 B_3K 的直线，它就是渐开线齿条的直线齿廓。

性质 5：基圆以内无渐开线。

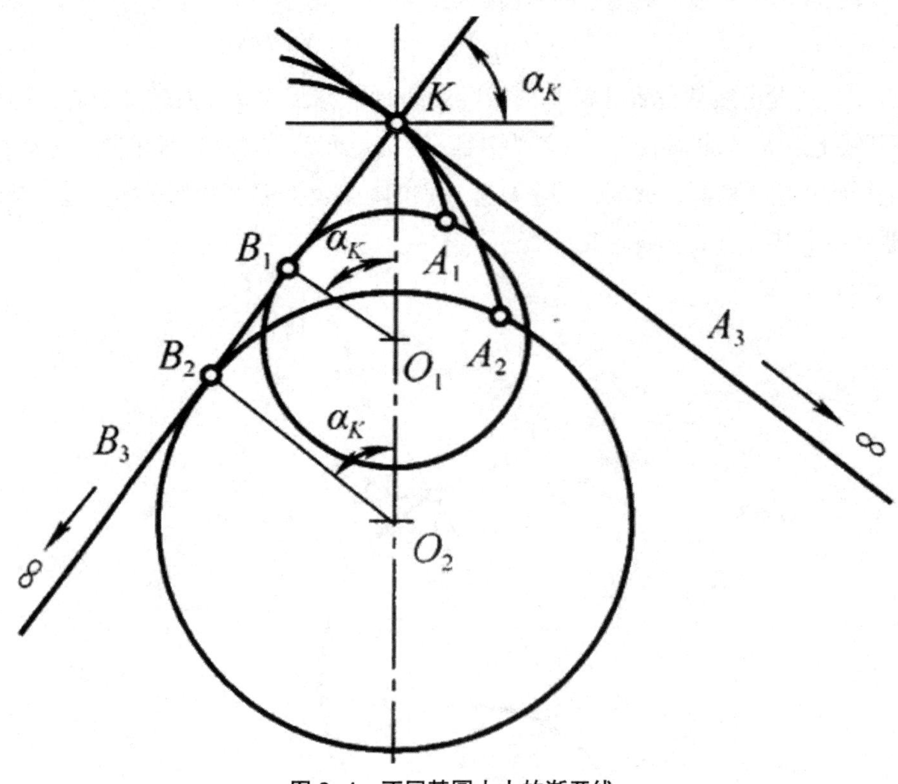

图 9–4　不同基圆大小的渐开线

二、圆渐开线齿廓的啮合性质

设图 9-5 中渐开线齿廓 E_1 和 E_2 在任意点 K 接触，过点 K 作两齿廓的公法线 nn 与两轮连心线交于 C 点。根据渐开线的特性，nn 必同时与两基圆内切，记切点分别为 N_1、N_2。因两基圆为定圆，它们在一方向的内公切线只有一条，所以无论两齿廓在何处接触，过接触点所作齿廓公法线均通过连心线上同一点 C，故圆渐开线齿廓满足齿廓啮合基本定律。由此进一步得出以下内容。

（1）圆渐开线齿轮具有定传动比、可分性。

因△ O_1N_1C ∽ △ O_2N_2C，故其传动比为

$$i = \frac{\omega_1}{\omega_2} = \frac{O_2C}{O_1C} = \frac{r_2'}{r_1'} = \frac{r_{b2}}{r_{b1}}$$

可见，当一对渐开线齿轮制成之后，其基圆大小已确定，其传动比也就确定了。即使两轮的中心距稍有增大，传动比也不会改变，这一特性称为渐开线齿轮的可分性，该特性对齿轮的加工、装配均很有利。

（2）圆渐开线齿轮具有定直啮合线、定啮合角。

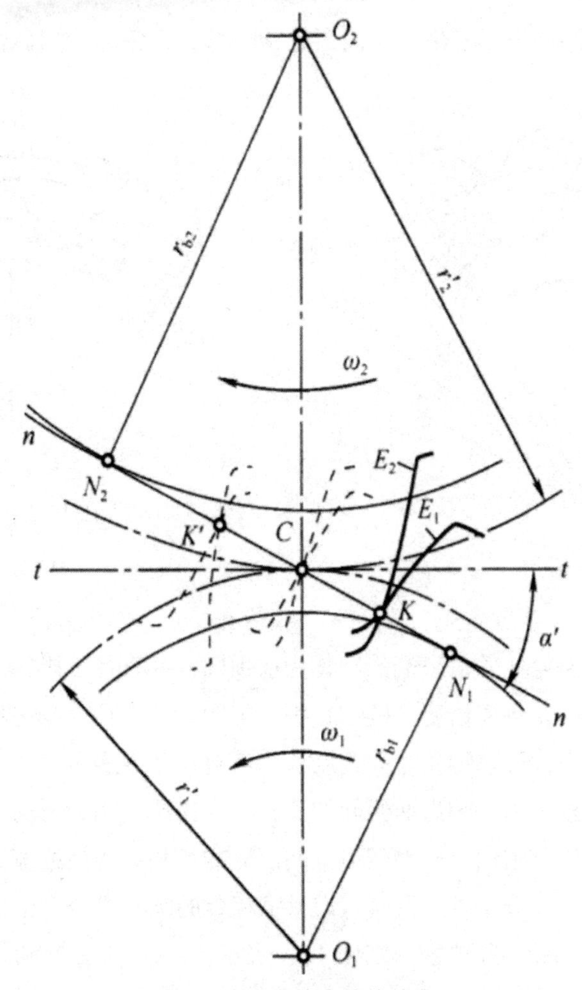

图 9–5　渐开线齿轮的啮合

图 9-5 中啮合齿廓公法线 nn 线为啮合齿廓从进入啮合到退出啮合的过程中接触点的运动轨迹，称为啮合线。它是两个基圆的内公切线，因齿轮中心和基圆大小不变，齿廓公法线、基圆内公切线重合，故啮合线固定。因基圆内无渐开线，两基圆的内公切线 N_1N_2 为最大啮合线，称为理论啮合线。过节点 C 作两节圆的公切线 tt，它与啮合线的夹角 α' 称为啮合角。由于渐开线齿廓的啮合线为一条定直线，啮合角为定值。若不计齿廓间摩擦

力的影响，当传递的转矩一定时，渐开线齿廓间作用力的大小、方向（沿啮合线）均不改变，这是渐开线齿轮传动的重要优点之一。

第四节　渐开线标准直齿圆柱齿轮的构造和几何尺寸

一、直齿圆柱齿轮各部分的名称

图 9-6 为一直齿圆柱齿轮外齿轮、内齿轮的一部分，各部分的名称如下。

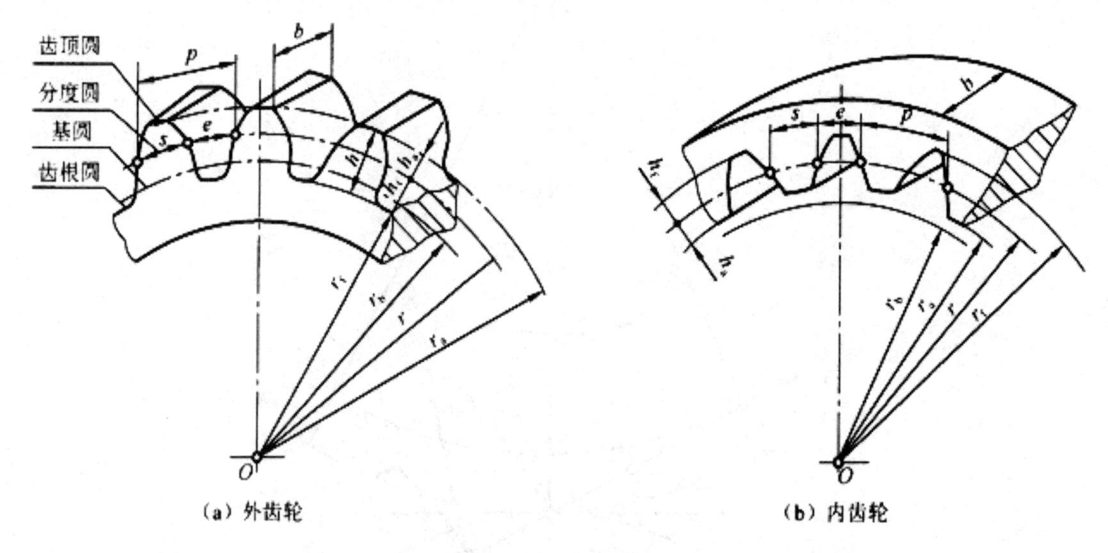

图 9-6　齿轮的构造

（1）齿顶圆。过齿轮各轮齿顶端的圆称为齿顶圆，其直径、半径用 *da*、*ra* 表示。

（2）齿根圆。过齿轮各齿槽底部的圆称为齿根圆，其直径、半径用 *df*、*rf* 表示。

（3）齿宽。沿齿轮轴线量得轮齿的宽度称为齿宽，用 *b* 表示。

（4）齿厚。在任意圆周上轮齿两侧间的弧长称为齿厚，用 *sr* 表示。

（5）齿槽宽。在任意圆周上相邻两齿空间部分的弧长称为齿槽宽，用 *er* 表示。

（6）分度圆。对于标准齿轮，齿厚与齿槽宽相等的圆称为分度圆，其直径、半径用 *d*、*r* 表示。分度圆上的齿厚、齿槽宽分别用 *s*、*e* 表示，$s = e$。分度圆是齿轮设计、制造的基准圆。

（7）齿距。相邻两齿在分度圆上对应点间的弧长称为齿距，用 *p* 表示：

$$p = s + e,\ \ s = e = p/2$$

（8）齿顶高。分度圆到齿顶圆的径向距离称为齿顶高，用 *ha* 表示。

（9）齿根高。分度圆到齿根圆的径向距离称为齿根高，用 *hf* 表示。

（10）全齿高。齿顶圆到齿根圆的径向距离称为全齿高，用 *h* 表示，$h = ha + hf$。

（11）齿项间隙。齿轮齿顶圆与配对齿轮的齿根圆间的径向距离为齿顶间隙，用 c 表示，$c = hf - ha$。用以避免齿轮的齿顶与配对齿轮的齿底相碰并能储存润滑油。

（12）齿侧间隙。为了容纳各种制造、安装误差，避免齿廓啮合干涉，应留有一定量的齿侧间隙，用 ha 表示，实际齿厚比理论齿厚小，用齿厚或公法线长度的负偏差予以保证，也可用塞尺测量检验。

二、直齿圆柱齿轮的基本参数

决定齿轮尺寸和齿形的基本参数有 5 个，即齿轮的模数 m、压力角 α、齿数 z、齿顶高系数 h^*a 及径向间隙系数 c^*。以上 5 个参数，除齿数 z 外均已标准化。

（1）模数 m。分度圆直径 d、齿数 z、齿距 p 三者有如下关系：

$$\pi d = pz \text{ 或 } d = p / \pi z$$

因 π 是一个无理数，上式计算分度圆直径很不方便，所以把 p/π 取成有理数（取 p 为 π 的倍数），并定义脚 $m = p/\pi$ 为模数。因此，有

$$m = p / \pi，d = mz$$

模数 m 代表了轮齿的大小，模数大，轮齿尺寸就大，反之亦然。当齿数 z 一定，随着模数 m 增大，齿轮的尺寸也成比例增大。中国齿轮采用模数制，模数 m 为度量和计算齿轮尺寸的一个基本参数。

加工齿轮的刀具的模数应与被加工齿轮的模数相同，为了限制刀具的数目，实现加工齿轮刀具的标准化，国家规定了齿轮模数 m 的标准系列，在设计时 m 须取标准值。

（2）压力角 α。由式（9-2）可知，同一渐开线齿廓上各点的压力角是不相等的，离基圆越远压力角越大（图 9-7）。压力角太大不利于传力，所以用作齿廓的那段渐开线的压力角不能太大。为了便于设计、制造和维修，把分度圆处的压力角取一适当值并规定为标准值。中国齿轮标准规定分度圆压力角 $\alpha = 20°$ 。此外，有些国家或行业采用 14.5°、22.5° 等作为标准压力角。通常所说的压力角都是指分度圆上的标准压力角 α。

（3）齿顶高系数、齿顶间隙系数 c^*。轮齿高度取成模数的倍数，在标准齿轮中，取

齿顶高：$ha =$

齿根高：$hf = ha + c = + c^*m$

正常齿 $= 1$，$c^* = 0.25$；短齿 $= 0.8$，$c^* = 0.3$。

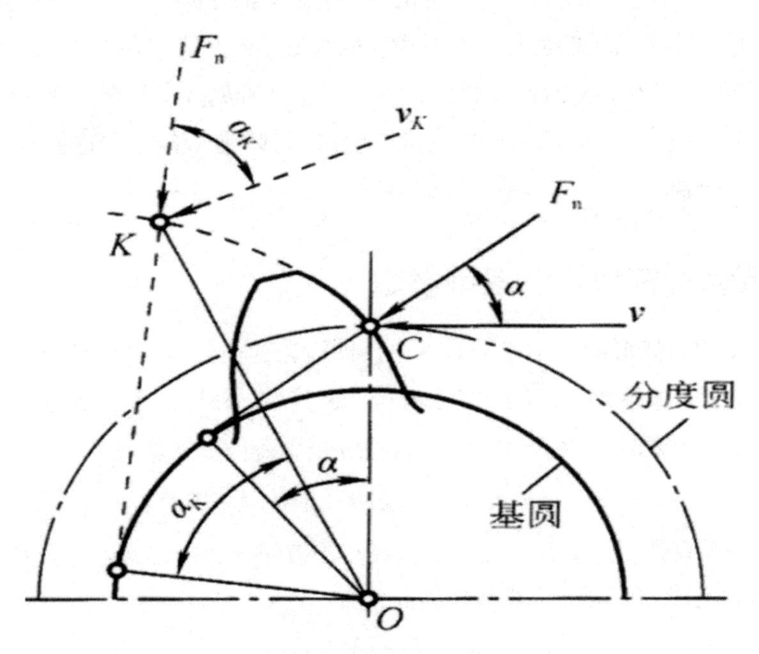

图 9-7　渐开线齿廓在分度圆处的压力角

三、标准直齿圆柱齿轮的几何尺寸计算

如果齿轮的模数 m、压力角 α、齿顶高系数和齿项间隙系数 c^* 都是标准值，而且分度圆上的齿槽宽和齿厚相等，这样的齿轮称为标准齿轮。

一对标准齿轮标准安装时，两齿轮的分度圆是相切的，分度圆与节圆相重合，即圆心重合、大小相同，$d = d'$，啮合线与齿廓公法线重合，啮合角等于压力角，即 $\alpha' = \alpha$。由于节圆是齿轮啮合的节点所确定的圆，对单个齿轮没有节圆的概念。

第五节　渐开线齿轮的啮合传动

一、正确啮合条件

齿轮传动时，如图 9-8 所示，当前一对轮齿要分离时（点 K），后一对轮齿已进入啮合（点 K'），以保证传动连续。为了保证前后两对轮齿的啮合线、公共法线为同一条，即 N_1N_2 线，啮合中齿轮 1 同侧齿廓沿法线的距离 应与齿轮 2 的 相等，即

$$K_1K_1' = K_2K_2'$$

设 m_1、m_2、α_1、α_2、pb_1、pb_2、p_1、p_2 分别为两轮的模数、压力角、基圆齿距、（分度圆）

齿距，根据渐开线的性质 1、性质 3，对轮 2 有

$$K_2K_2' = N_2K' - N_2K = N_2i = ij = p_{b2}$$
$$= \frac{\pi d_{b2}}{z_2} = \frac{\pi d_2}{z_2}\frac{d_{b2}}{d_2} = p_2\cos a_2 = \pi m_2\cos a_2$$

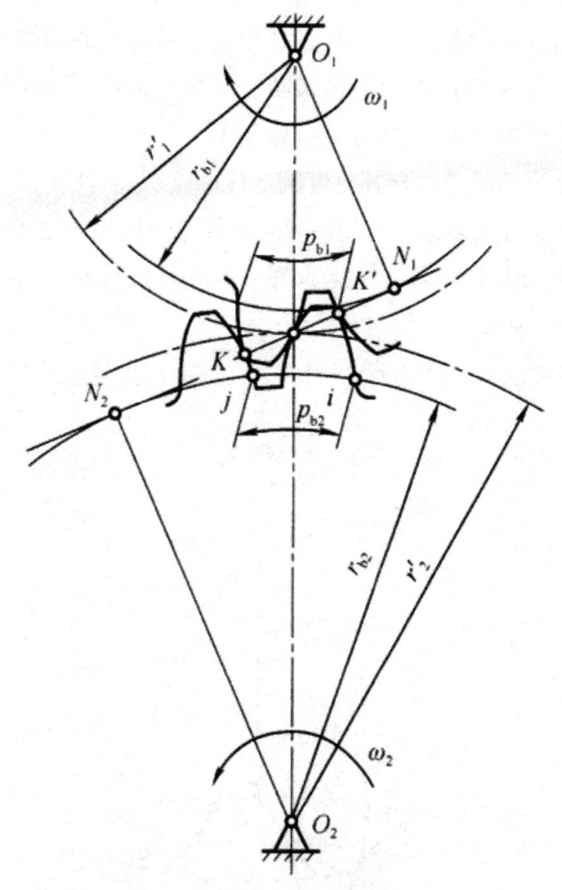

图 9–8　渐开线齿轮的正确啮合

同理，对轮 1 也有

因此有 $K_1K_1 = P_1\cos a_1 = \pi m_1\cos a_1$

要使上式恒等，必有 $\pi m_1\cos a_1 = \pi m_2\cos a_2$

$$m_1 = m_2 = m,\ \ a_1 = a_2 = a$$

这就是直齿圆柱渐开线齿轮的正确啮合条件，即配对齿轮的模数 m 和压力角 α 分别相等。

标准齿轮标准安装时，节圆和分度圆重合，即 $d' = d$，其传动比又可表示为

$$i = \frac{\omega_1}{\omega_2} = \frac{d_2'}{d_1''} = \frac{d_{b2}}{d_{b1}} = \frac{d_2}{d_1} = \frac{z_2}{z_1}$$

二、连续传动条件

设齿轮 1 主动、齿轮 2 从动，转动方向如图 9-9 所示。一对齿廓开始啮合时，主动轮 1 的齿根与从动轮 2 的齿顶先接触，啮合开始点为从动轮的齿顶圆与理论啮合线 N_1N_2 的交点 A。进入啮合后，啮合点沿 N_1N_2 向左移动，齿轮 2 齿廓上的接触点由齿顶向齿根移动，而齿轮 1 齿廓上的接触点则由齿根向齿顶移动。啮合终止点是主动轮的齿顶圆与 N_1N_2 的交点 E。AE 为啮合点的实际轨迹，称为实际啮合线。

一对轮齿从开始啮合到终止啮合其分度圆上任一点所经过的圆弧线称为啮合弧，图 9-9 中圆弧即为啮合弧。若大于齿距 p，当前一对轮齿在啮合终止点 E 分离时，后一对轮齿已经在点 K 进入啮合，传动得以连续。反之，若小于齿距 p，前一对轮齿分离时，后一对轮齿还未进入啮合，传动不连续。

啮合弧与齿距之比称为端面重合度，记为 ε_α，则保证齿轮连续传动的条件为

$$\varepsilon_a = \frac{\widehat{FG}}{p} \geqslant [\varepsilon_a]$$

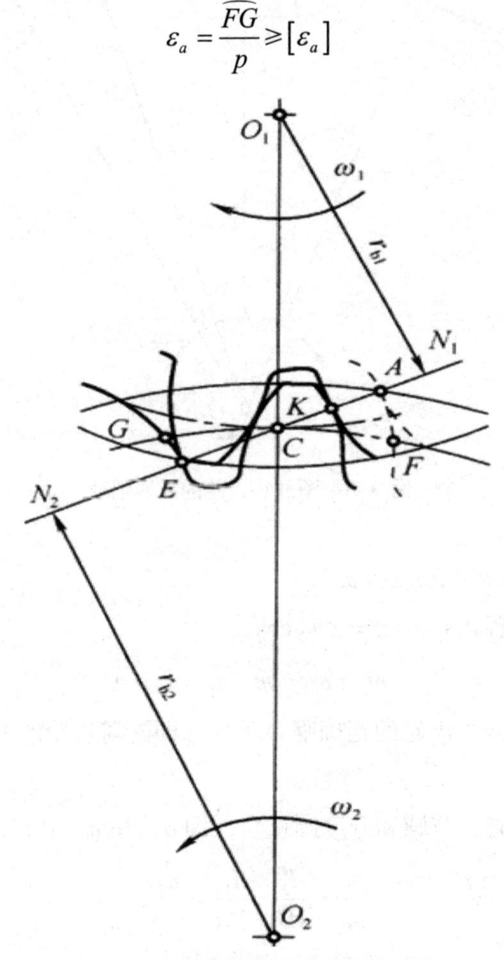

图 9–9　渐开线齿轮的连续传动过程

（1）正常齿标准齿轮标准安装传动的端面重合度用下式近似计算：

$$\varepsilon_a=\left[1.88-3.2\left(1/z_1\pm1/z_2\right)\right]\cos\beta$$

式中，“+”用于外啮合，“−”用于内啮合；β 为分度圆螺旋角，直齿轮 $\beta=0°$ 。

（2）正常齿标准直齿轮标准安装时，$1<\varepsilon_\alpha<2$。考虑误差和保证一定平稳性，许用值 $[\varepsilon_\alpha]=1.1\sim1.4$，精度低或重要传动取大值。

重合度的大小表示同时参与啮合的齿对数的多少。当 $\varepsilon_\alpha=1$ 或 2 时，理论上齿轮传动中始终为一对齿或两对啮合；当 $1<\varepsilon_\alpha<2$ 时，一对齿啮合和二对齿啮合交替进行。例如，$\varepsilon_\alpha=1.3$，对应齿高中部、节点附近，一对齿啮合在分度圆周上的啮合长度为 $0.7p$；对应轮齿的齿根、齿顶部位（实际啮合线两端），两对齿啮合在分度圆周上的啮合长度为 $0.3p$。

重合度越大，传动中两对齿啮合时间就越长，齿轮传动越平稳。中心距及传动比一定时，齿高、齿数增大（伴随模数减小），重合度增大。

第六节　渐开线标准齿轮的公法线和固定弦齿厚

公法线长度和固定弦齿厚是齿轮侧隙检验中两个常用项目。现介绍其名义值的计算方法。

一、公法线长度

设发生线 A_1B_1 在基圆上纯滚动，其上点 A_1 和 B_1 分别描出左右两条渐开线 EA、EB，根据渐开线的特性，A_1B_1、A_2B_2 为 EA、EB 的公法线。公法线长度 W 为

$$W=A_1B_1=A_2B_2=\cdots=AB=\text{常数}$$

上式表示渐开线 EA、EB 在任意位置的公法线长度相等。如图 9-10(*b*) 所示为用普通的卡尺跨三个齿测量公法线长度的情况。测量精度不受卡尺位置的影响，并可换算出分度圆齿厚。因此，它在齿轮加工中被广泛采用，以代替对分度圆齿厚的测量。标准直齿圆柱齿轮的公法线长度 W 可按下式计算：

$$W=m\left[2.9521(k-0.5)-0.014z\right]$$

式中：z——被测齿轮齿数；

m——模数；

k——公法线跨齿数，可按 $k=0.1111z+0.5$ 计算并取大于计算值的整数。

图 9-10 为公法线长度测量。

二、固定弦齿厚

当标准齿条与外齿轮的轮齿对称相切时（见图 9-10），其切点间距离 *aa* 称为固定弦齿厚，用 s_c 表示。固定弦、齿顶圆间的径向距离称为固定弦齿高，用 h_c 表示。标准齿轮的 s_c、h_c 计算式为

$$\left.\begin{aligned} s_c &= 0.5\pi m\cos^2 a \\ h_c &= m(h_a^* - 0.125\pi\sin^2 a) \end{aligned}\right\}$$

固定弦齿厚、固定弦齿高均与齿数（或直径）无关。对于正常齿制（$\alpha = 20°$，$h_a^* = 1$），有

$$\left.\begin{aligned} s_c &= 1.387m \\ h_c &= 0.7476m \end{aligned}\right\}$$

图 9-11 表示用齿轮卡尺测量固定弦齿厚的情形。

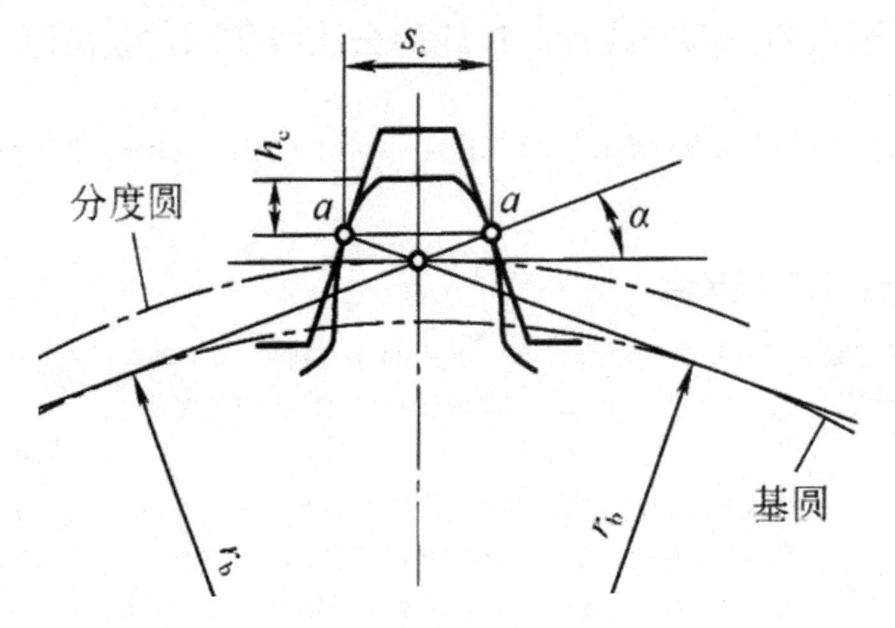

图 9–10　固定弦齿厚与齿高

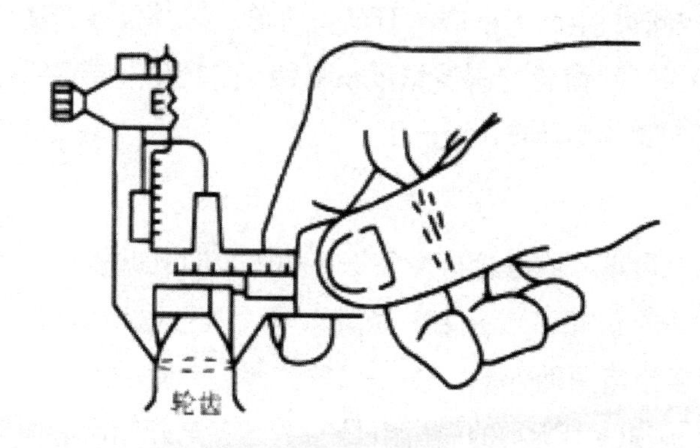

图 9–11　固定弦齿厚的测量

第七节　渐开线齿轮的加工方法及变位齿轮

一、齿轮轮齿的加工方法

切削加工是齿轮最主要的加工方法。切削加工方法分为成形法和范成法两大类。

1. 成形法

成形法就是在铣床上使用具有渐开线齿形的铣刀直接切出齿形的方法。常用的有盘形铣刀 [图 9-12(a)] 和指状铣刀 [图 9-12(b)] 两种。加工时，铣刀绕本身轴线旋转，同时轮坯沿齿轮轴线方向直线移动，铣出一个齿槽以后，将轮坯转过 $2\pi/z$ 再铣第二个齿槽。其余以此类推。

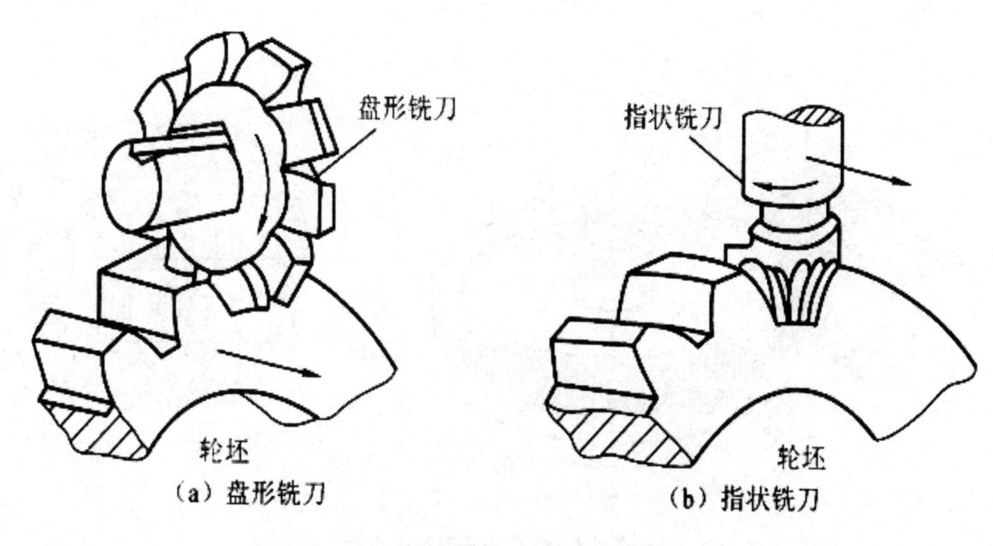

图 9–12　成形法加工齿轮

这类方法制造精度低，生产率也低，但设备简单、刀具价廉，适用于单件或小批量生产的低精度齿轮的加工。在齿轮的制造精度从 0 级到 12 级、自高到低的精度等级中，成形法加工的齿轮精度一般在 9 级或 9 级以下。

2. 范成法

范成法是利用一对齿轮（或齿轮与齿条）互相啮合时其共轭齿廓互为包络线的原理来切齿的。如果把其中一个齿轮（或齿条）做成刀具，就可以切出与其共轭的渐开线齿廓。范成法常用的有插齿及滚齿两种。

（1）插齿。如图 9-13（a）所示的插齿刀是一个具有渐开线齿形而模数与被加工齿轮相同的刀具。在加工过程中插齿刀做上下往复的切削运动，同时机床强制性地驱使插齿刀和轮坯之间严格保持着一对齿轮的啮合关系而相互转动，在运转中把整个齿轮的轮齿逐渐加工出来，其齿形的范成过程见图 9-13（b）。这种加工方法还可用来加工内齿轮及双联齿轮。插齿方法加工齿轮精度较高（可达 6 ~ 7 级精度），但它的加工过程不完全连续，生产率较低。

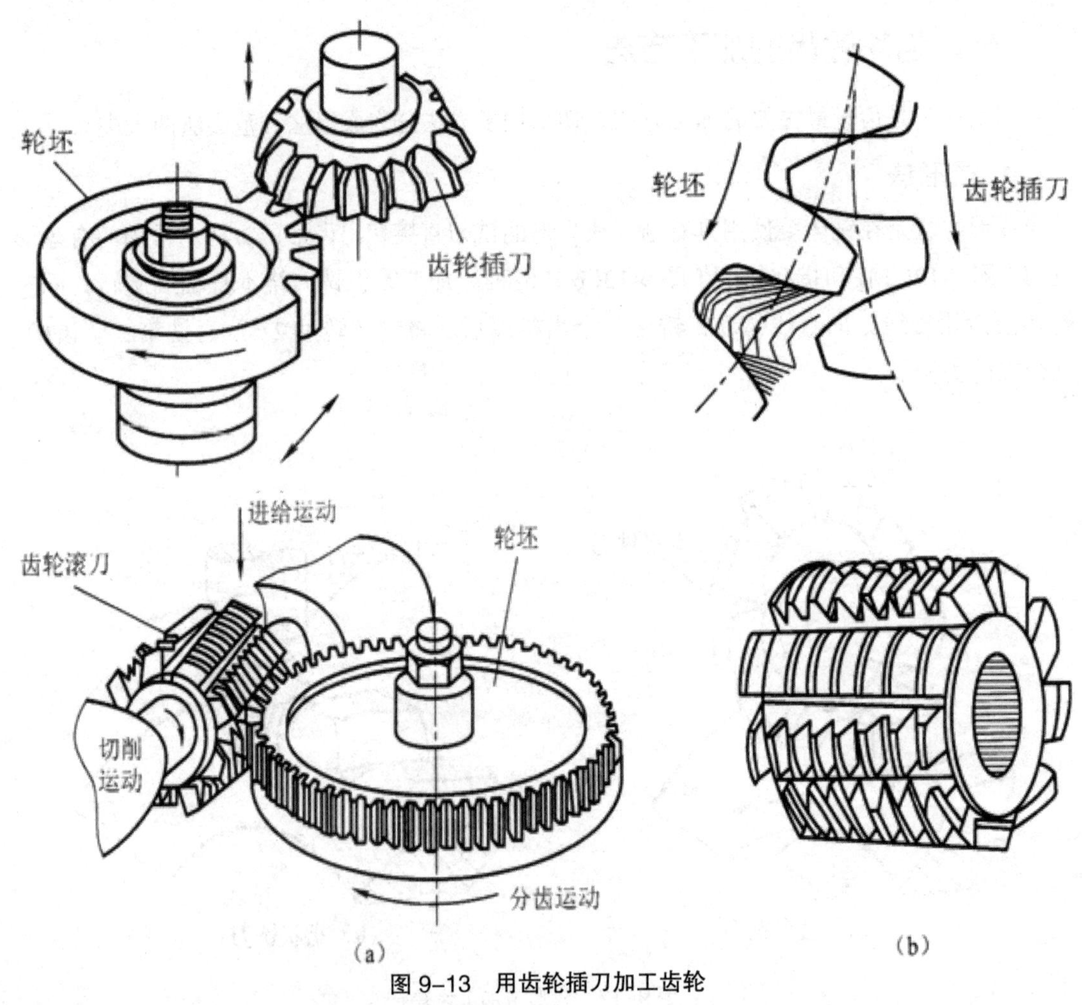

图 9-13　用齿轮插刀加工齿轮

（2）滚齿。如图 9-14(a) 所示，滚刀相当于一个螺旋沿轴向刻槽形成刀刃而成，其轴向剖面为具有直线齿廓的齿条 [图 9-14(b)]。用滚刀切削齿轮时，轮坯与滚刀分别绕本身轴线以所需的角速度转动，其运动关系与齿轮和齿条啮合一样，此外滚刀又沿着轮坯的轴向进刀（垂直进给运动），以便将全齿长加工出来。因为滚刀呈螺旋形状，所以安装滚刀时滚刀的轴线要倾斜一个角度，以便切削处螺旋线的方向与轮齿方向一致。滚齿生产率高，通常精度可达 7(或 6) 级。

图 9–14　用滚刀加工齿轮

二、根切现象及最少齿数

用范成法切制标准齿轮时，如果齿轮的齿数太少，则轮齿根部的渐开线将被刀具的齿顶切去一部分（见图 9-15），这种现象称为根切。显然，根切削弱了轮齿的弯曲强度，而且可能影响传动的平稳性。为了避免根切，应使所设计的齿轮的齿数大于不产生根切的最少齿数 zmin。当用滚刀切削正常齿标准直齿圆柱齿轮时，最少齿数 zmin ＝ 17。

在满足轮齿弯曲强度的条件下，允许齿根部有轻微的根切，以求减小结构尺寸和重量，允许最少齿数 zmin ＝ 14。采用正变位齿轮，可使不根切齿数减小。

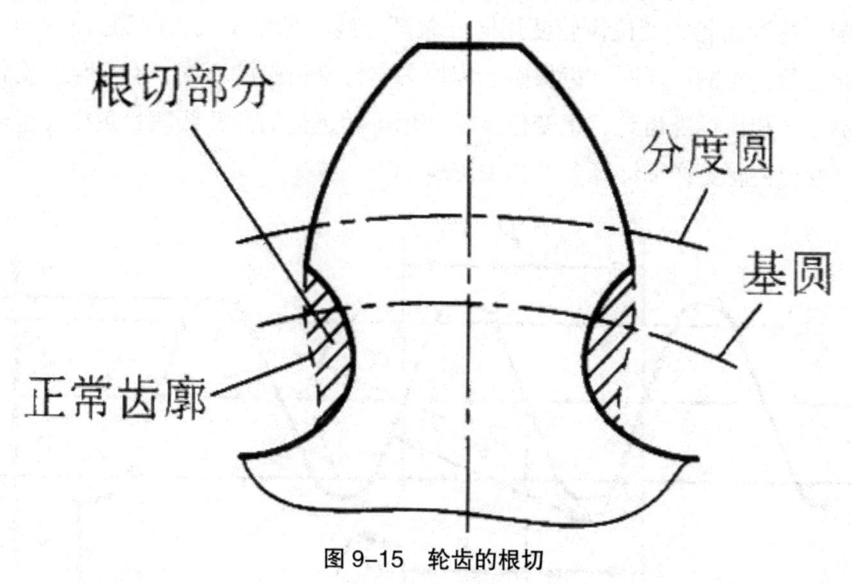

图 9–15　轮齿的根切

三、变位齿轮

图 9-16(*a*) 为齿条刀加工标准齿轮的情形，齿条刀的中线和齿轮毛坯的分度圆相切，加工出来的齿轮分度圆上的齿距（或模数）必然与齿条刀的齿距（或模数）相等。分度圆上的压力角与齿条刀的刀具角 *a* 相等。分度圆上的齿厚 *s* 与齿槽宽 *e* 相等，即 $s = e = p/2$。

如果在切削齿轮时，轮坯的分度圆不与齿条刀的中线相切，而是与齿条刀的另一条分度线（机床节线）相切，则加工出来的齿轮分度圆上的齿厚 s' 与齿槽宽 e' 不相等，即 $s' \neq e' \neq p/2$，这样的齿轮称为变位齿轮［图 9-16(b)、图 9-16(c)］。因为切削中齿条刀的分度线（机床节线）与轮坯分度圆作纯滚动，而齿条上任一与中线平行的线上的齿距是相同的，刀具角（压力角）α 不变，见图 9-17，所以变位齿轮的分度圆齿距（或模数）、压力角与齿条的相同。刀具相对于切削标准齿轮时的刀具位置的径向改变量称为变位量，以 xm 表示，x 称为变位系数，m 为模数。刀具中线相对轮坯中心远移称为正变位，取 x 为正值，所切出的齿轮为正变位齿轮；近移称为负变位，取 x 为负值，所切出的齿轮称为负变位齿轮。

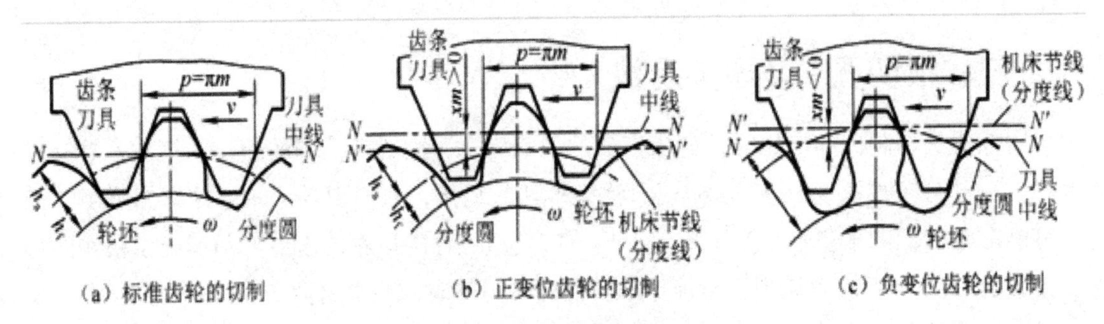

图 9-16 标准齿轮及变位齿轮的切制

变位齿轮的齿数、模数、压力角、分度圆和基圆与标准齿轮的一样，无变化。因为是同一个基圆，标准齿轮、变位齿轮使用同一条渐开线（见图 9-18），只是使用的部位有所不同，因此变位齿轮的齿顶圆、齿根圆、齿厚等与标准齿轮的不同，有变化。变位前后全齿高基本不变，相比标准齿轮，正变位齿轮使用了稍远处的渐开线段，负变位齿轮使用了稍近处的。变位齿轮更详细计算参见相关资料。

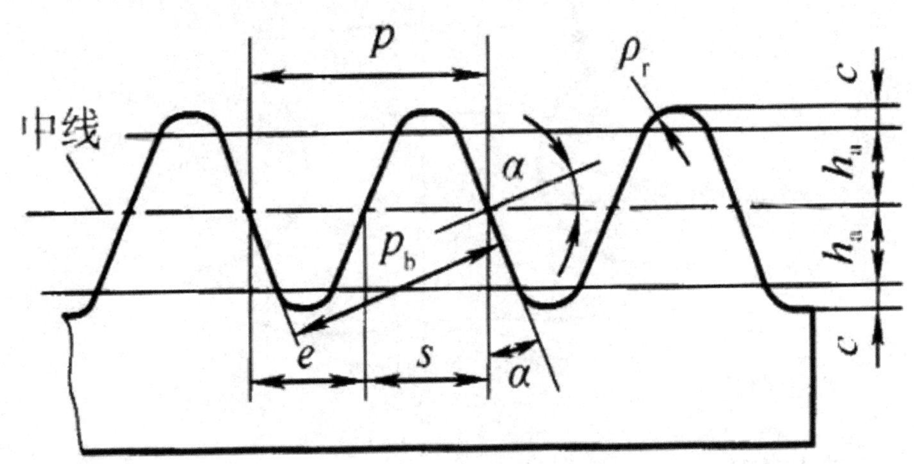

图 9-17 齿条刀具

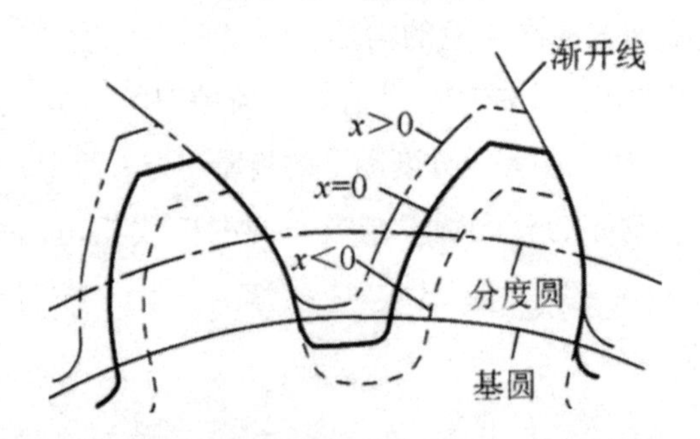

图 9-18 齿轮变位前后的齿廓

变位齿轮可以凑配齿轮的中心距，正变位可减小不根切的最小齿数，在一定范围内避免根切。合理设计变位齿轮可以提高齿轮的强度和承载能力，改善齿轮的耐磨性和抗胶合性能。

由于变位齿轮分度圆上齿厚 s、齿槽宽 e 不相等，用齿厚等于齿槽宽作为分度圆的定义就不适用了。分度圆更一般性的定义是具有标准模数和标准压力角 α 的圆。这样既适用于标准齿轮，也适用于变位齿轮。

第八节 齿轮的材料、失效形式、设计准则

一、齿轮的材料

制造齿轮的材料主要是各种牌号的钢，其次是铸铁，在特殊情况下采用有色金属、粉末冶金及某些非金属材料等。

1. 钢

齿轮用钢可分为锻钢和铸钢两大类。锻钢的质量比铸钢的好，锻钢最常用，除非尺寸较大（如 d > 400 ~ 600mm），或结构形状复杂不易锻制时才采用铸钢。用热处理的方法可提高钢的力学性能，尤其是提高齿面硬度对提高承载能力效果很显著。

按齿面硬度不同，齿轮可分为以下两类。

（1）软齿面齿轮（齿面硬度≤ 350HBW）。这类齿轮的最终热处理是调质或正火，热处理后进行切齿。齿面硬度通常为 160 ~ 286HBW。因齿面硬度低，承载能力较低。但因这类齿轮制造容易、成本低，故广泛用于对尺寸及重量没有严格限制的一般机械设备中。由于小齿轮的工作较配对大齿轮繁重，为均衡两者的强度和使用寿命，小齿轮的齿面硬度应比大齿轮的高一些，一般高 20 ~ 50HBW。

（2）硬齿面齿轮（齿面硬度> 350HBW）。这类齿轮通常是在半精加工后进行使齿面硬化的热处理。常用的热处理方法有淬火、表面淬火、渗碳淬火及氮化等。齿面硬度一般为 40 ~ 62HRC。热处理后齿面有变形，可采用研磨、磨削或刮削等精加工方法加以消除。这类齿轮的齿面硬度高，承载能力高，耐磨性好，适用于对尺寸和重量有限制及重要的机械设备中。

2. 铸铁

灰铸铁的耐冲击和抗弯曲性能较差，主要用于制造低速和不重要的开式齿轮传动及功率不大的齿轮传动。球墨铸铁的力学性能较高，有时可用来代替铸钢。

3. 非金属材料

对于高速、小功率、精度不高以及传递运动为主的齿轮传动，有时用非金属材料（如夹布胶木、尼龙、塑料等）制作齿轮。

二、齿轮的失效形式

齿轮传动的失效主要发生在轮齿。下面介绍轮齿的几种主要的失效形式。

1. 轮齿折断

在载荷作用下轮齿受弯曲，在齿根部产生的弯曲应力最大，而且有应力集中。在传动过程中轮齿重复受载，齿根弯曲应力为变应力。在这种弯曲变应力作用下，齿根处产生疲劳裂纹，裂纹扩展，导致轮齿弯曲疲劳折断 [图 9-19(a)]。

齿轮短时过载、受冲击载荷或轮齿磨损减薄后，均易发生轮齿的突然折断，称为过载折断。淬火钢硬齿面齿轮、铸铁齿轮容易发生这种形式的断齿。

直齿轮易发生全齿折断。斜齿轮由于接触线为一斜线，易发生轮齿局部倾斜折断 [图 9-19(b)]。轮齿折断是齿轮传动最危险的失效形式，它不仅使齿轮传动完全失效，而且掉落下来的齿块往往会导致其他零（部）件损坏，以致发生更大的故障。

改善材料的性能、适当增大模数、增大齿根过渡圆角、提高齿轮制造精度、降低齿根表面的粗糙度、消除齿根加工刀痕等，均可提高轮齿的抗折断能力。

2. 齿面点蚀

轮齿受载时，工作齿面上的啮合处产生接触应力。运转过程中齿面接触应力是按脉动循环变化的。在接触应力的反复作用下，轮齿表层出现微小的疲劳裂纹，裂纹不断扩展，从齿面脱落下材料后形成麻点状小坑，即齿面点蚀 [图 9-19(c)]。齿面出现点蚀后，齿廓遭到破坏，使传动性能恶化、振动和噪声增大。点蚀多出现在靠近节线附近的齿根表面上。软齿面（齿面硬度≤ 350HBW）的闭式齿轮传动常出现齿面点蚀。开式齿轮传动，由于齿面磨损较快，在未形成点蚀前即被磨损掉，故一般看不到点蚀出现。

提高齿面硬度和改善润滑油的性能等可提高抗点蚀的能力。

3. 齿面胶合

在高速重载或低速重载齿轮传动中，齿面间压力很大，使啮合齿面间的润滑剂被挤出和产生瞬时高温，导致两齿发生粘焊。由于两齿面的相对滑动，在齿面上形成沿相对滑动方向深度、宽度不等的粗糙的条状沟纹，这种现象称为胶合 [图 9-19(d)]。齿面胶合会使传动性能严重恶化，产生剧烈的磨损和发热，甚至很快导致齿轮报废。

采用减摩和极压性能好的润滑油、提高齿面硬度、降低齿面粗糙度、选用不同牌号的材料配对、配对齿轮保持一定的齿面硬度差，可减缓和防止齿面胶合。

4. 齿面磨损

当灰砂、金属屑末等硬质异物落到齿面上，齿面将逐渐磨损 [图 9-19(e)]。磨损后齿面失去正确形状，产生冲击和噪声。此外，轮齿磨损过度变薄易发生折断。轮齿磨损是开式齿轮传动的主要失效形式。

采用闭式传动或加防护罩、改善润滑条件、保持油品清洁、采用硬齿面、降低齿面粗糙度等，可有效减轻或防止齿面磨损。

跑合是利用磨损来改善齿面接触状况的一种工艺方法。新制造的齿轮副，可通过轻载运转，齿面相互磨损，以达到降低粗糙度、减小误差、相互适应、改善齿面接触情况的目的。跑合结束后，齿轮要彻底清洗，并更换润滑油。

5. 齿面塑性变形

用软钢或其他软材料制造的齿轮，当受重载时，齿面摩擦力过大，会使轮齿表面材料发生塑性流动，使齿面失去正确齿形 [图 9-19(f)]。适当提高齿面硬度，采用减摩性能好的润滑油，可防止或减轻齿面塑性变形。

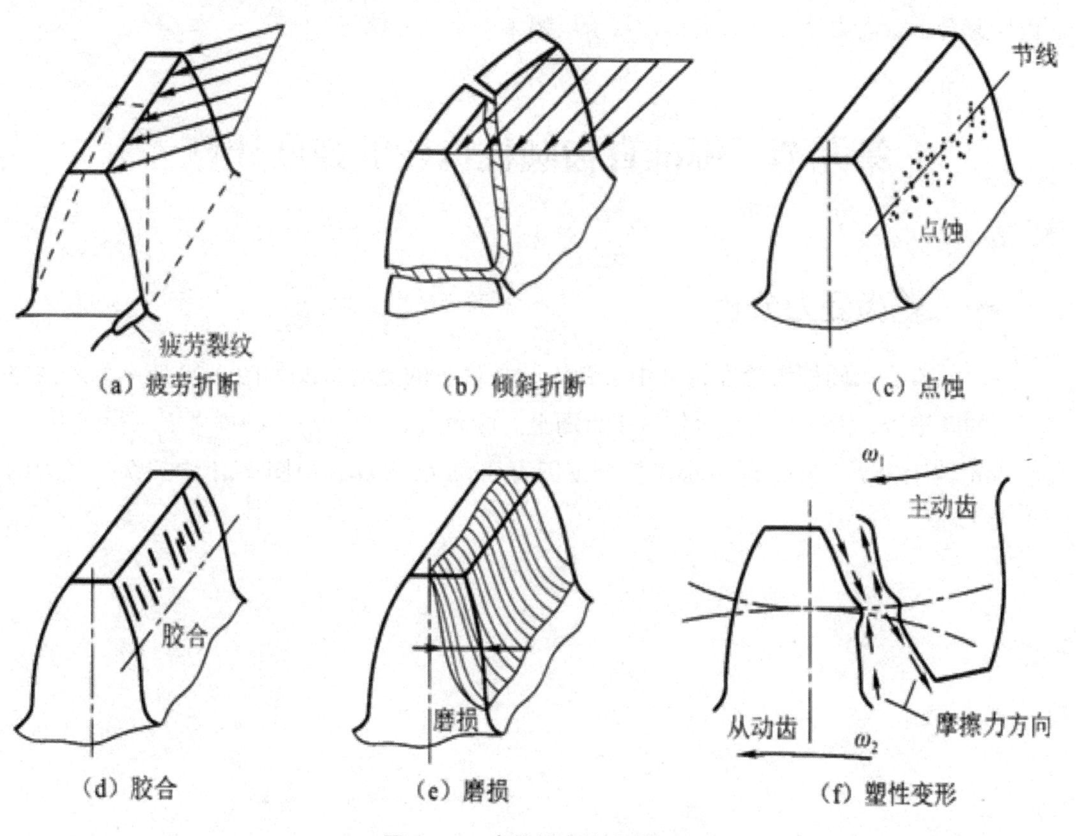

图 9–19　齿轮轮齿的失效形式

三、齿轮传动的设计准则

实际应用中的齿轮到底会发生哪种形式的失效，取决于齿轮的材料、制造安装质量和工作条件等。在闭式齿轮传动中，软齿面（硬度≤ 350HBW）齿轮主要发生齿面点蚀；硬齿面（硬度＞ 350HBW）齿轮齿面点蚀和轮齿弯曲疲劳折断均会发生。开式齿轮传动的齿面磨损和轮齿折断是主要失效形式。

在设计齿轮传动时要结合齿轮的材料、加工和工作条件等，分析主要的失效形式进行相应的计算。对于闭式齿轮传动，一般应进行针对齿面点蚀的齿面接触疲劳强度计算和针对轮齿折断的齿根弯曲疲劳强度计算，通常按齿面接触疲劳强度设计，确定齿轮的主要参数，再校核齿根弯曲疲劳强度。对于开式齿轮传动，尽管其主要失效形式为齿面磨损，但因尚无可靠的磨损计算方法，又因磨损减薄轮齿厚度易断齿，所以一般按齿根弯曲疲劳强度进行设计，通过降低许用应力的方法来考虑磨损的影响。齿面胶合是高速重载齿轮的主要失效形式之一，胶合强度计算按照国家标准 GB/T6413-2003 圆柱齿轮、锥齿轮和准双曲面齿轮胶合承载能力计算方法进行，限于篇幅本书不做介绍。

第九节　标准直齿圆柱齿轮的强度计算

一、轮齿受力分析

一对标准直齿圆柱齿轮在标准中心距安装条件下的受力情况如图 9-20 所示。若忽略齿面间的摩擦力，沿啮合线垂直作用于齿面上的法向力 F_n 可分解为圆周力 F_t、径向力 F_r。设小齿轮转矩为 T_1，$N \cdot mm$；小齿轮分度圆直径为 d_1，mm；由图 9-21 中关系知各力的大小为

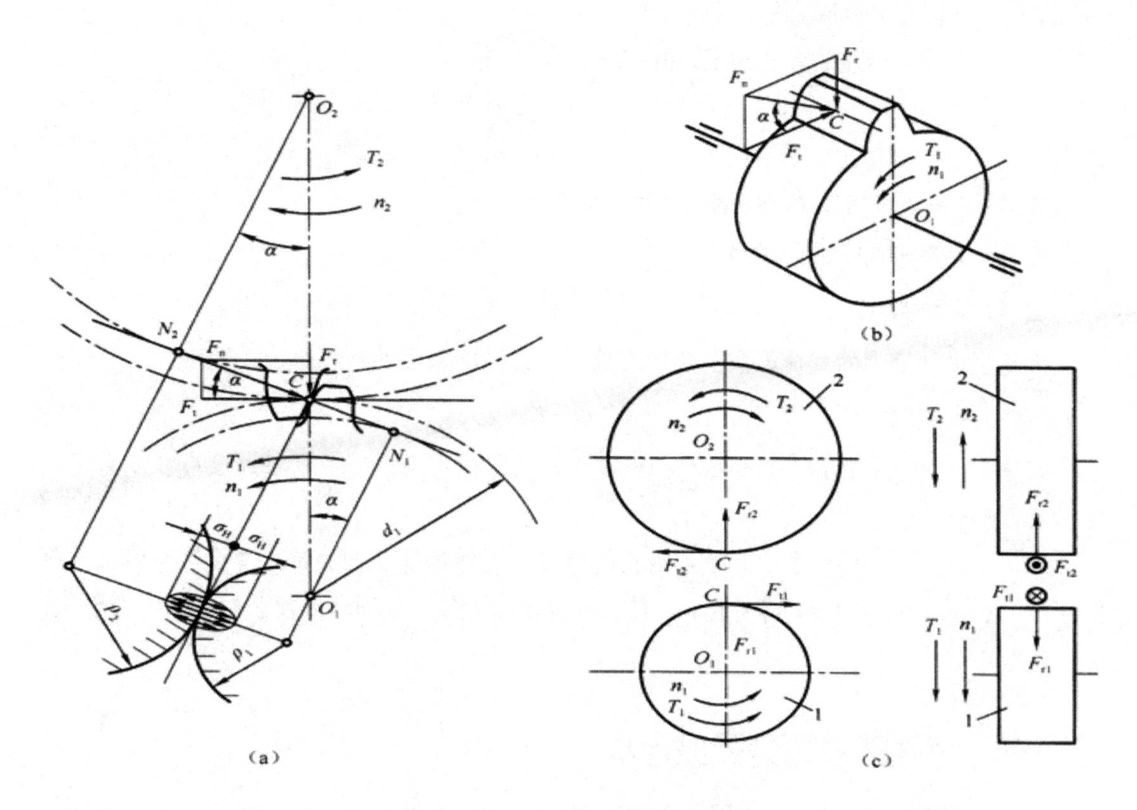

图 9-20　直齿圆柱齿轮的受力分析

$$F_t = \frac{2T_1}{d_1}，\ F_r = F_t \tan a，\ F_n = \frac{F_t}{\cos a} = \frac{2T_1}{d_1 \cos a}$$

各力的方向判定如下：

（1）主动轮、从动轮上各力均对应大小相等，方向相反；

（2）圆周力 F_t 产生的转矩方向与该齿轮外加转矩的方向相反；

（3）径向力 F_r 分别指向各自的轮心。

二、齿轮传动的计算载荷

1. 计算载荷

由式（9-12）确定的齿轮轮齿的力为齿轮名义载荷，受原动机和工作机的载荷特性、齿轮内部的动载荷、齿宽上载荷分布不均匀和啮合轮齿对间载荷分配不均匀等因素的影响，实际传动中的载荷大于名义载荷。因此，本节引入载荷系数 K 对名义载荷修正作为强度计算的计算载荷，其中圆周力计算载荷为

$$F_{te} = KF_t = \frac{2KT_1}{d_1}$$

式中：K——齿轮传动的载荷系数；

d_1——小齿轮分度圆直径，mm；

T_1——小齿轮传递的名义转矩，N · mm，有

$$T_1 = 9.55 \times 10^6 \frac{P_1}{n_1}$$

式中：P_1——小齿轮传递的名义功率，kW；

n_1——小齿轮的转速，r/min。

2. 载荷系数 K

齿轮强度计算中的载荷系数由使用系数、啮合性能系数的乘积组成，即

$$K = K_A K_h$$

式中：K_A——使用系数，考虑原动机、工作机载荷特性，以及联轴器缓冲作用对名义载荷的影响；

K_h——齿轮啮合性能系数，考虑齿轮的精度、工作速度、轴上布置及刚性对名义载荷的影响，$K_h = 1.05 \sim 1.5$，精度低取大值，速度高取大值，轴刚性低及非对称布置取大值，斜齿轮取小值。

三、齿面接触疲劳强度计算

齿面接触疲劳强度与齿面接触应力和许用接触应力有关。一对渐开线直齿圆柱齿轮相啮合时，轮齿的接触可视为以接触点处的齿廓曲率半径 ρ_1、ρ_2 为半径的一对圆柱体的接触[图 9-21(a)]，可用赫兹公式计算其接触应力，即

$$\sigma_H = \sqrt{\frac{F_n}{L_{\rho\Sigma}} \frac{1}{\pi\left(\frac{1-\mu_1^2}{E_1} + \frac{1-\mu_2^2}{E_2}\right)}}$$

式中：F_n——法向总压力；

L——接触线长度；

E_1、E_2——两圆柱体材料的弹性模量；

μ_1、μ_2——两圆柱体材料的泊松比；

ρ_Σ——综合曲率半径。

$$p_\Sigma = \frac{p_1 p_2}{p_2 \pm p_1}$$

式中：ρ_1、ρ_2 分别为两圆柱体的半径，“+”用于外啮合，“−”用于内啮合。

前已述及，齿面点蚀多出现在节线附近的齿根表面上。为了简化计算，可近似地把节点 C 处的接触应力作为接触强度计算中的齿面接触应力。

根据渐开线的性质和图 9-21(a)，节点 C 处两齿廓的曲率半径为

$$p_1 = \frac{1}{2} d_1 \sin a，\ p_2 = \frac{1}{2} d_2 \sin a$$

定义齿数比 u，$u = z_2/z_1 = d_2/d_1$，综合曲率半径计算如下：

$$\frac{1}{p_\Sigma} = \frac{p_2 \pm p_1}{p_1 p_2} = \frac{2(d_2 \pm d_1)}{d_2 d_1 \sin a} = \frac{2}{d_1 \sin a} \frac{u \pm 1}{u}$$

式中的 F_n 应为计算载荷，引入载荷系数 K，有

$$F_{te} = KF_n = \frac{KF_t}{\cos a} = \frac{2KT_1}{d_1 \cos a}$$

重合度 $\varepsilon\alpha$ 增大，单对齿啮合的时间减少，两对齿啮合的时间增加，对提高强度有利，这种情况可看成接触线长度增加的效果。

当齿轮材料、齿宽系数确定后，齿轮传动的齿面接触疲劳强度主要取决于两个齿轮的直径或传动中心距，两轮直径大或中心距大，齿面接触疲劳强度提高，反之亦然。

四、齿根弯曲疲劳强度计算

轮齿齿根应力可用轮齿悬臂梁弯曲模型计算。轮齿悬臂梁的危险截面位置和尺寸用 30° 切线法确定，如图 9-21 所示，在端面内作与轮齿对称中线成 30° 夹角并与齿根过渡曲线相切的两条直线，连接两切点并平行于齿轮轴线的截面为危险截面，其尺寸为 $SF \times b$，b 为齿宽。

如图 9-22 所示，忽略齿面间的摩擦力后作用于齿顶的法向力 F_n 可分解为 $F_n\cos\alpha a$ 和 $F_n\sin\alpha a$ 两个分力（αa 为齿顶压力角）。由于 $F_n\cos\alpha a$ 产生的剪应力和 $F_n\sin\alpha a$ 产生的压应力比 $F_n\cos\alpha a$ 产生的弯曲应力小得多，齿根强度计算中可只考虑弯曲应力。

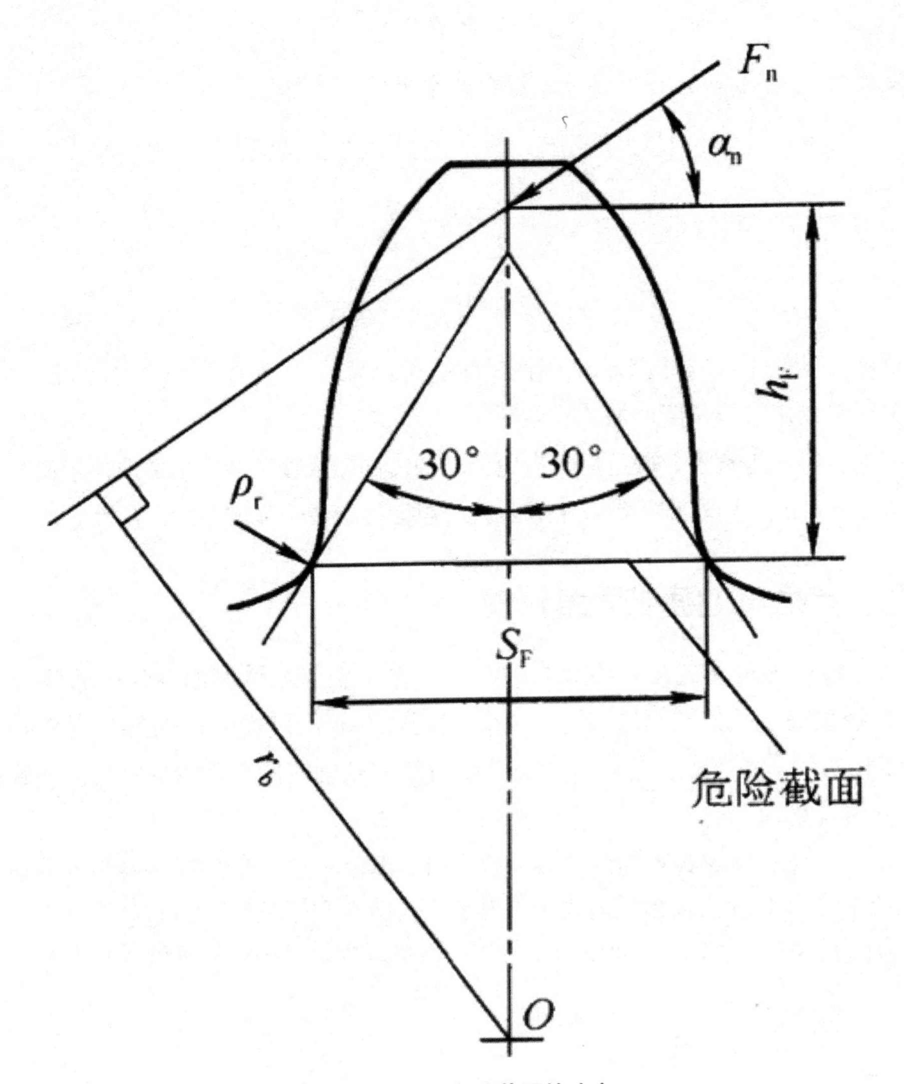

图 9-21　齿根危险截面的确定

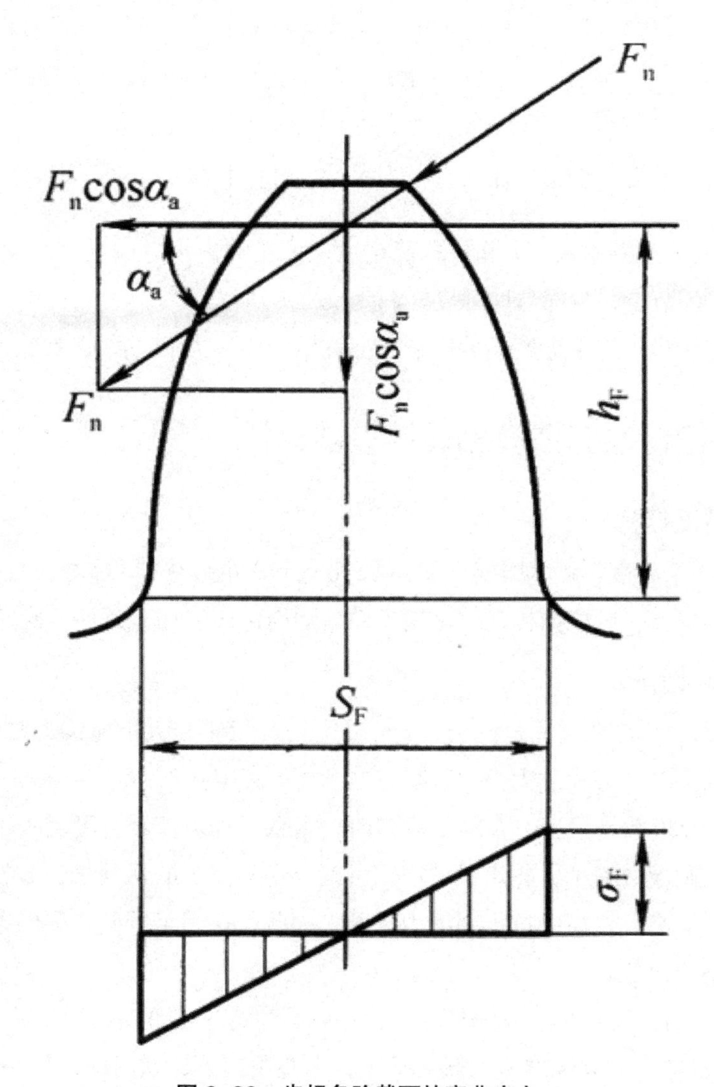

图 9–22　齿根危险截面的弯曲应力

轮齿根部的过渡圆角处有应力集中，把它对齿根应力的影响与齿形系数合并为复合齿形系数 Y_{Fs}，再引入重合度系数 Y_ε，考虑重合度对齿根应力的降低作用，齿根弯曲疲劳强度条件为

$$\sigma_F = \frac{2KT_1}{bd_1m}Y_{Fs}Y_\varepsilon \leqslant [\sigma_F]$$

式中：Y_{Fs}——复合齿形系数，它与齿廓形状有关，按齿数 z 查表 9-1 取值；

Y_ε——计算齿根弯曲强度的重合度系数，有

$$\sigma_F = \frac{2KT_1}{bd_1m}Y_{Fs}Y_\varepsilon \leqslant [\sigma_F]$$

$[\sigma_F]$——齿轮材料的许用弯曲应力，MPa。

由于大小齿轮的齿形复合系数、许用弯曲应力不同，应分别计算齿根弯曲疲劳强度单位均为 MPa，即

$$\sigma_{F1}=\frac{2KT_1}{bd_1m}Y_{Fs1}Y_{\varepsilon}\leqslant[\sigma_F]_1$$

$$\sigma_{F2}=\frac{2KT_1}{bd_1m}Y_{Fs2}Y_{\varepsilon}\leqslant[\sigma_F]_2$$

中心距 a（或分度圆直径 d）和材料确定后，齿轮的齿根弯曲强度取决于模数 m 和齿数 z_1，模数大、齿数少，齿根弯曲强度提高，反之亦然。

对于开式齿轮传动，考虑磨损的影响，把许用弯曲应力 $[\sigma_F]$ 降低 20% ~ 35% 使用。

五、齿轮传动的精度和设计参数选择

1. 齿轮精度选择

齿轮共有 13 个精度等级，用数字 0 ~ 12 由低到高的顺序排列，0 级最高，12 级最低。齿轮精度等级的选择，应根据传动的使用条件、圆周速度、加工条件等确定。

2. 设计参数选择

（1）齿数比。齿数比 $u=z_2/z_1$，z_1 和 z_2 分别是小齿轮和大齿轮的齿数，$u\geqslant 1$。齿数比不宜过大，否则结构尺寸过大。一般减速传动，$u\leqslant 6\sim 8$，常用 $u=3\sim 5$。

（2）齿数 z 及模数 m。当中心距 a 一定时，齿数增加可使重合度增大，改善传动的平稳性；增加齿数则模数减小，轮齿尺寸小，可减小切削加工的切削量，节省工时，但是齿数过多则模数会太小，轮齿的抗折断能力降低。因此，在满足弯曲强度的条件下，可取较多的齿数和较小的模数。

对于闭式传动，设计时一般按齿面接触强度确定中心距 a，模数由经验公式 $m=(0.007\sim 0.02)a$ 估算并取标准值。载荷平稳，中心距较大，软齿面，取小值；冲击载荷，过载较大，中心距较小，硬齿面，取大值。

（3）齿宽系数 φa。齿宽系数 φa 表示齿轮传动的宽度尺寸和径向尺寸的比例，$\varphi a=b/a$。φa 增大，中心距 a 减小，但齿宽越大，载荷沿齿宽分布不均匀越严重。一般 $\varphi a=0.1\sim 1.2$，闭式传动取 $\varphi a=0.3\sim 0.6$，常用 0.4 或 0.35；开式传动取 $\varphi a=0.1\sim 0.3$，常用 0.3。

第十章　现代机械造型创新设计

机电产品的造型创新设计是研究机电产品外观造型设计和人机系统工程的一门综合性学科，不仅涉及工程技术、人机工程学、价值工程和可靠性技术，还涉及生理学、心理学、美学和市场营销学等领域，是将先进的科学技术和现代审美观念有机结合起来，使产品达到科学和美学、技术和艺术、材料和工艺的高度统一，既不是纯工程设计，也不是纯艺术设计，而是将技术与艺术结合为一体的创造性设计活动。

在产品满足同样使用功能的情况下，产品的外观造型创新设计已成为竞争的重要手段之一。产品外观造型的比例、色彩、材质、装饰等都会对使用者产生不同感受，如明朗、愉快、振作、沉闷、压抑、不解等。这些感受就是产品造型所产生的精神功能，它不仅可以满足人们的审美需要，也有利于人机系统效益的提高。目前，造型创新设计已引起生产厂家和设计人员的高度重视，成为机电产品开发设计中必不可少的重要组成部分。它要求在满足使用功能的条件下实现艺术造型设计，以满足人的心理、生理上的要求和审美要求，从而达到产品实用、美观、经济的目的。

第一节　造型设计的一般原则

机电产品造型设计是产品的科学性、实用性和艺术性的结合，其设计的三个基本原则是实用、美观、经济。

一、实用

实用性是产品设计的根本原则，实用是指产品具有先进和完善的物质功能。产品的用途决定产品的物质功能，产品的物质功能又决定产品的形态。产品的功能设计应该体现科学性、先进性、操作的合理性和使用的可靠性，具体包括以下几个方面。

（1）适当的功能范围。功能范围即产品的应用范围。产品过广的功能范围会带来设计的难度、结构的复杂、制造维修困难、实际利用率低以及成本过高等缺点。因此，现代机电产品功能范围的选择原则是既完善又适当。对于同类产品中功能有差异的产品，可设计成系列产品。

（2）优良的工作性能。产品的工作性能（如力学、物理、电气、化学等性能）是指该产品在准确、稳定、牢固、耐久、速度、安全等方面所能达到的程度。产品造型设计必须使外观形式与工作性能相适应，比如性能优良的高精密产品，其外观也要令人感觉贵重、精密和雅致。

（3）科学的使用性能。产品的功能只有通过人的使用才能体现出来。随着现代科技和工业的发展，许多高新产品要求操作高效、精密、准确并可靠，这就给操作者造成了较大的精神和体力负担。因此，设计师必须考虑产品形态对人的生理和心理的影响，操作时的舒适、安全、省力和高效已成为产品结构和造型设计是否科学和合理的标志。

产品功能的发挥不仅取决于产品本身的性能，还取决于使用时产品与操作者能否达到人机间的高度协调，这种研究人机关系的科学称为人机工程学。研究人机工程学的目的是创造出满足人类现代生活和现代生产的最佳条件。因此，产品的结构设计及造型设计必须符合人机工程学的要求，产品的几何尺寸必须符合人体各部分的生理特点，使产品具有科学的使用功能。例如，用于书写记录的台面高度必须适应人体坐姿，以便书写记录时舒适方便；用于显示读数或图像的元器件必须处于人的视野中心或合理的视野范围之内，以便准确而及时地读数、观察。随着生产、科研设备等不断向高速、灵敏、高精度发展，综合生理学、心理学及人机动作协调等的人机工程学，成为工业设计中不可缺少的组成部分。

二、美观

美观是指产品的造型美，是产品整体体现出来的全部美感的综合。它主要包括产品的形式美、结构美、工艺美、材质美及产品体现出来的强烈的时代感和浓郁的民族风格等。

造型美与形式美二者不能混淆，否则就会把工业造型设计理解为产品的装潢设计或工艺美术设计。产品的造型美与产品的物质功能和物质技术条件融合在一起，造型设计师的任务就是在实用和经济的原则下，充分运用新材料、新工艺，创造出具有美感的产品形态。形式美是造型美的重要组成部分，是产品视觉形态美的外在属性，也是人们常说的外观美，影响形式美的因素主要由形态构成及色彩构成。材料质地不同，同样会使人产生不同的心理感受，材质美主要体现在材质与产品功能的高度协调上。

美是一个综合、流动、相对概念，因此产品造型美也就没有统一的标准。人的审美随着时代的前进而变化，随着科学技术、文化水平的提高而发展。因此，造型创新设计无论在产品形态、色彩设计和材料的应用上，都应使产品体现强烈的时代感。

产品造型创新设计需要考虑社会性。性别、年龄、职业、地区、风俗等因素的不同，必然导致审美观的不同，因此，产品的造型要充分考虑上述因素的差异，必须区分社会上各种人群的需要和爱好。机电产品造型创新设计由于涉及民族艺术形式，因此也体现出一定的民族风格。由于各自的政治、经济、地理、宗教、文化、科学及民族气质等因素的不同，每个民族所特有的风格也不同。以汽车为例，德国的轿车线条坚硬、挺拔；美国的轿车豪华、富丽；日本的轿车小巧、严谨。它们都体现出各自的民族风格。

应当指出的是，民族感与时代感必须有机、紧密地统一在一个产品之中。随着科技的进步，产品功能的提高，在现代高科技机电产品中，民族风格被逐渐削弱，如现代飞机、轮船等只是在其装饰方面尚能见到民族风格。

三、经济

产品的商品性使它与市场、销售和价格有着不可分割的联系，因此造型创新设计对于产品价格有着很大的影响。

新工艺、新材料的不断出现，使产品外观质量与成本的比例关系发生了变化。低档材料通过一定的工艺处理（如金属化、木材化、皮革化等），能具备高档材料的质感、功能和特点，不仅降低了成本，而且提高了外观的形式美。

在造型创新设计中，除了遵循价格规律、努力降低成本外，还可以对部分机电产品按标准化、系列化、通用化的要求进行设计，通过空间的安排、模块的组织、材料的选用，达到紧凑、简洁、精确、合理的目的，用最少的人力、物力、财力和时间求得最大的效益。

经济的概念有其相对性，在造型设计过程中，只要做到物尽其用、工艺合理、避免浪费，应该说就是符合经济原则的。

总之，单纯追求外观的形式美而不惜提高生产成本的产品，或者完全放弃造型的形式美只追求成本低廉的产品，都是无市场竞争力的，也是不受欢迎的。所以，在机电产品造型创新设计中，不论是平面设计还是立体设计，其目的都是力求创造出新的形象，首先需要满足用户需求，其次要求符合人机工程学，最后在满足物质功能和结构特点的前提下实现产品的造型美，并且力求经济。

第二节 实用性与造型

创新设计的对象是产品，而设计的目的是满足人的需要，即设计是为人设计的，产品创新设计是人需要的产物，所以满足人的需要是第一位的。

机电产品包含着三个基本要素，即物质功能、技术条件及艺术造型。

1）物质功能就是产品的使用功用，是产品赖以生存的根本。物质功能对产品的结构和造型起着主导和决定作用。

2）技术条件包括材料、制造技术和手段，是产品得以实现的物质基础，它随着科学技术和工艺水平的不断发展而提高。

3）艺术造型是综合产品的物质功能和技术条件而体现出的精神功能。造型艺术性是为了满足人们对产品的欣赏要求，即产品的精神功能由产品的艺术造型予以体现。

产品的三要素同时存在于一件产品中，它们之间有相互依存、相互制约和相互渗透的关系。物质功能要依赖技术条件的保证才能实现，而技术条件不仅要根据物质功能所引导的方向来发展，还受产品的经济性所制约。物质功能和技术条件在具体产品中是完全融为一体的。造型艺术尽管存在着少量的、以装饰为目的的内容，但事实上它往往受到物质功能的制约。因为，物质功能直接决定产品的基本构造，而产品的基本构造既给予造型艺术一定的约束，又给造型艺术提供了发挥的可能性。物质技术条件与造型艺术息息相关，因为材料本身的质感、加工工艺水平的高低都直接影响造型的形式美。然而，尽管造型艺术受到产品物质功能和技术条件的制约，造型设计者仍可在同样功能和同等物质技术条件下，以新颖的结构方式和造型手段创造出美观别致的产品外观样式。

总之，产品造型创新首先应保证物质功能最大限度地、顺利地发挥，即其实用性是第一位的。工业造型设计具有科学的实用性，才能体现产品的物质功能；具有艺术化的实用性，才能体现产品的精神功能。某一时代的科学水平与该时代人们的审美观念结合在一起，就反映了产品的某一时代的时尚性。

例如，汽车车身的造型创新设计，首要考虑的是保证安全、快速和舒适，绝不能为了形式美使车身造型设计违背空气动力学的准则。机床的形态创新设计，首先所考虑的是保证机床的内在质量和操作者的人身安全，不能只为了追求形态设计的比例美、线型美而降低机床的加工精度及其他技术性能指标。机床色彩之所以设计成浅灰色或浅绿色，是考虑操作者心理安宁、思想集中的工作情绪以及足够的视觉分辨能力，以保证加工精度、生产效率和安全操作，绝不能单纯追求色彩的新、艳、美而影响和破坏操作者良好的工作情绪。

任何一件产品的功能都是根据人们的各种需要产生的，如需要节省洗衣的时间及体力，才会有洗衣机的出现；因为食物的保鲜需求，才会出现电冰箱。图 10-1 为 1983 年出现的由日本东芝制造、黑川雅芝设计的小冰箱，其适合在汽车上使用。

此外，可靠性是衡量产品是否实用及安全的一个重要指标，也是人们信赖和接受产品的基本保障。可靠性包括安全性（产品在正常情况下及偶然事故中能保持必要的整体稳定）、适用性（产品正常工作时所具有的良好性能）和耐久性（产品具有一定的使用寿命）。为此，在产品设计、制造、检验等每一个环节，充分重视可靠性分析，才能保证人们安全、准确、有效地使用产品。造型创新对功能具有促进作用，若忽视了人们对产品形式的审美要求，将削弱产品物质功能的发挥，使产品滞销，最终被淘汰。

第三节　人机工程与造型

人机工程与造型有密切的联系。人机工程学是一门运用生理学、心理学和其他学科的有关知识，使机器与人相适应，创造舒适而安全的工作条件，从而提高功效的一门科学。随着现代科学技术的发展，要求机械产品实现高速、精密、准确、可靠等功能，因此设计人员必须考虑产品的形态对人的心理和生理的影响。因为产品的功能只有通过使用才能体现，所以产品功能的发挥不仅取决于产品本身的性能，还取决于产品在使用时与操作者能否达到人机间的高度协调，即是否符合人机工程学的要求。即使是最简单的产品，如果造型创新设计得不好，也会给使用带来不便。对已经成熟的产品，制造商常通过一系列的再设计进行改进和提高，这种产品与旧产品功能相同，但更有效率，使用更方便。

机电产品造型创新设计应根据人机工程学数据来进行，人机工程学数据是由人的行为所决定的，即由人体测量及生物力学数据、人机工程学标准与指南、调研所得的资料构成。根据常用的人体测量数据、各部分结构参数、功能尺寸及应用原则等设计人体外形模板和坐姿模板，再根据模板进行产品的造型设计。例如，在汽车、飞机、轮船等交通运输设备设计中，其驾驶室或驾驶舱、驾驶座以及乘客座椅等相关尺寸，都是由人体尺寸及其操作姿势或舒适的坐姿决定的。但是由于相关尺寸非常复杂，人与机的相对位置要求又十分严格，为了使人机系统的设计能更好地符合人的生理要求，常采用人体模板来校核有关驾驶室空间尺寸、方向盘等操作机构的位置、显示仪表的布置等是否符合人体尺寸与规定姿势的要求。人体模板用于轿车驾驶室的设计所示。

人机工程学的显著特点就是在认真研究人、机、环境三个要素本身特性的基础上，不单纯着眼于个别要素的优良与否，而是将操纵“机”的人和所设计的“机”以及人与“机”所共处的环境作为一个系统来研究。在这个系统中，人、机、环境三个要素之间相互作用、相互依存的关系决定着系统的总体性能。人机系统设计理论就是科学利用三个要素之间的有机联系来寻求系统的最佳参数，使设计师创造出人—机—环境系统功能最优化的产品。图 10-3 为厨房用的蒜泥挤压器，其把手的形状及使用方式与人机工程学原理十分符合，体现出它优良的操作性能。

按照人机工程学原理对消费性产品的外形设计，是以人为中心的设计（如适合人体姿势、作业姿势的设计），是为特殊用户提供方便的设计。改进的电源插头，其设计增加了一对杠杆结构，可方便用户起拔插头；拐杖对把手的外形再设计，握持更舒适，方便从地上拾取。卫生洗手龙头产品手柄装在出水口下方，打开水龙头，冲出的水流能自行将手柄冲洗干净，以防止洗净的手在关水龙头时再次被污染；餐具为方便老年人与残疾人使用而创新设计的，在其把上设计有手指形状的弯曲，便于使用。

在创新设计某些手持式产品时，要求既能适应强力把握，又能准确控制作用点。也就是说，手动工具需要适合手的形状。它们能够保证手、手腕和手臂以安全、舒适的姿势把握，达到既省力而又不使身体超负荷的目的。因此，手动工具的设计是一件复杂的人机工程学作业。

遵照“便于使用”的原则，设计合理的手柄能让使用者在使用工具（产品）时保持手腕伸直，以避免使腱、腱鞘、神经和血管等组织超负荷。一般来说，曲形手柄可减轻手腕的紧张度。例如，使用普遍的直柄尖嘴钳通常会造成手腕弯曲施力，如图 10-1a 所示；对其设计进行改进，使尖嘴钳的手柄弯曲代替手腕的弯曲，如图 10-1b 所示。同样，图 10-7 所示的园艺修枝手柄的弯曲造型也是比较合理的创新设计实例。

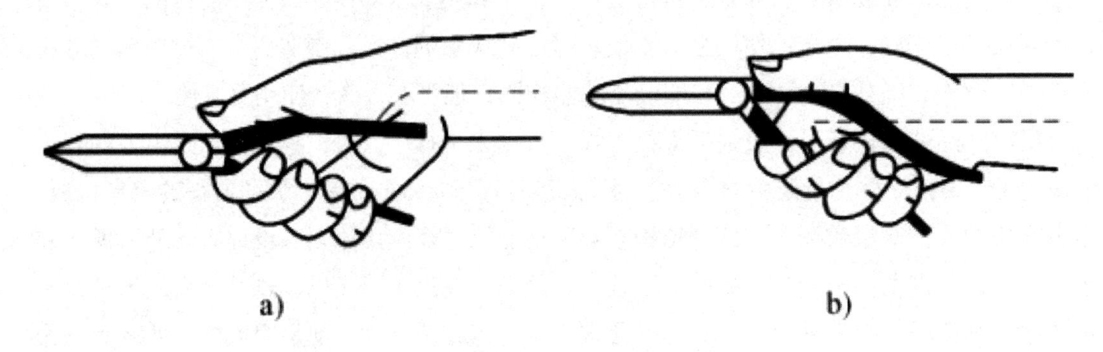

图 10-1　尖嘴钳的设计

在进行工具手柄创新设计时，可以考虑采用贴合人手的“适宜形式”，而不是使用平直表面。

现在，手持式电动工具随处可见，小型的如电锯、电须刀、电动食品搅拌机等，大功率手持式动力工具如链锯和篱笆修剪器等。对于这类手控工具，除了与电动工具相似的主要人机因素外，还要考虑其他的因素，如振动、噪声和安全性等。

人机工程学所包含的内容很多，本章仅介绍了其中的一小部分内容，其他如显示器、控制器的设计以及人机工程详细的设计方法和过程可参考有关人机工程学的资料。

在创新设计时，除了考虑人机工程学外，还要考虑人体工学。所谓人体工学，其本质是使工具在使用时最大限度地契合人体的自然形态，使人在工作时，身体和精神不需要任何主动适应，从而尽量减少使用工具造成的疲劳。在设计中，或多或少都要用到人体工学，有的显山露水，有的隐藏在一些功能之中。

另外，在一些用手操作的产品方面，也需要尽可能多地考虑人体工学，不仅要让造型适合手型，操作更为容易，还要避免疲劳。

第四节　美观与造型

美是客观事物对人心理产生的一种美好的感受，就造型创新设计而言，如果产品具有美的形态，就能吸引消费者的视线，在心理上易于产生美感。在造型创新设计中，应以美学法则为设计的基本理论，但是必须具体情况具体分析，灵活运用，不可生搬硬套，否则很难设计和创造出美的造型。

产品造型不同于艺术造型，它通过不同的材料和工艺手段构成的点、线、面、体、空间、色彩等要素，构成对比、节奏、韵律等形式美，以表现出产品本身的特定内容，使人产生一定的心理感受。但是，产品造型具有物质产品和艺术作品的双重性。作为物质产品，它具有一定的使用价值；作为艺术作品，它具有一定的艺术感染力，使人产生愉快、兴奋、安宁、舒适等感觉，能满足人们的审美需要，表现出精神功能的特征。在造型创新设计时，必须考虑将产品的物质功能与精神功能密切联系在一起，这一点是机电产品造型创新设计与其他艺术作品的区别。因此，工业造型创新设计既不同于工程技术设计，又区别于艺术作品。

例如，在进行产品的比例造型创新设计时，若比例失调，则视觉效果没有美感。比例指造型对象各个部分之间、局部与整体之间的大小、长短关系，也包括某一局部构造本身的长宽高三者之间量的关系。

产品造型的尺度比例、色调、线型、材质等不仅影响产品物质功能的发挥，而且对于某些产品（如家具、日用品等），造型甚至可以决定这些产品的物质功能。“功能决定形式，形式为功能服务”这一原则，并不是说所有功能相同的产品，都具备相同的形式。在一段时期内，即使功能不变，同类产品的造型也应随着时间的推移而变化，就是在同一时期内，相同功能的产品也会具有不同的造型，以适应人们不断变化和发展的审美要求。任何一种机电产品，不存在既定的造型形式，新设计方法也不能让习惯约束造型形式，只有如此才能创造出新颖多样、具有强烈时代感的创新产品。

一、造型与形态

形态是物体的基本特征之一，是产品造型创新设计表现的第一要素。产品形态有原始形态、模仿的自然形态、概括的自然形态和抽象的几何形态等。形态设计主要有模仿设计法和创造设计法。模仿设计法就是通过对已经存在的形态进行概括、提炼、简化或变化而得到产品形态的一种造型方法。根据模仿的对象可以分为自然形态模仿法（如模仿山川河流的形态、动物的形态、植物的形态甚至是微生物的形态）和人工形态模仿法（把前人或他人创造的某种类型形态用于其他类型产品的形态中）。自然形态模仿法进一步可细分为无生命的自然形态模仿法和有生命的自然形态模仿法，而后者就是人们所说的仿生形态法，将在后面章节中进行阐述。创造设计法就是设计师从产品的特点和需要出发，根据以往经验，并抓住某一瞬间的灵感而设计出全新的产品形态的一种方法，其主要依据的是形式美原则，如变化与统一、对称与平衡、重复与渐变、尺度与比例等。

产品形态是产品为了实现一定目的所采取的结构或方式，是具备特定功能的实体形态。形态的设计必须注意整体效果，而不能满足于在特定距离、特定角度、特定环境条件下所呈现的单一形状。如茶杯，在满足装水、喝水功能和形态美观的同时，进一步考虑手握方便、便于清洗、合理摆放等因素，那么创新设计的造型就起到了对功能进行补充和完善的积极作用。也就是说，形态是为功能服务的，它必须体现功能，有助于功能的发挥，而不是对功能进行阻碍。图 10-18a 所示的与众不同的玻璃杯，其形状与人手的握持方式丝丝入扣，令使用者方便、舒适（但需注意的是，底部弯曲部分不易清洗）。

机电产品的立体形态大部分是由简单的几何抽象形态或有机抽象形态组成，通常是这两者的结合。几何形态为几何学上的形体，是经过精确计算而做出的精确形体，具有单纯、简洁、庄重、调和、规则等特性。几何形体可分为三种类型：圆形体，包括球体、圆柱体、圆锥体、扁圆球体、扁圆柱体等；方形体，包括正方体、方柱体、长方体、八面体、方锥体、方圆体等；三角形体，包括三角柱体、六角柱体、八角柱体、三角锥体等。图 10-19 所示为几何抽象形态的厨房用具，其形状有圆形、方形等。

有机抽象形态是指有机体所形成的抽象形体（如生物的细胞组织、肥皂泡、鹅卵石的形态等），这些形态通常带有曲线的弧面造型，形态显得饱满、圆润、单纯而又富有力感。

卧式脚踏车是将几何抽象形态和有机抽象形态相结合的形态设计实例，其形态设计与人机工程学原理十分相符，与普通脚踏车相比，使用更加舒适。锤子手柄的形态设计，其手柄曲面的凸起恰好适合掌心，并能自动引导手掌滑向最适宜的抓握位置。

形态的统一设计有两个主要方法：水壶的有机抽象形态设计，一是用次要部分陪衬主要部分，二是同一产品的各组成部分在形状和细部上保持相互协调。形态的变化与统一，就是将造型物繁复的变化转化为高度的统一，形成简洁的外观。简洁的外观适合现代工业生产的快速、批量、保质的特点。

在造型设计中，常常利用视错觉来进行形态设计。视错觉矫正就是估计会产生的错觉，借助视错觉改变造型物的实际形状，在视错觉作用下使形态还原，从而保证预期造型效果。利用视错觉就是“将错就错”，借助视错觉来加强造型效果。如双层客车的车身较高，为了增加稳定感通常涂有水平分割线，利用分割视错觉使车身显得较长；此外，汽车上层采用明亮的大车窗，下层涂成深暗色，更加强了汽车的稳定感。

在实际生活中，视错觉现象多种多样，上面的例子只是其中很少的一部分。在产品造型设计中，应注意矫正和利用这种视错觉现象以符合人们的视觉习惯，取得完美的造型创新效果。

二、造型与材质

产品造型是由材料、结构、工艺等物质技术条件构成的。在造型处理上，一定要体现构成产品材料本身所特有的美学因素，体现材料运用的科学性，发挥材料或涂料的处理、光泽、色彩、触感等方面的艺术表现力，达到造型中形、色、质的统一。因为一件产品是由具体材料所组成的，只有充分表现出该产品包含的材料质感，才能真实体现出设计方案的主要内容。

在造型过程中，能否合理地运用材料，充分发挥材料的质地美，不仅是现代工业生产中工艺水平高低的体现，也是现代审美观念的反映，材质的特征和产品功能应产生恰如其分的统一美和单纯美。质感是物质表面的质地，即粗糙还是光滑，粗犷还是精细，坚硬还是柔软，交错还是条理，下沉还是漂浮等。此外，不同材料的材质特性也不同，如钢材具有深厚、沉着、朴素、冷静、坚硬、挺拔的材质特征；塑料具有致密、光滑、细腻、温润的材质特征；铝质材料具有华贵、轻快的材质特征；有机玻璃具有清澈、通透、发亮的材质特征；木材具有朴实无华、温暖、轻盈的材质特征等。

材料质感的表现往往还与色彩运用互相依存。如本来从心理上认为沉闷、阴暗的黑色，如将其表面处理成皮革纹理，则给人以庄重、亲切感。黑丝绒织物由于其质感厚实和强烈的反光，则显得高雅和庄重。大面积高纯度的色彩易产生较强的刺激，但如将其纹理处理成类似呢绒织物的质地感，则给人以清新、高贵的感受。可见材料的质感能呈现出一种特殊的艺术表现力，在处理产品表面质感时，应慎重而大胆。

产品材料的选择既要考虑美观和装饰工艺，还要考虑材料的加工工艺以及产品的功能。例如，为了增加摩擦，阻止手柄滑出的表面设计，在冲击钻和电钻把手上覆有柔软材料，可吸收操作时的振动。手动工具的设计，当需有外力作用在手柄时，手柄的表面质地应设计成树皮状花纹以防止与手柄的相对滑动。在手柄上运用深沟槽的树形花纹，可加大手与手柄间的摩擦，使手柄把持更紧。

金属压铸的外壳可以达到注塑外壳的造型，又比薄板冲压外壳具有更高的强度和精度，缺点是成本较高，所以一般应用于高端产品创新设计中。

三、造型与色彩

机电产品的形式美是由形态、材质、色彩、图案、装潢等多方面因素综合而成的。产品的色彩依附于形态，但是色彩比形态对人更具有吸引力。产品色彩具有先声夺人的艺术效果，有关研究表明，作用于人视觉的首先是色彩，其次是形状，最后才是质感。色彩能使人快速区别不同物体，美化产品，美化环境。色彩的良好设计能使产品的造型更加完美，可提高产品的外观质量和提高产品市场竞争力。同时，色彩设计对人的生理、心理也有影响，色彩宜人，使人精神愉快，情绪稳定，提高功效；反之，使人精神疲劳，心情沉闷、烦躁，分散注意力，降低机电产品的色彩设计与绘画艺术作品的要求不同，前者要受到产品功能要求、材料、加工工艺等因素的限制，因此对产品的色彩设计应该是美观、大方、协调、柔和，既符合产品的功能要求、人机要求，又满足人们的审美要求。

色相、明度、纯度为色彩的三要素，它是鉴别、分析、比较色彩的标准，也是认识和表示色彩的基本依据。显现功能是色彩设计的首要任务，如调和使人宁静，对比使人兴奋，太亮使人疲劳，太暗使人沉闷等。物体色彩形成的主要因素首先是“光”，可以说没有“光”就没有颜色。固有色和阴影也可以说是光源色、环境色所造成的。而单一的色相、明度、纯度只是色的因素，因为在它们之间缺少了重要一环，即环境色的影响，任何色彩都应是在一定的环境中存在的。如果把色彩形成的几个因素联系起来形成一定的关系，色彩就会立刻变得复杂起来。

（1）固有色。固有色是物体本身所固有的颜色。在正常光线下，固有色支配和决定着该物体的基本色调，比如黄香蕉、红苹果、绿西瓜……在受到光源和环境色彩影响后，仍然呈黄色、红色或绿色；如果在光源及光色个性很强、照射角度及反光的环境影响下，就会大大削弱物体固有色。

（2）环境色。任何一个物体都不能脱离周围环境而孤立存在，色彩同样受周围环境的影响和制约。一般来说，白色反射最强，所以受环境色影响也最大，以下依次是橙、绿、青、紫，而黑色则由于吸收所有光而不反射任何光，所以反射最弱。一切物体的固有色都不是孤立的，不但受到光以及环境色的影响和制约，还受环境的反作用。

（3）光源色。光对观察和识别物体是必不可少的，离开了光的作用，固有色就不能够呈现，也就谈不上环境色的作用了。光源越强，环境色反射就越强；物体之间距离越近，环境影响就越明显；物体的质地越光滑，色彩越鲜艳，反映环境的力度就增大，反之则减弱。

另外，环境色对物体暗面与亮面的反映是不同的。亮面反映的主要是光源色，暗面反映的主要是环境色。

产品的色彩创新设计是决定产品能否吸引人、为人所喜爱的一个重要因素。好的色彩设计可以使产品提高档次和竞争力，提高生产的工作效率和安全性，美化人们的生活，满足人们在精神方面的追求。产品色彩效果的好坏关键在配色上，成功的色彩创新设计应把色彩的审美性与产品的实用性紧密结合起来，以取得高度统一的效果。

色彩的选配要与产品本身的功能、使用范围及环境相适合。各种产品都有自身的特性、功效，对色彩的要求也多有不同。产品的色彩设计应遵循单纯、和谐、醒目原则，在满足产品功能的同时，突出形态的美感，使人产生过目不忘的艺术效果。

产品色彩创新设计应适应消费者的需要。一些功能优异但外形笨拙、色彩陈旧的产品会受到冷落，而那些外观优美又实用的产品却颇受消费者喜爱。如孩子们喜爱的各种儿童玩具，若色调鲜艳、明快，对比强烈且统一协调，小宝宝一见到就会笑逐颜开、爱不释手。在产品色彩的创新设计过程中，还需加强国际经济、文化的交流，研究大众的审美爱好，充分认识流行色对现代生活的重要影响，及时掌握国际、国内在一定时间、地域的流行色的趋势和走向，使产品通过色彩更新来强化时代意识，刺激消费；使产品的色彩设计能够抓住时代脉搏，突出企业形象，由此加入国际化的产品市场竞争中，并争得一席之地。

一般产品色彩设计的基本原则。

（1）色彩的功能原则。产品的功能是产品存在的前提，色彩只是一种视觉符号，无法直接表达这种现实的功能。但是色彩也必须表达出主体所要表达的内容，要使色彩符号的语义和产品的功能一致。

（2）色彩的环境原则。产品的设计应充分考虑使用环境对产品色彩的要求，使色彩成为人、产品、环境的保护色。在寒冷的季节使用的产品应选用暖色系，以增强人们心理的温暖感，而在炎热的季节使用的产品应使用冷色系，使人有凉爽平静的心理感受。

（3）色彩的工艺原则。在产品设计中要充分考虑工艺可能对产品色彩产生的影响。

（4）色彩的审美原则。产品色彩的审美原则是创造产品艺术美的重要手段之一，它不仅追求单纯的形式美，更重要的是要与产品的功能性、工艺性、环境和文化等结合起来。

（5）色彩的嗜好原则。色彩的嗜好是人类的一种特定的心理现象，各个国家、民族、地区由于社会政治状况、风俗习惯、宗教信仰、文化教育等因素的不同以及自然环境的影响，人们对各种色彩的爱好和禁忌有所不同。所以，产品色彩设计一定要充分尊重不同地区、不同人群对色彩的好恶特点，投其所好，如手机的不同配色，可以适应市场不同性别人群的需要。

机电产品的色彩创新设计总的要求是，必须与产品的物质功能、使用场所等各种因素统一起来，在人们的心理中产生统一、协调的感觉。

电视机的外观色彩不能太强烈和太亮，以免在观看电视时引起对视线的干扰；食品加工用的机械设备，则宜以引起清洁卫生感觉的浅色为主；起重设备的色彩则以深色为宜，以产生稳固感。对于一些无法以准确的色彩来表达功能的机电产品（如以复制、放送音响为功能的录音机，以传递形象和音响为功能的电视机和录像机，代替部分思维活动的计算机），则可用黑、白、灰等含蓄的中性色。黑、白是非彩色，称为极色，具有与任何色彩都能协调的性质，而灰色是黑、白的综合，是典型的归纳色。

如医院里的医疗器械要有调和的色彩，给病人营造安静的气氛；急救用的器械需要醒目，急救时便于发现，如救生简易担架和航空救生背心和自动充气救生筏均为醒目的黄色；高速运行的物体要求色彩有强烈的对比，使之明显夺目，提醒人们注意安全。

任何色彩都是与一定的形态相连系，在我国传统的古建筑设计中，设计师将受光的屋顶部分盖上暖色的黄色琉璃瓦，而背光的屋檐部分绘着冷色的蓝绿色彩画和斗拱，这些都是为了增强建筑的立体感和空间效果。

产品的局部形态可以通过色彩来进行强化，对形态单一的产品可以通过色彩来改变视觉效果，而对形态复杂的产品也可以通过色彩归纳来调和视觉感受，对需要突出的形态通过色彩的对比来表达，对产品形态不同的功能区域运用色彩来划分。

流行色在产品创新设计中的作用也是不可忽视的，如德国大众的经典车型甲壳虫，其独特的造型配合各式生动鲜活的色彩设计，使其成为吸引人视线的一道亮丽的风景。

第五节　安全性与造型设计

在造型创新设计时需要考虑产品使用的安全性，不恰当的操作姿势经常容易引起伤害事故。安全防护是通过采用安全装置或防护装置对一些危险进行预防的安全技术措施。安全装置与防护装置的区别：安全装置是通过其自身的结构功能限制或防止机器的某些危险运动，或限制其运动速度、压力等危险因素，以防止危险的产生或减小风险；防护装置是通过物体障碍方式防止人或人体部分进入危险区。究竟采用安全装置还是采用防护装置，或者二者并用，设计者要根据具体情况而定。

一、安全装置

安全装置是消除或减小风险的装置。它可以是单一的安全装置，也可以是和连锁装置联用的装置。常用的安全装置有连锁装置、自动停机装置、机器抑制装置等。

1. 连锁装置

当作业者要进入电源、动力源等危险区时，必须确保先断开电源，以保证安全，这时可以运用连锁装置。图 10-2a 所示机器的开关与门是互锁的。作业者打开门时，电源自动切断；当门关上后，电源才能接通。为了便于观察，门用钢化玻璃或透明塑料做成，无须经常进去检查内部工作情况。

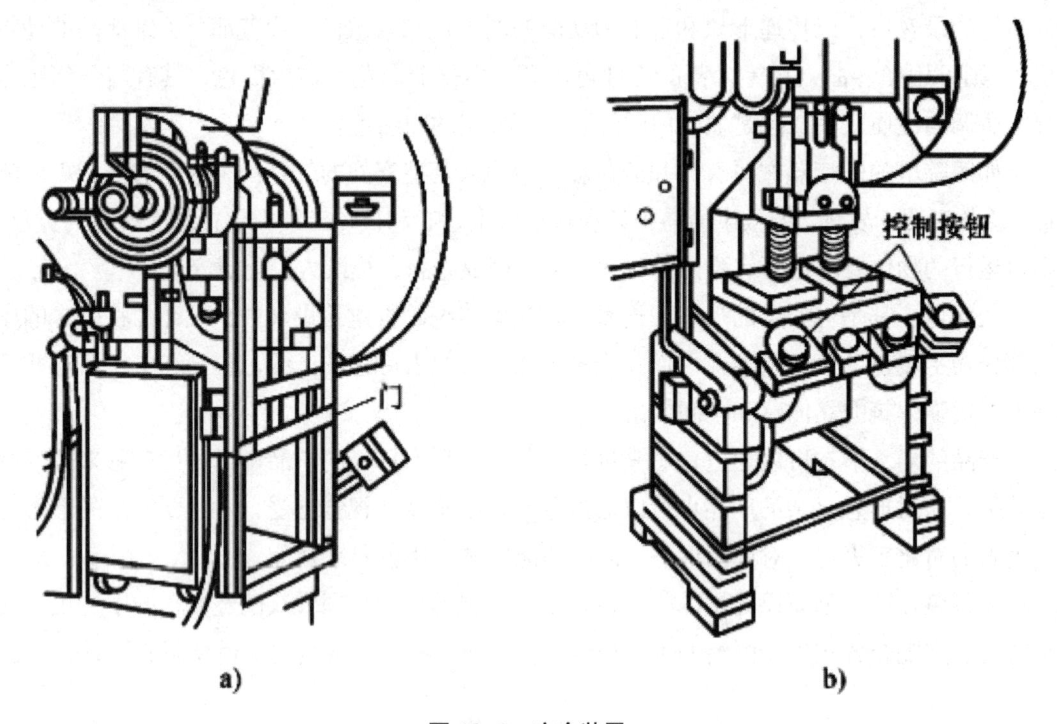

图 10–2　安全装置

a）连锁门　b）双手控制按钮

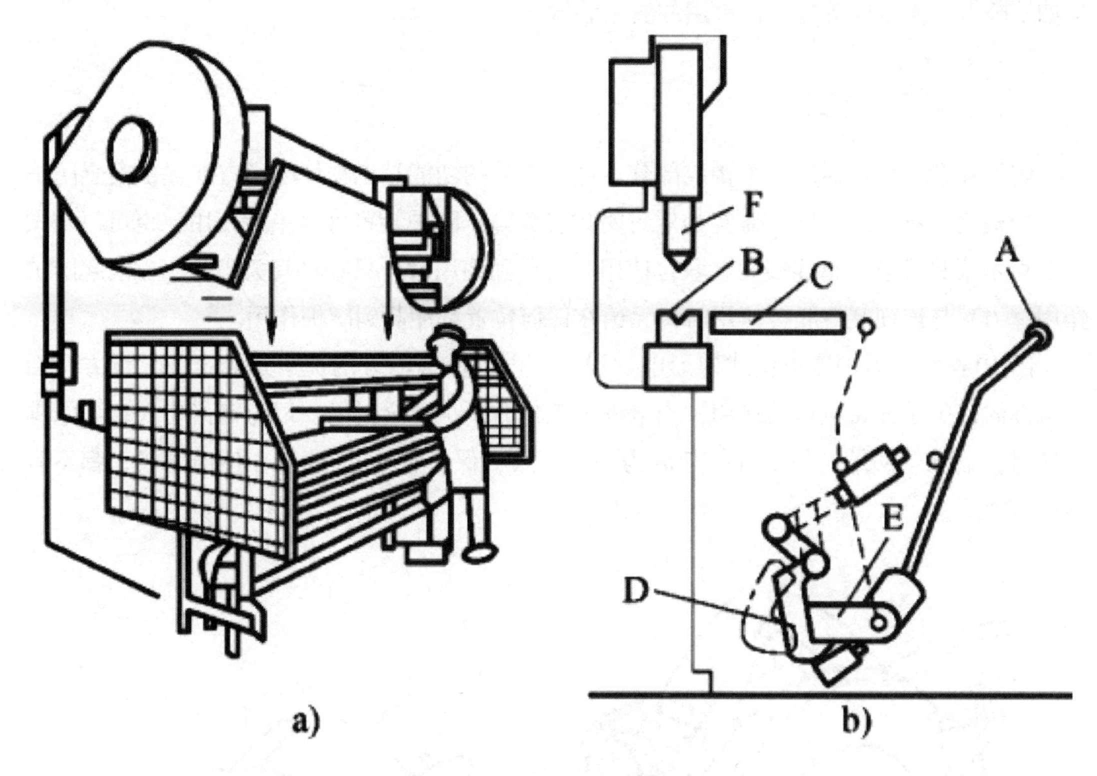

图 10–3　机械式自动停机装置

a）应用实例　b）工作原理

2. 自动停机装置

自动停机装置是指当人身体的某一部分超越安全限度时，使机器或其零部件停止运行或激发其他安全措施装置，如触发线、可伸缩探头、压敏杠、压敏垫、光电传感装置、电容装置等。图 10-3a 为一机械式（距离杆）自动停机装置应用实例，图 10-3b 是其工作原理图，当人身体超过安全位置时，推动距离杆到图中虚线位置，通过构件 c 触动安全装置，从而使机器停止运动。

3. 机械抑制装置

机械抑制装置是在机器中设置的机械障碍物，如楔、支柱、撑杆、止转棒等，依靠这些障碍物防止某些危险运动。图 10-28 是一模具设计实例。在合模处，开口的设计宽度小于 5mm，这样作业者身体的任何部位都不会进入危险区域。

对于需要合口的设备，在设计时应尽量将合口的宽度减小，可以消除危险隐患。对于工作剪一类的双把手工具，为了避免合剪时把手的内侧夹伤手指，可以在两侧内表面分别设计一小凸台，这样合剪时，凸台首先接触，而其他部位留出空间，所以也是一种安全设计。

其他安全装置还有很多，如利用感应控制安全距离，保护作业者免受意外伤害；利用有限运动装置允许机器零部件只在有限的行程内动作，如限位开关和应急制动开关等。其他如熔断器、限压阀等也是常采用的安全装置。

二、防护装置

防护装置也是机器的一个构成部分，这一部分的功能是以物体障碍方式提供安全防护的，如机壳、罩、屏、门、盖及其他封闭式装置等。防护装置可以单独使用，也可以与图 10-4 所示模具安全开口连锁装置联合使用。当单独使用时，只有将其关闭时，才能起防护作用；当其与连锁装置联合使用时，无论在任何位置都能起到防护作用。

图 10-4 所示为护罩可调式碟形电锯设计。电锯座板上方的护罩是固定的，下方是活动可调的，由于弹簧机构的作用，当电锯不工作时，护罩全封闭，以免锯齿伤人；当电锯工作时，活动罩回缩，与工件一起成为一封闭式“保护罩”。因此，在任何时候，都不容易产生危险。

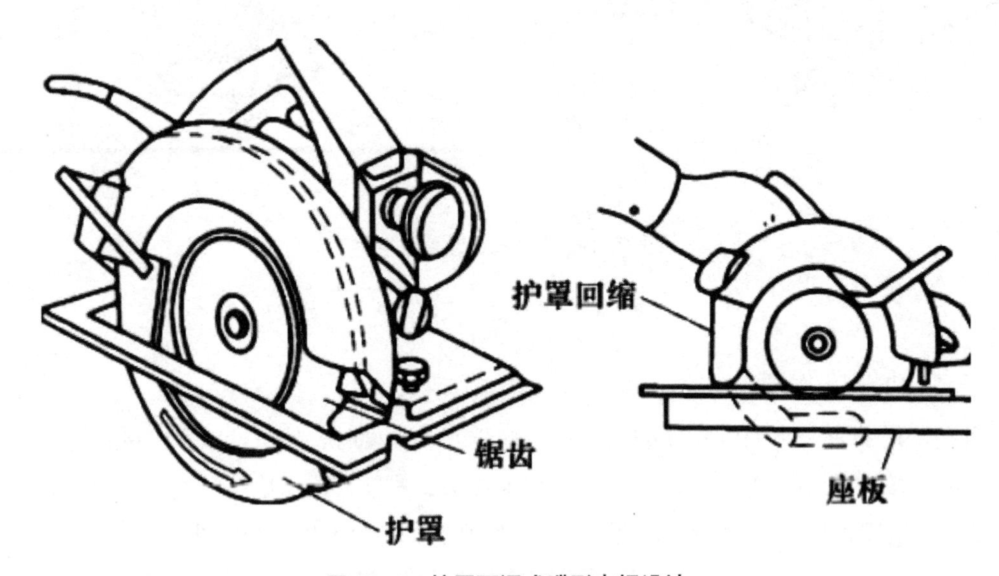

图 10-4　护罩可调式碟形电锯设计

第六节　现代风格与仿生造型设计

现代产品创新设计在更深意义上是一种广义文化的具体表现。一个成功的设计师必须具有深厚的文化底蕴，才能运用专业知识创新设计出具有高品位与现代风格的产品。

图 10-5 为上海大众设计的 NEEZA（哪吒）概念车，该车为首款具有国际水平的本土开发概念车，NEEZA 以中国传统神话人物哪吒为灵感源泉，将最新汽车科技成果与中国传统文化元素巧妙地融为一体，是上海大众未来车型的设计前瞻，也是大众汽车造型语言的亚洲阐述。

全车浓郁的民族特色无疑是NEEZA最为显著的一大亮点。整车以“中国红”为主色，前大灯设计灵感源于哪吒炯炯有神的双眼，按中国人特有的凤眼设计，并组合了远光灯、近光灯、转向灯等诸多功能；牌照板采用中国传统牌匾造型，配以毛笔书写的活泼英文字体，新颖夺目；车顶镀铬饰条则体现了中国古代房檐顶端外加装饰物的传统造型特征；兼顾速度与霸气的轮毂设计，其灵感源于哪吒的武器——火尖枪；而其轮胎胎纹设计则源于哪吒的法器——风火轮，是设计师综合了中国传统的火焰图案与世界先进的赛车轮胎胎纹而取得的最新成果。全车强烈的东西方文化交融感与凌厉的跑车弧线、宽敞的旅行车空间相得益彰，恰似一辆来自未来的红色战车。

与此同时，这款车还对大众品牌的既有风格做了大胆突破，在领驭和劲取上已为人熟悉的大U形前脸演变为双U翼形造型，而传统的3辐条格栅也创新为2辐条中国传统窗格图案的运动型格栅，截面更加饱满，野性又不失现代。

图10–5　NEEZA（哪吒）概念车

陕西科技大学的曾俊源在设计24英尺的小型休闲快艇时，选择了体型较小、行动敏捷、活泼可爱的短吻真海豚为原型。

短吻真海豚身体细而呈流线型，应用到游艇造型设计中不仅外形美观，在视觉上给人速度感和运动感，而且可以减少空气和水流阻力；真海豚的体色十分复杂而独特，背面黑色向下延伸，有白色胸斑，因此将游艇的船壳外观色也选用黑白两大主色，但因游艇水线下部处于水面以下，常被海水浸泡、冲刷，易脏易腐蚀，最终应用棕色、黑色等深色防腐涂料，所以将真海豚背部黑色运用到游艇上层建筑以下的颜色；真海豚头前额喙平缓向倾斜，喙细长，相对较短，将真海豚这一特点运用到游艇船艏的观光甲板设计中；真海豚背鳍的形态可以借用到游艇上层驾驶台的挡风玻璃设计上，这一特征不仅可用来设计成实实在在的游艇结构，还可以用到表面装饰图案上来；真海豚头小身体大，这正符合游艇艇身结构特征，游艇船艏比较尖，利于减少阻力，游艇船身体量大，是整个游艇的核心部位，驾驶室、机舱、休息室的一部分都位于游艇中部。考虑所有这些因素，设计的游艇如图

10-6 所示。

a)　　b)

图 10–6　仿短吻真海豚的游艇

a）短吻真海豚　b）720 型休闲游艇

仿生造型是在产品设计中运用仿生学的原理、方法与手段进行形态设计，动、植物局部造型是最常见的设计手法之一，与采用几何造型特征的设计方法相比，要求设计者有敏锐的特征捕捉能力，有高度的概括和变形能力，并具有用图案方式表现其美感的能力。

人们日常生活中的用具造型也经常用到仿生设计，仿大黄蜂特点的机器人及闹钟，它们都具有大黄蜂标志般的黄黑色及炫酷的造型。仿动物的小音箱设计，样子可爱、手捧礼物的小鹿令人身心愉悦。

最后还要注意在进行仿生造型的过程中，不只是将设计师的主观创造力体现在设计中，更要考虑各国民族风情、政治实况、人文文化等因素。

第十一章 现代机械绿色化设计

第一节 概述

20 世纪 90 年代，绿色设计的概念应运而生，成为当今工业设计发展的趋势之一。绿色设计主要源于人们对现代技术文化所引起的环境及生态破坏的反思。从人类和环境的关系来看，设计对我们生存社会的兴衰起着重要作用。当今世界各国都在竭力推进环保政策，绿色设计也成了研究热点之一。

绿色设计无疑是可持续发展观念在设计科学中的合法延伸。它将可持续发展思想融入产品设计、包装设计、室内设计、纺织设计等设计领域中。绿色设计以保证在设计和生产的各个环节都以节约能源资源为目标，减少废气物产生，以保护环境、维持生态平衡，是人类可持续发展的必然选择。

绿色设计是对传统设计的发展和完善，它是面向产品全生命周期的设计。根据从产品研制到退出市场的产品生命周期理论，绿色设计主要针对以下几个阶段进行：原材料获取阶段，绿色产品的规划、设计与生产制造阶段，产品的分配和使用阶段，产品维护和服务阶段，废弃淘汰产品的回收、重用及处置阶段。

目前关于绿色设计的定义，国内外还没有一个统一的、公认的定义。例如，绿色设计是这样一种设计，即在产品整个生命周期内，着重考虑产品环境属性（可拆卸性、可回收性、可维护性、可重复利用性等），并将其作为设计目标，在满足环境目标要求的同时，保证产品应有的功能、使用寿命和质量等。美国的技术评价部门把绿色设计定义为“绿色设计实现两个目标：防止污染和最佳的材料使用”。还有学者将其定义为：绿色设计和制造是一个技术组织（管理）活动，它通过合理使用所有的资源，以最小的生态危害，使各方面尽可能获得最大的利益和价值。不同的研究者从自己的研究领域和研究方向来界定绿色设计，这说明绿色设计与制造的属性很多。

根据绿色设计的定义，可将其主要特点归纳为：绿色设计是产品全生命周期的设计；环境在绿色设计中具有重要的地位；绿色设计可以防止地球上矿物资源财富的枯竭。

绿色设计研究的主要内容包括：绿色设计的方法和步骤，绿色设计的材料选择与管理，产品的可回收设计，产品的装配与拆卸性设计，产品的绿色包装设计，绿色产品的成本分析及效益分析，绿色产品设计的数据库与知识库，绿色设计的工具及其开发，绿色产品的评价指标体系和评价方法等。

绿色设计涉及机械制造学科、材料学科、管理学科、社会学科、环境学科等诸多学科的内容，具有较强的多学科交叉特性。显而易见，单凭现有的某一种设计方法是难以适应绿色设计要求的。绿色设计是设计方法集成和设计过程集成，是一种综合了面向对象技术、并行工程、寿命周期设计的一种发展中的系统设计方法，是集产品的质量、功能、寿命和环境为一体的设计系统。本章主要介绍面向对象的设计。

第二节　面向制造的设计

面向制造的设计（Design for Manufacturing，DFM）中的制造在习惯上一般是取它的狭义定义，即主要包括加工和装配两个方面，由此又可分为面向加工的设计（Design for Machining，DFM）和面向装配的设计（Design for Assembly，DFA）。前者强调在设计过程中考虑加工因素，即可加工性和加工的经济性；后者则要求在设计过程中考虑装配因素，即可装配性、装配的经济性。

一、面向制造的设计概述

1. 面向制造的设计概念

新产品开发的成功率是衡量企业产品开发和创新的重要标志之一，直接决定了企业的市场竞争能力。我国企业往往有大量设计成果不能或难以有效转化为有竞争力的商品，其中的重要原因之一是方案图样上的产品不可能按设计要求制造出来，或不得不用很高成本才得以制成。面向制造的设计是改变这一现状、提高企业市场竞争能力的关键之一。

面向制造设计的核心思想就是把产品的设计和制造工艺相结合，使产品易于加工和装配，保证产品质量，在满足客户需求的前提下缩短产品开发周期，降低产品生产成本，提高产品竞争力。在通常的产品开发过程中，设计者主要考虑的是怎样实现产品的功能和性能指标，而较少考虑产品的可制造性和经济性。这可能是由于在设计工作完成以前，产品的可制造性和经济性信息不够全面，进行可制造性和经济性的评价有难度；但更多的情况是设计者对产品的制造工艺及其技术经济性缺乏足够的了解。事实上往往只需对零件的结构稍加改动，就能用另一种更容易保证精度，同时也更便于实施的方法来加工或装配；或者即使仍然用原来的加工方法和装配工艺，其工艺性和经济性也有显著改善。另外，产品设计的标准化、通用化程度，产品各部分的精度等级分配等方面都与产品的可制造性和经济性直接相关。为解决这个问题，面向制造的设计要求设计者不仅要考虑产品的功能和性能的要求，还必须同时考虑其可制造性、经济性，使制造成本尽可能降低。

2. 基于规则的面向制造的设计

基于规则的面向制造的设计，也称为公理化方法（Axiomatic Method）。该方法基于一系列设计指南，这些指南来源于实际的设计制造经验和装配实践。归纳和建立一系列便于产品加工和装配的设计规则是重要的，可用来评价产品的设计方案。在产品的初始设计阶段和再设计阶段，正确运用这些设计规则，将能达到面向制造的设计的基本目标。

面向制造的设计分为面向加工的设计和面向装配的设计，面向制造的设计规则相应地也包括了面向加工和面向装配的设计规则。通常采用的规则有：

1）产品中尽量采用标准件、通用件，这样可以降低产品的设计制造成本，而且易于保证质量，便于维修。

2）尽量减少产品中的零件数，这样就直接减少了装配工作量，也提高了产品的可靠性。

3）尽量采用模块化设计，不但可以明显减少工作量，同时由于产品的最终装配是面向模块，装配工作量也将大大减小。模块化设计还可以扩大生产批量，降低生产成本，提高产品对市场的应变能力。

4）尽量采用少、无切削加工。成形技术正在从为工件切削加工阶段制造“毛坯”向着直接制造“工件”的方向发展，即精确成形或称净成形、近净成形技术。这对于简化产品加工过程、降低产品成本有着重要意义。

5）对于加工工艺性，在满足产品性能要求的前提下应选用便于加工的材料；按照“经济精度”原则制定合理的精度要求，产品零件上的结构要合理，便于夹具安装，保证刀具能自由地进、退刀。

6）装配工艺性则需考虑装配尽量在外部进行，以便观察和装配的便利，尽量减少装配工作面；装配在一起的零件应有互锁特征，如设计时增加一些凸凹特征，以便使零件保持原位；尽量使产品所需的装配方向最少，各零件应尽量在同一个方向进行装配，且最好是垂直方向，以便保证效率和质量；装配过程的重要特点之一是使被包容特征的形体进入包容特征的形体，为使零件易于装配，端口处需设立倒角、锥度或引导面等。

二、面向加工的设计

目前较为成熟的面向加工的设计系统大多是基于零件进行研究，重点考虑加工工艺性和最小的材料与加工费用。面向加工的设计把产品设计和加工工艺设计集成在一起，使设计者在产品的设计阶段就尽早地考虑与产品加工制造有关的约束，在加工工艺和制造资源环境（如毛坯选择、机床设备、工卡量具、操作者技术水平、加工场地等）的约束下进行零件设计，全面评价产品设计和工艺设计，同时提供改进设计的反馈信息，在设计过程中完成可加工性检测，使产品的结构合理、制造简单并实现全局优化。

随着简化机械设计，特别是简化装配技术和通信技术的迅速发展，人们在以零件为研究对象的面向加工设计领域的研究也取得了较大进展。这主要体现在对基本知识的可制造性（确切说是可加工性）评价系统、CAD/CAPP 并行交互设计系统及基于制造特征的设计系统的开发研究上。

1. 面向加工的设计的基本原理

面向加工的设计通常定义为“实现产品及其相关过程并行设计的系统化方法”。面向加工的设计也可以说成“设计为了制造”。

面向加工的设计方法的目标是同一产品概念，这一概念应便于装配和制造，并便于集成工艺设计和产品设计，确保尽可能好地达到要求。它要求在制造系统各个组成部分之间保持通信联系，在产品实现的各个阶段能够保持设计调整和完善的柔性。

面向加工的设计是一种综合方法，它使用了多种信息，包括：①设计图、产品设计任务书、设备选择方案；②生产和加工过程详情；③制造成本、产量和投产日期的估计。由此可见，面向加工的设计既需要外部专家提供信息，也需要开发组成员搜索信息。许多公司实施面向加工的设计时，采用结构化的、跨部门的、以组为基础的开发机构，以集成和共享面向加工的设计信息。

面向加工的设计的主要原则：由于不同的加工方法存在较大的差异，具体到面向不同加工的设计，必须有不同的具体的设计原则。有关面向加工的设计的原则（零件的结构工艺性资料）在各种设计手册和工艺手册中能够找到。

2. 产品可加工性的评价

（1）产品可加工性评价的内容　实现面向加工的设计的一种重要手段是对产品的设计进行可加工性的技术性、经济性评价。技术性评价体现了制造功能的约束，主要评价产品结构的合理性及加工可行性；经济性评价则反映了企业的目标需求。评价的两个方面是相互联系的，技术性评价及时发现产品设计的不合理因素、避免不必要的浪费，从而提高经济性；经济性评价则要建立在技术分析的基础上，是技术指标的经济体现。

（2）产品可加工性的评价方法

1）基于知识的评价。随着计算机技术和人工智能技术的发展，产品的可加工性评价系统逐渐发展起来成为计算机辅助面向加工的设计系统的重要部分。

基于知识的计算机辅助面向加工的设计系统主要利用专家系统技术，建立规则和方案评价，通过知识库中的工艺知识和数据库中的制造资源数据，采用逻辑编程语言实现规则和推理过程，采用反向推理链接的方式访问规则集合以满足系统结论，对设计结果进行可加工性评价，并对加工成本和生产时间进行侦测。系统的知识库是开放的，可以随时访问进行修改，或将新的规则存入知识库。

基于知识的系统是目前国内外采用较多的面向加工的设计实现模式，这种系统功能独立，便于模块化，但在处理复杂零件的几何问题，尤其是判断涉及空间拓扑关系的加工干涉问题时有一定的局限。

2）基于几何模型的评价。基于几何模型推理的面向加工的设计系统输入能反映几何拓扑关系的零件二维几何模型，可在零件设计的概念设计与详细设计阶段发挥作用，其通用性强，尤其适用于结构复杂的零件的加工干涉判断。

基于几何模型推理的面向加工的设计系统，由于判断对象缺乏定位和装夹面、尺寸精度和公差、零件材料等工艺信息，因此在评价加工效率和加工精度的资源可行性等方向有其不足之处。但随着各主流三维 CAD 软件在特征造型技术方面的不断完善，在设计模型中已经能够加载相关工艺信息，加之这些软件功能覆盖了从设计、分析、制造到装配的几乎所有产品开发过程，在产品模型数据一致性等方面有其独特的优势。因此，构建于这些软件上的基于几何推理的面向加工的设计系统在零件可加工性评价时不仅能够判断复杂的结构工艺性问题，而且通过二次开发，其功能可以扩展到资源占用和加工效率评价等方面。

3）定量评价。这类方法只限于对局部范围的估计，一般利用计算机程序按经验公式自动评价可加工性。

这类方法又分为三种：①从缩短生产成本出发，以费用作为评价指标，综合考虑加工过程的各种费用，用经验公式进行量化处理，估计产品的总费用；②从制造工艺出发，以加工方法及加工方法的难度为基础，结合生产单位的实际情况对各种加工方法分类，并用百分制表达加工难度和加工费用，找出产品的加工费用，并对不合理的加工方法进行改进，以评估产品的可加工性；③从产品的性能价格比出发，分析产品的每个功能和每个功能的价值，综合市场需求，精简或增加新的功能，去掉费用大而又增值少的产品功能。

4）经验评价。这类方法也分为三种：①通过专家对几个指标（如时间、费用等）来定性评价零件的可加工性，而且凭经验确定权值，缺点是常存在估算偏差和估算周期过长；②从产品的功能出发，提出一些设计公理指导产品设计；③从制造工艺出发，保证实际出来的产品能够在给定的环境条件下，采用某种特定的加工工艺加工出来。例如，面向铸造的设计、面向锻压的设计、面向加工中心的设计等。

三、面向装配的设计

1. 面向装配的设计的基本思想

面向装配的设计是一种在设计阶段就统筹兼顾装配要求的设计思想和方法。产品是由零部件组成的系统，任何产品的功能都不是单独由某一个零部件实现的，而是要通过众多零部件间的相对运动、相互制约来实现，即通过装配体来实现。装配是将零件组合成部件、组件、总成乃至完成产品的生产过程，在制造企业的全部生产活动中，装配是很重要的环节。

在产品的概念设计阶段，设计者确定产品的整体方案和结构框架，并按设计意图逐步细分；在详细设计阶段进行系统结构的详细设计，确定每个零件与周围零件的相互约束关系，在此前提下进行单个零件的几何造型，以保证最后生产出来的零件经过装配能最终形成预定的产品。因此，装配信息是贯穿设计过程的主线。面向装配的设计在产品设计阶段，通过分析影响产品可装配性的各种因素，对产品的可装配性进行评价。一方面从装配角度优化产品及其零部件的结构设计，以获得最低的装配费用；另一方面通过装配规划为制定产品装配工艺规程提供指导性意见，并在此基础上给出产品再设计建议，使产品的装配过程合理化，从而降低产品的装配费用。

2. 产品装配模型的信息描述

产品装配模型的信息包括五个方面：①几何形体描述信息，包括了几何信息和拓扑信息两方面，几何信息是与产品的几何实体构造相关的信息；拓扑信息反映了产品装配的层次结构关系和产品装配元件之间的几何配合约束关系；②工程语义信息，即与产品工程应用相关的语义信息，包括装配元件的角色类别、聚类分组、装 / 拆的强制优先关系、工艺约束和运动约束关系、设计参数约束和传递关系等；③装配工艺信息，即与产品装 / 拆工艺过程及其具体操作相关的信息，包括各装配元件的装配顺序、装配路径，以及装配工具的介入、操作和退出等信息；④装配资源信息，主要是装配系统（包括装配设备、装配平台、装配工具等）的组成与控制参数；⑤管理信息，是指与产品及其零部件管理相关的信息。

装配设计信息的描述方法有：①基于图形的描述方法，以节点表示产品装配系统总的各种实体，以有向线弧表示实体与实体的装配关系；②基于关系数据库的描述方法，采用关系数据库存储面向装配的设计信息，实现装配系统实体及其关系等信息的组织和维护；③面向对象的描述方法，对象的层次分为若干类及相关属性，如物理属性、几何属性、特征属性等，装配方法由对象的类型确定。

3. 产品可装配性分析与评价

（1）产品可装配性分析，有以下两个方面。

1）产品可装配性的影响因素分析。影响可装配性的因素主要表现在产品、装配工艺和装配系统这三个相互制约的方面，包括产品种类、产品结构、装配方式、装配系统类型、装配系统配置等。要分析各因素之间的相互作用和相互关系，从多方面分析产品的可装配性。

2）产品装配方法的确定。在设计的早期阶段就应该确定采用哪种方法装配产品。基本的装配方法有手工装配、专用机械（自动化）装配、程序控制机械（包括机器人）装配，以及三种方法混合的装配方法。不同的装配系统，对产品设计要求有很大不同。装配系统的选择可以根据产品的情况、生产的情况和企业的经营情况，如产品结构、产品批量、产品成本、市场分析、企业的投资策略等因素来确定。

（2）产品可装配性的评价方法，分为基于装配准则的定性评价和以量化方式分析产品可装配性的定量评价。定量评价内容一般包括产品结构评价、装配工艺评价、单一零件评价以及连接方式评价。

（3）产品的可装配性评价，要按照以下三方面的要求进行。

1）技术性要求。装配体的形成在现有技术下必须是可行的，即是可以实现的。这是装配体赖以存在的前提条件，不满足该前提的装配是缺乏现实意义的。

2)经济性要求。在保证质量的前提下应尽可能降低装配成本,从而降低总的生产成本。这是产品具备市场竞争力的必要条件。

3）社会性要求。产品是为社会服务的，装配的过程和结果必然要受社会因素的制约，必须要符合社会的有关规范。

（4）产品可装配性分析，方法主要有：

1）基于试验的方法。是指通过设计可装配性试验，对产品的可装配性进行试验分析和综合，如通过试验，考察自动装配情况下，零件结构形状对机械手抓取及定位的影响。

2）基于统计的方法。即对工程实际中，大量的产品装配实例和活动进行系统的统计、分析和综合，如统计手工装配条件下，通常轴类零件与套类零件连接的时间花费等。

3）基于建模的方法。即建立产品的可装配性分析模型，对产品的可装配性进行理论分析和推导，如建立不同装配条件下零件装配阻力的数学模型，推导装配阻力经验公式，并进行工程验证。

4. 产品的可装配性再设计

可装配性再设计是产品面向装配设计的关键问题之一，通过产品的可装配性再设计，可改善产品的可装配性。面向装配的设计系统提供的可装配性再设计一般采用两种形式。

1）再设计建议系统根据可装配性分析和评价，给出再设计建议，以改进产品的可装配性。

2）再设计工具在系统支持下，实现产品装配设计的改进、补充和完善，如调整装配设计参数、改进装配条件、改变装配结构等。

第三节　面向拆卸的设计

一、面向拆卸的设计概念及其特点

拆卸是产品回收和重用的前提，无法拆卸的产品既谈不上有效回收，更谈不上重新利用。如何既保持社会对各种消费产品的不断需求，又能节约资源能源，已引起人们的广泛重视。实现这种目标的有效途径就是延长产品的使用寿命或使构成产品的零部件或材料能够重复利用，而重复利用的前提则是产品能够有效地拆卸回收。

传统设计中，设计人员考虑的主要因素是产品的功能需求及制造费用、原材料费用等经济因素，对产品废弃淘汰后的拆卸回收考虑很少。这种设计理念存在的问题是：一方面，随着消费品种类的不断增多及使用量的不断增大，用于生产制造这些产品的资源、能源消耗量大幅度增加，造成了资源能源的短缺，影响了社会的持续发展；另一方面，由于技术发展和消费的个性化、潮流化等因素的影响，产品寿命周期越来越短，废弃淘汰速度不断加快。在满足社会对各种消费产品需求的同时，做到对环境影响最小、资源能源得到最大程度的利用已引起社会的广泛关注。实现这个目标的有效途径就是对产品能够进行有效的拆卸，以延长产品的使用寿命或使构成产品的零部件或材料能够重复利用。因此，产品拆卸是产品回收再生的前提，直接影响产品的可回收再生性，面向拆卸的设计的设计思想和方法也就应运而生。拆卸的定义就是从产品或部件上有规律地拆下可用的零部件的过程，同时保证不因拆卸过程而造成该零部件的损伤。

拆卸目的不同，相应的拆卸类型也不同。拆卸的目的有三个：一是产品零部件的重复利用。重复利用具有直接重用和间接重用两种方式，一般对于制造成本高，革新周期长或使用寿命长的零部件单元可以考虑采用直接重复利用的方式，如盛饮料的瓶子，可直接用于盛其他液体；间接重复利用即再造后重用，主要是针对产品中的有些零部件，由于回收后无法直接用于同类型产品，此时可对其进行再加工，用于其他类型或规格的产品，如汽车零部件经过再加工后用于拖拉机的相关部位，淘汰计算机主板可用于游戏机等。二是元器件回收。这主要是针对电子产品，由于其组成材料多种多样，更新换代周期短，因此往往需要采用特殊工艺方法回收其中的某些特殊元器件。三是材料的回收。当组成产品的材料成本高，单个零件的生产成本低，且生产规模大，产品生命周期短时，往往采用简单的材料回收方式。

对应于拆卸的三种目的，拆卸也有三种类型，即破坏性拆卸、部分破坏性拆卸和非破坏性拆卸。破坏性拆卸即拆卸活动以使零部件分离为宗旨，不管产品结构的破坏程度；部分破坏性拆卸则要求拆卸过程中只损坏部分廉价零件（如采用火焰分割、高压水喷射切割、激光切割等分离连接部位），其余部分则要安全可靠分离；非破坏性拆卸是拆卸的最高阶段，即拆卸过程中不能损坏任何零部件（如松开螺纹、拆除及压出等）。除了有助于处理外，有效的拆卸还有益于产品重组（如机器人和机床等）及产品寿命周期中的服务和维修。

拆卸设计的内容主要包括两方面：一是设计准则公式化，这些公式可供设计人员在产品概念设计及详细设计阶段应用；二是开发设计决策方法和软件工具。也可根据拆卸设计的具体内容将拆卸设计划分为可拆卸产品设计、拆卸工艺设计和拆卸系统设计。

二、面向拆卸的设计准则

拆卸性是产品的固有属性，单靠计算和分析设计不出好的拆卸性能，需要根据设计和使用、回收中的经验，拟定准则，用以指导设计。

面向拆卸的设计准则就是为了将产品的拆卸性要求及回收约束转化为具体的产品设计而确定的通用或专用设计准则。确定合理的面向拆卸的设计准则的目的，是用于指导设计人员进行产品设计，从而便于产品使用过程中的维护和服务及废弃后产品有效的回收和利用。

1. 拆卸工作量最少准则

拆卸工作量最少包含两层意思：一是产品在满足功能要求和使用要求的前提下，尽可能简化产品结构，减少零件材料种类；二是简化维护及拆卸回收工作，降低对维护、拆卸回收人员的技能要求，使产品中的有毒材料易于分类和处理。拆卸工作量最少准则包括以下几个方面。

（1）简化产品功能原则。产品设计时，在满足使用要求的前提下，尽量简化掉一些不必要的功能。通常是进行功能价值分析来确定产品合理的功能，这样可使产品结构简化，便于废弃淘汰后的进一步拆卸回收和利用。

（2）零件合并原则。通过分析组成产品的各零部件，将完成功能相似或结构上能够组合在一起的零部件进行合并。

（3）减少产品所用材料种类原则。减少组成产品的材料种类，会使组成产品材料的相容性增大，对一些没有再利用价值的零部件可不必进一步拆卸，而作为整体回收，因而可大大简化拆卸工作。

（4）材料相容性原则。设计时，除考虑减少材料种类外，还必须考虑材料之间的相容性。材料之间的相容性好，意味着这些材料可一起回收，能大大减少拆卸分类的工作量。

（5）有害材料的集成原则。有些产品由于条件所限或功能要求，必须使用有毒或有害材料，此时，在结构设计时，在满足产品功能要求的前提下，尽量将这些材料组成的零部件集成在一起，以便于以后的拆卸与分类处理。

2. 结构可拆卸准则

产品零部件之间的连接方法对可拆卸性有重要影响。在产品设计过程中，要尽量采用简单的连接方式，尽量减少紧固件数量，统一紧固件类型，并使拆卸过程具有良好的可达性及简单的拆卸运动。

（1）采用易于拆卸或破坏的连接方式。将零部件连接在一起的方法有很多种，如螺纹连接、焊接、粘接、搭扣式连接等，这些方法的选择必须考虑拆卸分离要方便。

（2）紧固件数量最少原则。拆卸部位的紧固件数量要尽可能少，使拆卸容易且省时省力。同时紧固件类型应统一，这样可减少拆卸工具种类，简化拆卸工作。

（3）简化拆卸运动。这是指完成拆卸只要作简单的动作即可。具体地讲，就是拆卸应沿一个或几个方向做直线移动，尽量避免复杂的旋转运动，并且拆卸移动的距离要尽可能短。

（4）可达性原则。对连接部位的拆卸、切断、切割等提供易于接近的位置，对手工及自动分离的零件，其连接部位和连接应易于接近，且尽可能在预先确定的区域内。合理的结构设计是提高产品可达性的有效途径。

3. 易于操作原则

拆卸过程中，不仅拆卸动作要快，还要易于操作，这就要求在结构设计时，在要拆下的零件上预留可供抓取的表面，避免产品中有非刚性零件存在，将有毒、有害物质密封在同一单元结构内，提高拆卸效率，防止环境污染。

（1）单纯材料零件原则。即尽量避免金属材料与塑料零件的相互嵌入。

（2）废液排放原则。有些产品在废弃淘汰后，其中往往含有部分废液体，为了在拆卸过程中不致使这些废液遍地横流，造成环境污染和影响操作安全，在拆卸前首先要将废液放出。

（3）便于抓取原则。当待拆卸的零部件处于自由状态时，要方便地拿掉，必须在其表面设计预留便于抓取的部位，以便准确、快速地取出目标零部件。

（4）非刚性零件原则。产品设计时，尽量不采用非刚性零件，因为这些零件的拆卸不方便。

4. 易于分离准则

在产品设计时，尽量避免零件表面的二次加工，如油漆、电镀、涂覆等，同时避免零件及材料本身的损坏，也不能损坏回收机器（如切碎机等），并为拆卸回收材料提供便于识别的标志。

（1）一次表面原则。即组成产品的零件，其表面最好是一次加工而成的，尽量避免在其表面上再进行诸如电镀、涂覆、油漆等二次加工。

（2）便于识别原则。产品的组成材料种类往往较多，特别是复杂的机电产品，为了避免将不同材料混在一起，在设计时就必须考虑给出材料的明显识别标志，以便其后的分类回收。

（3）标准化。设计产品时，应优先选用标准化的设备、工具、元器件和零部件，并尽量减少其品种、规格。实现标准化有利于产品的设计和制造，也有利于废弃淘汰后产品的拆卸回收。

（4）采用模块化设计原则。模块化是实现部件互换通用、快速更换和拆卸的有效途径。因此，在设计阶段采用模块化设计，按功能将产品划分为若干个各自能完成某些功能的模块，并统一模块之间的连接结构、尺寸。这样不仅制造方便，而且对拆卸回收也有利。

5. 产品结构的可预估性准则

产品在使用过程中，由于存在污染、腐蚀、磨损等，且在一定的时间内需要进行维护或维修，这些均会使产品的结构产生不确定性，即产品的最终状态与原始状态之间产生了较大的改变。为了使产品废弃淘汰时，其结构的不确定性减少，设计时应遵循以下准则。

1）避免将易老化或易被腐蚀的材料与所需拆卸、回收的材料零件组合。

2）要拆卸的零部件应防止被污染或腐蚀。

上述这些准则是以有利于拆卸回收为出发点的，在设计过程中有时准则之间会产生矛盾或冲突，此时应根据产品的具体结构特点、功能、应用场合等综合考虑，从技术、经济和环境三方面进行全局优化和决策。

三、产品拆卸信息描述

拆卸设计所需信息包括产品数据（零件图、工艺文件、零件基本数据，零部件连接结构、功能及所用材料等）和使用数据（产品使用条件和场所、产品使用中的维修及零部件更换数据等），如图 9-1 所示。

这些信息可归纳为三个方面，即拆卸过程信息、拆卸零部件信息、拆卸约束信息（包括功能约束、几何约束、工夹具约束等）。

拆卸信息的描述方法主要有三种：一是基于图形的表示方式，即用节点表示面向拆卸的设计中的各种实体，连接弧表示实体间的拓扑关系，这种方法简单、直观，易于理解；二是基于关系数据库的方法，即采用关系数据库存储实体及其关系，这种方法的信息组织维护方便；三是面向对象的方法，这样可使实体表达具有继承性和封装性，对象（实体）的层次可分为若干类及相关属性，如物理属性、几何属性、特征属性等，拆卸方法由对象的类型确定。在这些方法中，面向对象的方法是比较理想的。

如前所述，拆卸分析通常是借助由顶点和边组成的层次结构树来进行的。拆卸信息则均附着在树的节点和边上。节点代表组成产品的零部件，含有零部件诸如名称、材料类型、重量 / 尺寸、子零部件的数量、拆卸成本、回收方法等信息；边表示各零部件之间的连接关系，且包含诸如拆卸方法、紧固件数量、拆卸所需工具等信息。

这些信息一部分来自 CAD 设计的产品装配图，如节点和边的名称、材料类型、紧固件数量、重量 / 尺寸等，另一部分来自所建立的计算函数，如拆卸成本函数、回收成本函数等。

四、面向拆卸的设计评价

面向拆卸的设计评价是对设计方案进行评价—修改—再评价—再修改直至满足设计要求的动态过程。评价面临的首要问题就是怎样评价产品的可拆卸性，用什么指标评价，用什么标准衡量的问题。因此，提出一套完整的可拆卸性评价指标体系，建立一套评价标准是评价系统的基础。

拆卸评价通常是从两方面着手进行：一是产品结构的拆卸难易程度；二是与拆卸过程有关的时间、费用、能耗、环境影响等。

1. 与拆卸过程有关的指标

与拆卸过程有关的指标包括拆卸费用、拆卸时间、拆卸能耗和环境影响等。

（1）拆卸费用。拆卸费用是指与拆卸有关的一切费用，即人力费用和投资费用等。投资费用包括拆卸所需的工具及夹具、工具的定位及夹具送进装置的费用，拆卸操作费用，拆卸材料的识别、分类运输及存储费用等。人力费用主要是指工人工资。拆卸费用是衡量结构拆卸性好坏的主要指标之一。某一零部件单元的拆卸费用高，则其回收重用的价值就小。当拆卸费用大于该零件单元废弃后的固有成本时，则其就完全丧失了回收重用的价值。

（2）拆卸时间。拆卸时间是指拆下某一连接所需要的时间，它包括基本拆卸时间和辅助时间。基本拆卸时间是指松开连接件将待拆零件和相关链接件分离所花费的时间；辅助时间是指为完成拆卸工作所作的辅助工作所花费的时间，如拆卸工具或人的手臂接近拆卸部位的时间等。产品的某一部件单元可能是由多个连接方式组合而成，则该部件单元的拆卸时间就是完成所有这些连接所消耗的时间总和。拆卸时间越长，表明该结构的复杂程度越高，产品的拆卸性能差。

（3）拆卸过程中的能量消耗。拆卸产品必然要消耗能量，其能量消耗方式有两种，即人力消耗和外加动力消耗（如电能、热能等）。拆卸单元零部件所消耗的能量大小也是表明该零部件拆卸性能的一个指标。能耗少，则该部分拆卸性能好。由于机电产品中广泛采用多种连接方式，如螺纹连接、搭扣连接等的机械连接方式和黏结、焊接等，因此其拆卸能量的计算方法也不同。机械连接的拆卸能量包括螺纹的释放量、搭扣连接的弹性变形能或连接元件的摩擦能等；而化学连接力式，视其分离方法，消耗的能量可以是熔化能、断裂能或溶解能。

（4）拆卸过程的环境影响。拆卸过程的环境影响主要表现为噪声及排放到环境中的污染物种类和数量。拆卸过程中遇到的特殊材料（如含有有害成分、有益成分等的材料）应采取特殊的拆卸方式和保护手段，拆卸时一定要注意安全，并将拆下的零部件妥善分类保管，以免引起与其他部分的交叉感染和污染环境；还有一类物质，如汽车中的汽（柴）油、润滑油等也应妥善收集处理，以免四处流动，污染工作场地和环境或因任意排放而污染水资源。

2. 与连接结构性有关的指标

上述指标是与拆卸过程的时间、能量有关的指标，实际上具体结构的设计往往是拆卸性能的关键，也应是评价指标的主要组成部分。产品结构拆卸性能的好坏通常都是采用定性描述的，在这里，我们试图尽可能用定量方法来评价产品结构的可拆卸性。当然，无法量化的指标必须以定性方式来表示。

（1）可达性。对产品拆卸性影响较大的一个因素是拆卸工具接近拆卸部位的难易程度，即可达性。实际拆卸过程中的可达性问题可从三方面入手：一是看得见——视觉可达，如果待拆零件在视觉范围之外，拆卸就比较困难；二是够得着——实体可达，即身体某一部位或借助工具能够接触到拆卸部位；三是足够的拆卸空间，无论是手工拆卸还是自动拆卸，都要有足够的拆卸空间。

（2）标准化程度。标准化程度是产品结构拆卸性的另一个评价指标。衡量产品标准化程度的高低，主要用标准化系数来描述。标准化系数是标准件、通用件和借用件的件数之和（或总数和）占产品零件总数之和（或总种数）的比例。一般来说，标准化系数越大，越可以减少设计、制造、拆卸等方面的费用，有利于应用较先进的手段和方法。

（3）产品结构的复杂程度。产品结构的复杂程度与许多因素有关，而且多为定性的模糊因素，因此对其描述至今尚无一种简便可靠的方法。

第四节　面向回收的设计

一、面向回收的设计基本概念

回收是一个“古老”的话题，但直至目前，这种传统意义或狭义上的回收仅仅停留在对有限材料的回收上，虽然这种回收对社会发展、收废利旧起到了积极的作用，但已难以满足日益发展的社会需求和可持续发展的要求。其主要表现在以下几个方面。

1）企业只注重新产品的开发，而严重忽视废旧产品的有效回收利用。

2）缺乏使用回收产品的意识和健全的回收市场机制。

3）回收仅停留在简单的材料回收，而忽视了产品零部件等深层次的重复再利用。

如果能够在设计时就同时考虑回收和再生，那么就可大大提高废弃产品的再生率，这样就产生了面向回收的设计（Design for Recovering& ; Recycling）。面向回收的设计就是在进行产品设计时，充分考虑产品零部件及材料的回收可能性、回收价值大小、回收处理方法、回收处理结构工艺性等与可回收性有关的一系列问题，以达到零部件及材料和能源的充分有效利用，并在回收过程中对环境污染为最小的一种设计思想和方法。

这里的回收是广义的回收，即不仅考虑最基本的材料回收，而更关心的是在新产品中利用使用过的废弃产品零部件和材料。

面向回收的设计与传统设计有很大的不同。面向回收的设计在产品的设计初期就考虑消除或减少废弃物的产生，并在产品废弃淘汰时，对其进行经济有效回收或使废旧产品的零部件得到重用、移用。资源回收和再利用是面向回收的设计的主要目标，其途径一般有两种，即原材料的再循环和零部件的再利用。

二、面向回收的设计特点

1）可使材料资源得到最大限度的利用。由于面向回收的设计从一开始就考虑了产品废弃淘汰后通过各种途径和方式使产品、零部件或材料得到充分有效的重用、移用或再生，最终所剩无几的是无法利用的废弃物，使资源得到了最大限度的利用。

2）可减少环境污染，保护生态环境。由于废弃产品的绝大部分被重新利用，因此，直接排放到环境中的各种废弃物的种类、数量大大减少，消除或削减了产生环境污染的源头，使资源利用和环境保护同步发展。

3）有利于持续发展战略的实施。面向回收的设计使新产品构成中的回收成分增大，减缓了对新资源的开采、消耗的速度，有利于生态平衡和可持续发展战略的实施。

4）扩大了就业门路，提供了更多的就业机会。废旧产品的回收重用是一个劳动密集型产业，经过面向回收的设计的产品，使其回收级别得到提高，会出现更多的就业岗位，也就提供了更多的就业机会。例如，美国是世界上最有效的汽车回收国，其占汽车总量75%的部分均已得到重新利用，美国有12000多家汽车零件回收商，能够将拆下的诸如发动机、电动机和其他零件加以翻修、重新出售。这已成为美国一项获利的、年营业额达几十亿美元的行业。

5）产品回收是一个社会化综合工程。产品回收是一项系统工程，回收涉及很多部门。既有技术问题，也有管理和社会学等方面的问题。不同材料、不同零件的回收又涉及不同的技术和工艺，需要综合知识。产品的回收既要考虑经济问题，又要考虑环境、资源和能源问题。

6）物流的闭合性。某一种产品的废弃物就是另外一种产品的原材料，只要技术、经济上可行，物质不停地处于不同功能、不同形式的状态下；在不能完成某一功能时，只要经过回收就可以再生具有新的功能。

7）回收过程本身是清洁生产，应该对环境无害，不造成对环境的二次污染。

三、面向回收的设计的主要内容

产品面向回收的设计的主要内容包括可回收材料及其标志、可回收工艺及方法、回收的经济性及回收产品结构工艺性等几方面的内容。

（1）产品零部件的回收性能分析。产品报废后，其零部件及材料能否回收，取决于其原有性能的保持性及材料本身的性能。也就是说，零部件材料能否回收利用，首先取决于具性能变化情况。这就要求在产品设计时，必须了解产品报废后零部件材料性能的变化，以确定其可用程度。

（2）零部件材料的回收标志。构成产品的零部件数量很多，形状复杂的产品更是如此。那么，怎样识别哪些零部件材料能回收重用呢？这就要求对可回收的零部件材料给出明确的识别标志。这些标志及其识别对回收来讲是非常有用的。不同回收方式的回收级别不同，重用具有优先权，其次是循环利用，最后是再生。目前常用的方法有以下几种。

1）产品生产时，在零件上模压出材料代号或用不同的颜色表明材料的可回收性或注明专门的分类编码代号等。

2）在塑料零件上做出条形码标志可以表示出该塑料的许多重要信息，如成分、生产年代、环境危害及添加剂等，这些信息对确定再生及回收材料的方法是非常有价值的。

3）在材料回收过程中，人们往往需要识别出材料添加剂的比例和种类，同时要求材料识别技术成本低，易操作，能用于不同材料的识别，并能适应工厂车间的工作环境。

（3）回收工艺及方法。零部件材料能否回收及如何回收，也是面向回收的设计中必须考虑的问题。有些零部件材料在产品报废后，其性能完好如初，可直接回收重用；有些零部件材料的性能变化甚小，可稍事加工用于其他型号的产品；有些零部件材料使用后性能状态变化很大，已无法再用，需要采用适当的工艺和方法进行回收处理;有些特殊材料（如含有毒、有害成分的材料）还需要采用特殊的回收处理方法以免造成危害或损失。因此，在产品设计时，就必须考虑到所有这些情况，并给出相应的标志及回收处理的工艺方法，以便产品生产时进行标识及产品报废后用户进行合理处理。

产品回收的工艺方法不单纯是设计部门来制定的，它需要众多工艺研究部门的协作开发，其最终成果要与设计部门共享。而设计人员应该了解和掌握不同回收处理工艺的原理和方法。

（4）回收的经济性。回收的经济性是零部件材料能否有效回收的决定性因素。在产品设计中就应该掌握回收的经济性及支持可回收材料的市场情况，以求最经济和最大限度地使用有限的资源，使产品具有良好的环境协调性。对某些回收经济性低的产品，在达到其设计寿命后，可告诉用户将其送往废旧商品处理中心要比继续使用更为经济，且有利于保护生态环境。

回收的经济性应根据产品类型、生产方式、所用材料种类等，在设计制造实践中不断摸索，搜集整理有关数据资料并参考现行的成本预算方法，建立可回收性经济评估数学模型。利用该模型，在设计过程中，可对产品的回收经济性进行分析。如美国塑料协会就曾拿出 100 多万美元的资金给其下属的汽车回收中心，让其组织工程技术人员在一年内共同拆卸了 500 辆汽车，以求从中获得面向回收的设计规则和建立经济性评估数学模型。

（5）回收零件的结构工艺性。如前所述，零部件材料回收的前提条件是能方便、经济、无损害地从产品中拆卸下来，因此，可回收零件的结构必须具有良好的拆卸性能，以保证回收的可能和便利。

四、产品回收的基本原则

产品回收设计的总原则是一方面获取最大的利润，另一方面是使零部件材料得到最大限度的利用，使最终产生的废弃物数量为最小。

从废旧产品中不断地拆卸与回收零部件，在废旧产品的回收过程中，主要有以下基本原则可供遵循。

1）若零件的回收价值加上该零件不回收而需的处理费用大于拆卸费用，则回收该零件。

2）若零件的回收价值小于拆卸费用，而两者之差又小于处理该零件的费用，则回收该零件。

3）若零件的回收价值小于拆卸费用，而两者之差又大于处理该零件的费用，则不回收该零件，除非为了获得剩余部分中其他更有价值的零件材料而必须拆卸。

4）对所有不予回收的零件都需要进行填埋或焚烧处理。

回收的零件及材料的价值应从高到低，当回收效益为零或负值时，则停止拆卸。然而，在实际过程中，拆卸序列不可能完全按照这种规则拆卸。例如，有些零部件虽然具有很高的回收价值，但不能直接回收，或必须拆卸一部分低回收价值甚至无价值的零部件才能继续回收。为了减少废弃物，必须在产品设计时考虑如下的措施。

1）能否选用同种材料或相容性材料使之得到回收。

2）产品结构能否进一步改进以达到良好的可拆卸性。

3）能否采用已有先进、成熟的处理技术，减少废弃物造成的污染程度。

产品的可回收性受到使用阶段的操作条件、工作场地、维护水平、环境温度等诸多因素的影响。因此，在产品设计阶段，需要对影响产品拆卸与回收价值的因素进行分析，根据废旧产品回收效益与回收费用比较，确定产品回收的可行性；根据废旧产品的拆卸费用与处理费用之比，确定是否能得到更有价值的零部件材料而需继续拆卸；同时，必须了解市场上废旧产品的处理费用。所有这些因素与产品拆卸顺序相结合，可确定产品回收过程中的优化拆卸顺序，即以最小费用获得最大效益。

五、面向回收的设计准则

1. 面向回收的设计的基本要求

（1）对产品设计过程的要求。传统设计往往考虑的是满足产品特定的功能、寿命、质量及成本等要求，对产品废弃淘汰后的可回收性能考虑不够，因而使得废旧产品很难达到拆卸回收的目的。面向回收的设计则是在设计的初期阶段就将拆卸回收作为目标之一，克服了传统设计的不足。面向回收的设计除注重产品的基本功能、性能等指标外，更注重产品的寿命、结构及环境友好性等。

（2）对产品设计人员的要求。面向回收的设计涉及产品结构、环境保护、回收处理工艺等，因此，产品设计人员除具有专业知识外，还必须了解产品预定的回收工艺、环境保护等方面的知识。

（3）对生命周期过程管理的要求。除了上述两个要求以外，对回收最终效果有重要影响的是生命周期过程管理。由于面向回收的设计必须考虑产品生命周期中不同阶段对回收的影响和要求，并对回收的零部件材料进行分类管理，因此，缺乏严格科学的管理，将无法取得预期的回收效果。

2. 面向回收的设计准则

1）设计的结构易于拆卸。合理的部件结构应保证毫无损伤地拆下目标零件（要回收的材料及重用的零部件），这可通过选用易于接近并分离的连接结构来实现；需要时，可将有害材料集成在一起，并能以一种简单的分离方式拆下。

2）尽可能地选取可整新（经工艺处理，功能和使用寿命与同类新零件相同）的零件。

3）洁净的净化工艺。可重用零件的布局应考虑其净化工艺对环境不产生污染。

4）可重用零部件材料要易于识别分类。即可重用零件的状态（如磨损、腐蚀等）要容易且明确地识别，这些具有明确功能的拆卸零件应易于分类，结构尺寸应标准化，并根据其结构、连接尺寸及材料给出识别标志。

5）结构设计应有利于维修调整。设计的结构尽可能用简单的夹具、调整装置及尽可能少的材料种类，其布局应符合人机工程学原理，便于对拆下零件进行再加工，易于调整及新换零件的重新安装。同时尽可能避免磨损或使磨损最小，可根据任务分解原理，将易损件布局在能调整、再加工或需更换的零件上或区域内，由磨损引起的易损件，可采用减少腐蚀表面、采用特殊材料或表面保护措施来改善。

6）限制材料种类，特别是塑料。材料种类缩减可以增加同类材料的使用量，这不仅便于在回收处理中分拣出更多的纯材料，也可使材料的购买价格降低。

7）采用系列化、模块化的产品结构。

8）考虑零件的异化再使用方法，为其在全社会范围内寻找再使用的途径。

9）尽可能利用回收零部件或材料。在回收零部件的性能、使用寿命满足使用要求时，应尽可能将其应用于新产品设计中；或者在新产品设计中尽可能选用回收的可重用材料，这样可充分利用材料资源，节约生产费用，降低生产成本，保护生态环境，并形成一个全社会有效使用资源的良性循环。

10）考虑材料的相容性。当在一个产品中选择某种零部件材料时，满足功能要求的材料可以有多种类型，比如工程塑料，如果选择彼此相容的材料，即使不同材料构成的零部件被连接在一起无法拆卸，它们也可以一起被再生。

六、面向回收的设计过程

1. 明确设计任务

确定设计任务的依据是用户及市场需求、国家的有关法律法规和政策。根据这些要求和规定，可以确定产品生命周期的长短、回收方式，同时应了解产品所用材料的相容性、回收性能等。

2. 确定产品的功能及基本组成

根据设计任务，确定其具体功能和实现这些功能的基本结构。

3. 确定实现产品功能的原理及其结构

一般来说，实现某种功能的原理结构可能有很多，但从便于以后的拆卸回收考虑，应尽可能采用所需零部件数量少、所用材料种类少的结构。

4. 产品功能模块的划分

为了保证产品具有良好的拆卸回收性能，在进行结构设计时，应尽量采用模块化结构。因此，在确定了实现产品功能的原理及其结构后，则可确定产品功能模块的划分及组合原则，根据产品特点，决定是采用分散模块结构还是集成模块结构。

5. 关键（主要）模块设计

根据功能模块的划分结果，对组成产品的主要模块结果进行具体设计，主要包括组成模块的零件数量最少化，模块内部及模块之间连接结构的统一化、标准化，易于拆卸分离，尽量采用回收零部件及材料等。

6. 辅助模块的选择及零部件设计

产品的主要模块设计完成后，其基本结构就大致确定了。但产品总体功能的实现还需要选择适宜的辅助模块，并对有关零部件进行设计。其主要内容包括各零部件、模块之间的连接结构，根据产品中零部件材料的特点确定拆卸回收对象，并对回收过程及回收工艺做出初步规划。

7. 回收工艺及回收评价

经过上述设计过程，即可确定产品的具体结构，此时则可对产品的整体拆卸回收效果进行评价，即优化拆卸过程及回收方法、拆卸回收过程的经济性分析，确定最佳回收策略，最终实现产品回收设计的目标。

第五节　面向质量的设计

一、面向质量的设计思想的产生

产品在市场上的竞争力体现为顾客的满意度，而质量是使顾客满意的有效因素。多年来，质量控制实施的阶段和方法在不断变化。传统方法是在生产线上布置大量的检测人员，由这些检测人员“检测”出符合要求的产品，那时人们认为“质量”是检测出来的。自从 Walter Shewhart 创造性地使用基于统计技术的控制图来监测生产制造过程的变化以来，人们开始发展和采用统计过程控制（SPC：Statistical Process Control）技术来控制生产过程，生产线上大量使用各种用于检测质量的传感器和检测设备，获得的检测数据用于控制生产设备的运行状态，并保证在生产过程中获得人们期望的质量。于是，观念转变为“质量”是生产出来的。

但是，随着工业生产的发展，产品的功能与结构日趋复杂，产品设计在整个生命周期内占有越来越重要的位置，产品的质量保证也由过去的以纠正、控制为主向着预防为主发展。即从单纯的生产过程质量控制向以产品设计质量控制为主题的更全面的体系转变，从制造程序控制向前延伸到设计程序控制。研究表明，设计阶段实际投入的费用只占总成本的 5%，但却决定了产品质量和总成本的 70% ~ 80%。由此可见，“质量”首先是设计出来的，这是质量保证的首要环节，是质量保证实施的源头，是生产质量实现的前提。因此，提出了面向质量的设计（Design For Quality，DFQ）这一新的设计思想。

二、面向质量的设计基本概念

面向质量的设计是一种新兴理论，正在不断地发展和完善，因此人们给它下的定义和给它规定的研究内容是各不相同的，在不同的抽象级上对面向质量的设计有不同的定义。目前，世界上比较流行的看法以 Hubka 的观点为代表：面向质量的设计就是建立一个知识系统，它能为设计者实现产品或过程的要求质量提供所有必需的知识。

产品质量可分成两类：一是外部质量，即产品最终所体现的特性，是用户能感受得到的质量；二是内部质量，是指企业内部所进行的与该产品有关的生产活动的质量，如采购、设计、生产、装配等质量。面向质量的设计实际就是要通过设计相对应的内部质量来保证所需的外部质量。

显然，由于对用户要求理解的不准确，多目标决策的折中性，生产、服务、销售等的动态性及某些未预料到的问题，都将导致最终提供给用户的产品相对于用户要求有一定的偏差。为了尽可能减小甚至消除偏差，最大限度地满足用户需求，就必须在设计、生产、销售各阶段采取相应的质量控制手段。有关资料表明，质量问题发现得越早，纠错所花费的成本越低，耽搁的时间越少。面向质量的设计就是从产生质量偏差的源头——设计开始入手，为设计者提供目标制定、概念设计、详细设计、评价决策等的工具、方法和知识，从而在设计阶段尽可能早地考虑到产品生命周期中的众多因素，包括产品功能、材料、制造过程、可加工性、可装配性、可测试性、可靠性等，尽早发现、解决开发过程中所有可能产生的矛盾与冲突，减少反复及变更次数，缩短产品的开发时间，降低成本，提高产品质量，这正是现代企业生存和发展的关键。因此，这一新的有效的设计理论及方法的研究与实施受到了广泛重视。

三、面向质量的设计的实现策略和方法

1. 面向质量的设计的实现策略

面向质量的设计的实现策略是质量驱动的集成化产品和过程开发（Integrat-ed Product and Process Development，IPPD）形式。它强调每一设计阶段中制定目标、合成、评价决策过程的分离，通过对每一过程实施相应的方法和工具来增强质量保证的可能性。由于质量分解、合成的引入，使设计阶段综合考虑到一切与产品质量有关的活动，将质量管理与控制活动融入设计中，将质量设计到产品中，保证设计的完善性。

2. 面向质量的设计的工具

面向质量的设计是近几年来在现代设计思想、方法的基础上提出并发展起来的，一些早已有的、比较成熟的面向质量的设计方法、工具及面向质量的设计思想指导下新开发的方法、工具构成了面向质量的设计领域的强大的方法、工具库。面向质量的设计对应每一

设计阶段都有相应的三个过程：确定质量目标、质量分解与合成、质量评价与决策。面向质量的设计的工具也相应分为三类。

（1）确定质量目标的工具。目前常用的工具是质量功能配置（Quality Func-tion Deployment，QFD），它是由日本 Shigeru Mizuno 博士于 20 世纪 60 年代提出来的，进入 80 年代后被介绍到欧美，引起广泛的研究和应用。确定质量目标就是要确保以顾客需求来驱动产品的设计和生产，具体做法是采用矩阵图解法，通过定义“做什么”和“如何做”将顾客要求逐步展开，逐层转换为设计要求、零件要求、工艺要求和生产要求。

面向质量的设计的基本工具是质量屋（House Of Quality，HOQ）。质量屋是由若干个矩阵组成的样子像一幢房屋的平面图形。

质量屋包括了反映产品设计要求的行矩阵、反映顾客要求的列矩阵、表示设计要求与顾客要求之间关系的矩阵。质量屋的屋顶是个三角形，表示各个设计要求之间的相互关系。质量屋还包括计划开发的产品竞争能力的市场评估矩阵，矩阵中既要填写本企业产品的竞争能力的评估数据，也要填写主要竞争对手竞争能力的评估数据。质量屋底部是技术和成本评估矩阵，矩阵中的数据都是相对于设计要求的，矩阵中包括了本企业产品和主要竞争对手产品的技术和成本估价数据。

质量屋不仅可以用于产品计划阶段，它还可以应用在产品设计阶段（包括部件设计和零件设计）、工艺设计阶段、生产计划阶段和质量控制阶段。一系列的相互关联的质量屋就构成一个完整的面向质量的设计系统。

面向质量的设计系统在设计阶段用以保证将顾客的要求准确转换成产品定义（产品具有的功能和性能，实现这些功能和保证这些性能的机构和零部件的形状、尺寸、内部材质及表面质量等）；在生产准备阶段和生产加工阶段，面向质量的设计系统可以保证将产品定义准确转换为产品制造工艺规程和制造过程，以确保制造出来的产品能满足顾客的要求。也就是说，面向质量的设计系统可以保证将顾客的需求较准确地转移成产品工程特性直至零部件的加工装配要求，取得保证产品质量、增强产品竞争力的效果。

在正确应用的前提下，面向质量的设计系统可以保证在产品生命全周期内，顾客的要求不会被曲解，避免出现功能缺失，同时也避免出现不必要的功能冗余，使产品的工程修改减至最少，并减少使用过程中的维修和运行消耗。

（2）实现质量分解与合成的工具。目前有多种方法被用来实现质量分解与合成，其中较典型的是三次设计法。它又被称为田口方法，是 20 世纪 80 年代初由日本田口博士提出的。

田口认为产品质量与其在生命周期内带来的社会损失有关，社会损失越小，产品质量越高。在这里，社会损失是指产品在生产过程中的费用（成本）和用户对该产品的使用费用（使用与维护费用、工作中断造成的损失、修理费用等）。

引入损失函数来描述产品质量，设产品的输出特性值为 x，其目标值为 N，损失函数 $L(x)$ 可表示为：$L(x)=k(x-N)2$，式中 k 为比例函数，可根据具体情况来确定。

根据上式可知，当产品的输出特性值 x 与目标值 N 相等时，损失函数为 0，没有损失，一旦输出特性值 x 偏离目标值 N，就会有损失，且损失随偏离程度的增大而成平方关系增大。当偏差增大到一定限度时，产品即为不合格，拒绝接受，此时造成的损失为最大，即废品损失或修复损失。

由图 9-5 可以看出，产品输出特性值 x 越接近目标值 N，损失越小，即产品质量越好，用户满意度越高，因此在进行产品设计时应使输出特性值 x 尽可能接近目标值 N，使损失降低到最小。

在传统的质量控制中一般按公差进行控制，引入田口的损失函数概念，可画出传统质量控制的公差带图。即使产品输出特性值 x 偏离了目标值 N，只要还位于公差带范围内，就算合格，只有当产品输出特性值 x 超出了公差带，才会造成损失，显然，这是不尽合理的。

田口方法将产品和过程设计分为以下三个阶段。

1）系统设计。系统设计是应用相关科学理论和工程知识，进行产品功能原理设计，产生关于该产品的新的概念、思想和方法，形成产品的整体结构和功能属性或过程的总体方案，即确定产品的形态和特性，并选择最恰当的加工方案和工艺路线。

2）参数设计。参数设计是确定产品的最佳参数（如部件的运动速度、零件的尺寸等）和过程的最佳参数（如加工零件的切削用量、热处理的温度等），以达到产品性能最优化的目标。

3）公差设计。公差设计是在各参数确定的基础上，进一步确定这些参数的公差，即参数的允许变动范围。公差太大会影响产品输出特性，公差太小又会导致加工难度大，制造成本增加，公差设计的实质是在成本与性能之间合理的平衡。

（3）评价决策方法和工具。由于评价决策问题的普遍性、重要性，它已成为最活跃的研究领域。各种各样定量、定性的评价决策方法应运而生，这些方法大部分都是用于详细的、具体的产品模型产生之后，尚缺乏适用于设计早期的评价方法。几种常见的评价方法有：

1）失效模式和效应分析（Failure Mode and Effect Analysis，FMEA），是在系统设计过程中，通过对系统各组成单元潜在的各种失效模式及其对系统功能的影响与产生后果的严重程度进行分析，提出可能采取的预防改进措施，以提高产品的可靠度。

2）故障树分析（Fault Tree Analysis，FTA），是根据产品或系统可能产生的失效，利用失效树图分析，寻找一切可能导致此失效的原因。

3）设计评审，是运用科学原理和工程方法，发挥集体智慧，在设计的各个阶段对设计进行评议审查，及早发现和消除设计缺陷，以便对设计提出改进或为转入下一阶段提供决策依据。

4）多目标优化，是同时考虑多个目标在某种意义下的最优化问题，在工程设计、生产管理等领域比单目标优化更具有现实意义。

5）模糊综合评判，是利用隶属度函数和权重来表达指标优劣的模糊性和相对重要性，从而对模糊多目标系统进行评价和决策。

6）信息谱熵分析，是用信息熵测度产品关键性满足顾客需求的不确定性，以此作为备选方案中择优的依据。

四、面向质量的设计的关键技术

1. 面向质量的设计系统信息处理过程建模

随着产品的结构和功能日趋复杂，现代产品设计需要涉及多领域、多学科的知识的集成，增加了设计过程的复杂性、综合性与系统性。面向质量的设计的本质是系统化、模块化的设计过程，模块间通过前馈作用，模块内部通过反馈作用形成反复迭代过程，使每一步的输出都满足质量要求。因此，面向质量的设计必须建立在良好的信息集成和过程管理（如产品数据管理 PDM）的基础上，以实现信息共享与交流。信息处理过程的管理、协调和控制是保证面向质量的设计有效实施的关键。

2. 基于知识的专家系统的研究

目前，在设计领域中，对确定尺寸等量的设计研究多于对构思方案等质的设计研究。设计中占主要地位的传统设计（或称常规设计），在很大程度上依赖设计师的直觉和经验，缺乏规范化、系统化。为方便设计，有必要建立基于知识的专家系统，将不同的设计基本型和部件的设计、性能记录及有关设计推理、决策之间的所有联系存入事例库和部件库中，进行设计知识和经验的积累，作为以后设计重新应用的基础。这样，设计人员不需要从头设计一个产品，可以针对具体设计要求，选择相应的设计基本型加以修改，并选用以前设计、测试和应用考验过的部件，从而加速了设计和制造过程，大大保证了产品质量。

3. 设计模型的建立

设计人员的主要任务之一就是确定设计变量。这需要借助一定的数学模型或试验模型。数学模型中目标函数及约束条件的建立，试验模型中试验涵盖范围、试验次数等的确定对设计质量有着重大的影响。特别是在设计早期阶段，如何利用有限的定量信息及模糊的、尚不具体的定性信息，依据顾客需求、设计原理、物理关系等建立求解模型。

4. 产品设计质量的评价模型的建立与评价方法的研究

产品设计质量的评价涉及很多因素，各因素重要程度也不同，有些指标是定量的，有些是定性的，甚至是模糊的。而且，质量的概念又是动态的、相对的。这就有待于研究建立合理的评价模型，采用先进的评价方法，依据既定目标对设计的每一阶段进行正确合理的评价，从而做出决策。

参考文献

[1] 席睿，韩林山，刘楷安，马军旭．工程教育专业认证背景下现代设计理论及方法课程教学改革探究——以华北水利水电大学机械设计制造及其自动化专业为例 [J]. 黑龙江科学，2022，13(13)：162-164.

[2] 李金龙．研究现代机械设计的创新设计理论与方法 [J]. 科技创新导报，2020，17(12)：55-56.

[3] 刘嘉璐．现代机械设计的创新方法研究 [J]. 内燃机与配件，2020(04)：222-224.

[4] 张克啸．浅谈现代机械设计的创新设计理论与方法研究 [J]. 内燃机与配件，2020(04)：177-178.

[5] 马力戈．现代机械设计的创新设计理论与方法研究 [J]. 价值工程，2020，39(01)：280-281.

[6] 简帮强．现代机械设计的创新设计理论与方法 [J]. 时代汽车，2019(11)：62-63.

[7] 赵小慧．现代机械设计的创新设计理论与方法 [J]. 内燃机与配件，2019(06)：170-171.

[8] 周重军．现代机械设计理论与方法最新进展 [J]. 内燃机与配件，2018(20)：208-209.

[9] 李寰．浅析现代设计理论和方法在冶金机械设计中的应用 [J]. 中国设备工程，2018(16)：212-213.

[10] 王现辉，乔慧，罗静，张海．现代设计理论与方法课程教学方法实践 [J]. 中国教育技术装备，2017(14)：94-95.

[11] 李文越，胡俊．现代设计理论和方法在冶金机械设计中的应用 [J]. 低碳世界，2016(33)：252-253.

[12] 王歌，张庆栋．现代设计理论和方法在包装机械中的应用 [J]. 科技经济市场，2016(08)：128-129.

[13] 殷春雷．现代设计理论和方法在煤矿机械设计中的应用 [J]. 科学中国人，2016(23)：62.

[14] 柳景亮．现代机械设计理论与方法最新进展 [J]. 河北农机，2015(07)：53-54.

[15] 武建伟．现代设计理论和方法在矿用机械设计中的应用 [J]. 科技创新与应用，2015(18)：151-152.

[16] 陈飞 . 关于现代机械设计理论与方法的探讨 [J]. 新经济，2015(17)：128.

[17] 韩庆 . 现代机械设计的创新设计理论与方法 [J]. 江西建材，2015(08)：50+56.

[18] 刘慧茹 . 现代机械设计理论与方法最新进展 [J]. 中国新技术新产品，2015(08)：40.

[19] 郭长城 . 现代机械设计理论与方法最新进展 [J]. 电子制作，2014(07)：265-266. DOI：10.16589/j.cnki.cn11-3571/tn.2014.07.027.

[20] 陈治 . 关于现代机械设计理论与方法的探讨 [J]. 新经济，2013(29)：102.

[21] 高焕，刘潇骁 . 分析现代设计理论和方法在煤矿机械设计中的应用 [J]. 煤炭技术，2013，32(05)：32-33.

[22] 刘毅 . 现代设计理论和方法在煤矿机械设计中的应用 [J]. 科技风，2013(04)：75.

[23] 伍伟 . 现代设计理论和方法在冶金机械设计中的应用 [J]. 科技信息，2013(03)：429.

[24] 蔡郭生，王笃雄 . 基于现代机械设计理论方法特点与研究进展的探讨 [J]. 赤峰学院学报（自然科学版），2012，28(06)：94-95.

[25] 王举群，王海伟 . 现代机械设计方法支撑理论及相关问题研究 [J]. 科技和产业，2012，12(01)：157-162+170.